浦艳敏　牛海山　衣　娟　编著

数控机床刀具及应用

化学工业出版社
·北京·

内 容 简 介

《数控机床刀具及应用》立足生产实际，体现现代切削加工发展方向，详细介绍了现代数控刀具的发展特点、数控刀具材料的性能和选用、数控车削刀具、数控孔加工刀具、数控铣削刀具、数控复合刀具、数控机床刀具系统等内容。

本书内容全面、实用性强，可供机械制造行业的加工工艺人员和生产一线的技术人员使用，也可作为相关专业工程技术人员和工科院校师生的教材和参考书。

图书在版编目（CIP）数据

数控机床刀具及应用/浦艳敏，牛海山，衣娟编著. —北京：化学工业出版社，2021.12

ISBN 978-7-122-40045-1

Ⅰ.①数…　Ⅱ.①浦…②牛…③衣…　Ⅲ.①数控刀具　Ⅳ.①TG729

中国版本图书馆CIP数据核字（2021）第206225号

责任编辑：王　烨　　文字编辑：徐　秀　师明远

责任校对：边　涛　　装帧设计：刘丽华

出版发行：化学工业出版社（北京市东城区青年湖南街13号　邮政编码100011）

印　　装：三河市延风印装有限公司

787mm×1092mm　1/16　印张13½　字数332千字　2022年8月北京第1版第1次印刷

购书咨询：010-64518888　　售后服务：010-64518899

网　　址：http://www.cip.com.cn

凡购买本书，如有缺损质量问题，本社销售中心负责调换。

定　　价：59.80元

版权所有　违者必究

前言

目前，随着我国数控机床用量的增加，现代切削加工朝着高速、高精度和高强度切削方向发展。数控机床刀具与工具系统的性能、质量和可靠性以及刀具管理系统的水平，直接影响着我国制造业数百万台昂贵的数控机床生产效率的高低和加工质量的好坏，也影响着整个机械制造工业的生产技术水平和经济效益。本书正是在这样的背景下，经过反复的实践与总结，在参考国内外大量现代数控刀具最新技术发展成果的基础上编写的。

《现代数控机床刀具及其应用》是本书的前身，自 2018 年出版以来受到了广大读者的好评。考虑到数控加工技术的不断发展，并结合生产实际情况，决定对该书进行升级。升级的原则是，在保持原始框架的基础上，把一些冗长难解的理论知识尽量简化，增加一些数控车床刀具补偿的应用技术、数控铣床对刀技术和复合刀具的应用等内容，并尽量去体现数控刀具和机械切削的新技术和新材料。

现代数控机床刀具、工具系统和刀具管理系统是发挥数控机床加工效率、保证加工质量的基础。只有先进的数控机床，没有与之相配套的先进刀具、工具系统和刀具管理系统，或者没有掌握刀具的合理使用技术，数控机床的效能就得不到充分发挥。本书正是从数控加工生产实际出发，以掌握数控机床刀具合理使用技术、发挥数控机床效能为目标，详细介绍了现代数控刀具的发展、种类特点和工作的可靠性，数控机床刀具材料的种类、性能和选用；然后分析了数控车削刀具、数控孔加工刀具和数控铣削加工刀具、数控复合刀具的种类、特点及使用技术等。同时，结合国内外数控工具系统的最新发展成果，介绍了数控机床与工具系统的接口及其标准。详细论述了 TSG 工具系统、镗铣类整体式工具系统、镗铣类模块式工具系统及选用方法、数控车床工具系统及其他工具系统。

本书以实用性为主，兼顾系统性，具有信息量大、内容全面等突出特点，可供机械制造行业的机械加工工艺人员和生产一线的技术人员使用，也可作为工科院校师生相关专业的教材或参考书使用。

本书由辽宁石油化工大学的浦艳敏、牛海山、衣娟编著。其中，浦艳敏编写第 1~3 章，牛海山编写第 4 和第 5 章，衣娟编写第 6 和第 7 章。另外，李铁石、龚雪、李晓红、郭庆梁、高晶晶、郭玲、王春蓉、闫兵、王宏宇、于水、李志武等为本书的编写提供了帮助。

由于编者水平有限，加之时间仓促，书中难免有不妥之处，敬请读者批评指正。

编著者

目录

概述

1.1 金属切削刀具概述

1.1.1 金属切削过程变形区的划分

切屑是金属切削过程中切削层经过刀具的作用而形成的，金属切削过程的一切物理变化和化学变化都是因为形成切屑而引起的。所以了解金属切屑的形成过程，对理解切削规律及其本质是非常重要的。下面以塑性金属材料为例，来说明金属切削过程变形区的划分和切屑的形成过程。

在金属切削过程中，切削层金属受刀具前面挤压要产生一系列变形，通常将其划分为三个变形区，如图 1-1 所示。

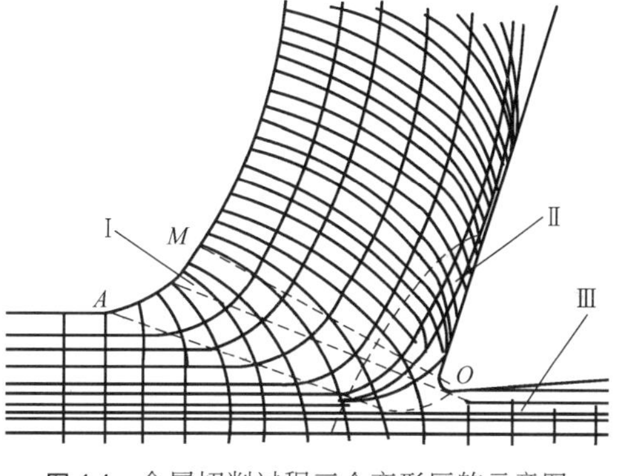

图 1-1 金属切削过程三个变形区的示意图

(1) 第一变形区

图 1-1 中Ⅰ（*AOM*）为第一变形区。在第一变形区内，当刀具和工件开始接触时，工件材料内部产生切应力和弹性变形。随着切削刃和前面对工件材料的挤压作用加强，工件材料内部的切应力和弹性变形逐渐增大，当切应力达到工件材料的屈服强度时，工件材料将沿着与走刀方向成 45°的剪切面滑移，即产生塑性变形。当切应力超过工件材料的屈服强度极限时，切削层金属便与工件材料基体分离，从而形成切屑沿前面流出。由此可以看出，第一变形区变形的主要特征是沿滑移面的剪切变形，以及随之产生的加工硬化。

实验证明，在一般切削速度下，第一变形区的宽度仅为 0.02～0.2mm，切削速度越高，其宽度越小，故它可看成一个平面，即剪切面 *OM*。这种单一的剪切面切削模型虽不能完全反映塑性变形的本质，但简单实用，因而在切削理论研究和实践中应用较广。

(2) 第二变形区

图 1-1 中Ⅱ为第二变形区。切屑底层（与前刀面接触层）在沿前面流动过程中受到前刀

面的进一步挤压与摩擦，使靠近前刀面处的切削层金属纤维化，即产生了第二次变形，其变形方向基本上与前面平行。

(3) 第三变形区

图 1-1 中Ⅲ为第三变形区。刀具后面与已加工表面间的挤压和摩擦，产生以加工硬化和残余应力为特征的滑移变形，使已加工表面产生变形，造成纤维化和加工硬化，构成了第三变形区。此变形区位于后面与已加工表面之间。

完整的金属切削过程包括上述三个变形区，它们汇集在切削刃附近。该处的应力比较集中而且复杂，切削层就在该处与工件材料分离，一部分变成切屑，另外很小一部分留在已加工表面上。这三个变形区互有影响，密切相关。

1.1.2 金属切削刀具的刀具角度

车刀由刀柄和切削部分组成，刀柄是指车刀上的夹持部分，切削部分是车刀直接参与切削的工作部分。车刀的切削部分是车刀上最重要的部分，下面以外圆车刀为例研究车刀切削部分的结构。

1.1.2.1 车刀切削部分组成

如图 1-2 所示，外圆车刀切削部分由前刀面、后刀面、副后刀面、主切削刃、副切削刃和刀尖几部分组成，通常称为一点二线三面。

(1) 前刀面

切削时，前刀面直接作用于被切削层金属，是切屑流过且控制切屑沿其排出的刀面。

(2) 后刀面

后刀面是指切削时与工件待加工表面相互作用并相对的刀面，通常称为后面。

(3) 副后刀面

副后刀面是指切削时与工件已加工表面相互作用并相对的刀面。

(4) 主切削刃

主切削刃又称为主刀刃，是前刀面与后刀面的相交线，它承担着主要的切削工作。

(5) 副切削刃

副切削刃是前刀面与副后刀面的相交线，它配合主切削刃完成切削工作，担任少量切削工作。

(6) 刀尖

刀尖是主、副切削刃（或刃段）之间转折的尖角部分，车刀上实际的刀尖结构如图 1-3 所示。

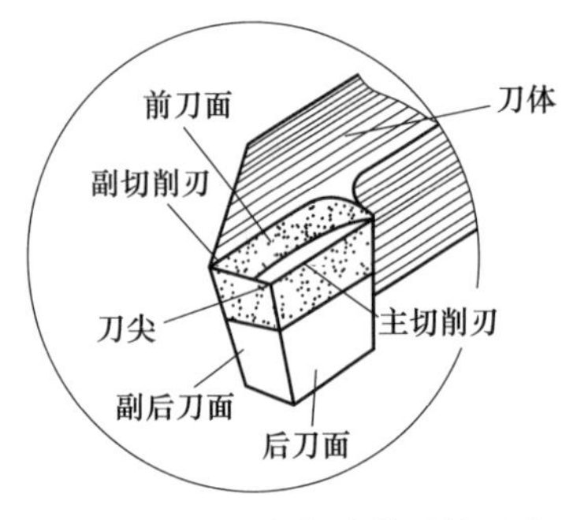

图 1-2 车刀切削部分的结构要素

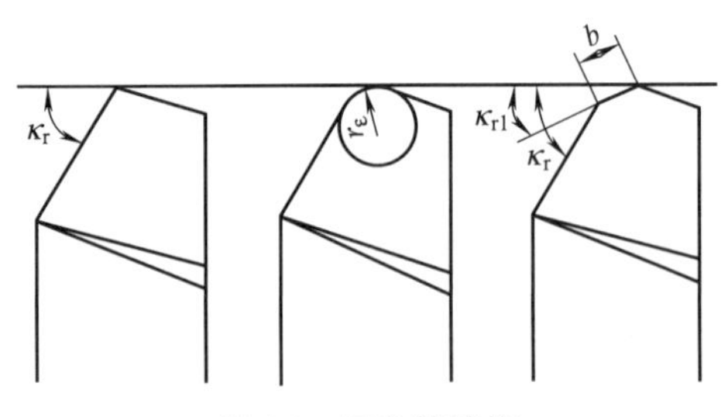

图 1-3 刀尖的结构

1.1.2.2 车刀几何参数

为定量地表示刀具切削部分的几何形状，必须把刀具放在一个确定的参考系中用一组给定的几何参数确切地表达刀具表面和切削刃在空间的位置。

(1) 刀具角度测量平面

为了确定车刀的几何角度，需要假想以下三个辅助平面作为基准：

① 基面。基面 P_r 是通过切削刃选定点 A 垂直于该点切削速度方向的平面。如图 1-4 所示的 $FGHI$ 平面即为 A 点的基面。

② 切削平面。切削平面 P_s 是通过切削刃选定点 A 与切削刃相切并垂直于基面的平面。在图 1-4 中，$BCDE$ 平面即为 A 点所在的切削平面。

显然，切削平面与基面始终是相互垂直的。对于车削来说，基面一般是通过工件轴线的。

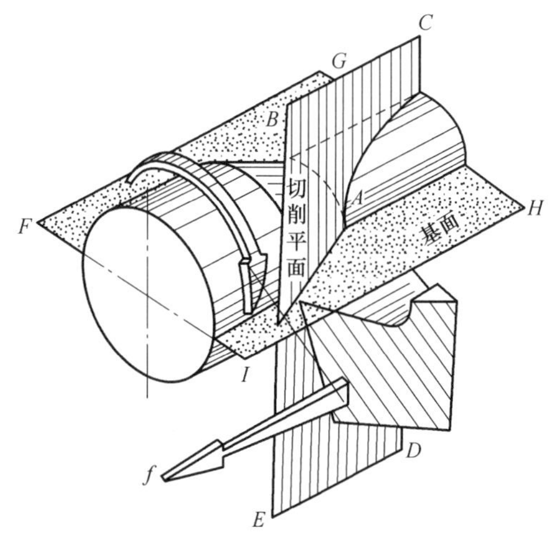

图 1-4 切削平面和基面

③ 正交平面。正交平面 P_0 是通过切削刃选定点 A 并同时垂直于基面和切削平面的平面。如图 1-5 所示的 $P_0—P_0$ 剖面为正交平面，$P'_0—P'_0$ 为副切削刃上的正交平面。

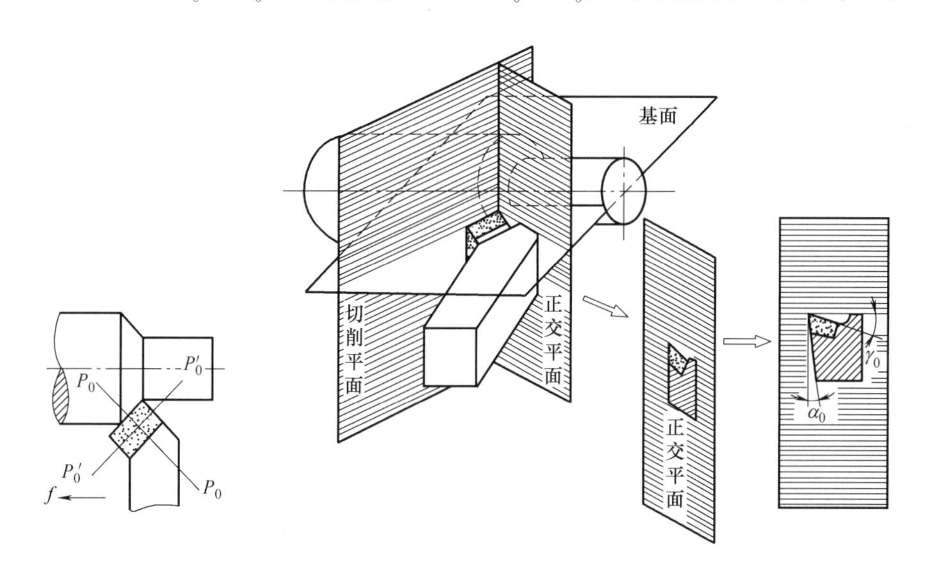

图 1-5 车刀的正交平面

(2) 几何角度的名称和作用

车刀的几何角度有两种：一种是标注角度，是设计、刃磨和测量刀具时使用的角度，称为静止角度；另一种是刀具安装在机床上进行切削时所显示的角度，称为工作角度。通常所说的角度，是指标注角度。车刀六个基本几何角度如图 1-6 所示。

在正交平面内测量的角度有前角 γ_0、后角 α_0 和副后角 α'_0，在基面内测量的角度有主偏角 κ_r、副偏角 κ'_r，在切削平面内测量的角度有刃倾角 λ_s。

① 前角 γ_0　前角 γ_0 是前刀面与基面之间的夹角。前角影响刃口的锋利和强度，影响切削变形和切削力。增大前角能使切削刃口锋利，减小前刀面与切削层之间的挤压与摩擦，因而减少切削变形和切削热，使切削省力，并使切屑容易排出，但是，刀具的耐用度降低。

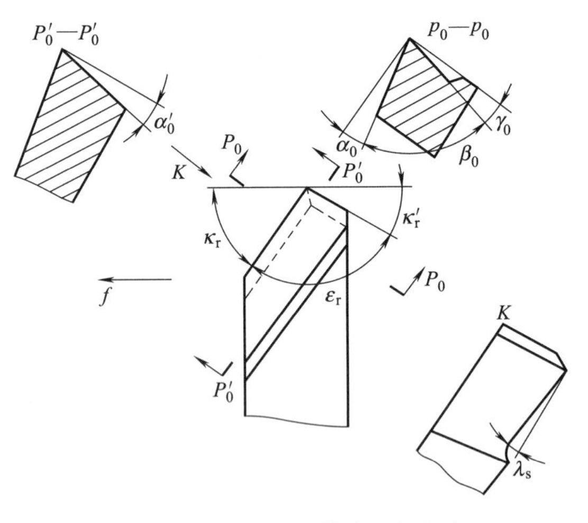

图 1-6　车刀的六个基本几何角度

前角 γ_0 选择原则：

a. 工件材料的强度、硬度低，塑性好时，应取较大的前角；反之应取较小的前角；加工特硬材料（如淬硬钢、冷硬铸铁等）甚至可取负前角。

根据工件材料选择前角。加工塑性材料时，特别是硬化严重的材料（如不锈钢等），为了减小切削变形和刀具磨损，应选用较大的前角；加工脆性材料时，由于产生的切屑为崩碎切屑，切屑在破裂前变形很小，因此增大前角的意义不大，而这时刀屑间的作用力集中在切削刃附近，为保证切削刃具具有足够的强度，应采用较小的前角。

b. 刀具材料的抗弯强度及韧性高时，可取较大的前角。

c. 断续切削或精加工时，应取较小的前角，但如果此时有较大的副刃倾角配合，仍可取较大的前角，以减小径向切削力。

d. 高速切削时，前角对切屑变形及切削力的影响较小，可取较小前角。

e. 工艺系统刚性差时，应取较大的前角。

② 后角 α_0　后角 α_0 是主后刀面与切削平面之间的夹角。后角的主要作用是减小车刀主后刀面与工件之间的摩擦，并与前角配合调整切削刃部分的锐利与强固程度。后角过大或过小都会使刀具的耐用度降低。

后角 α_0 选择原则：

a. 根据切削厚度选择后角。后角的大小主要取决于切削厚度（或进给量）。精加工时，切削厚度薄，磨损主要发生在后刀面，宜取较大后角；粗加工时，切削厚度大，负荷重，前、后面均要发生磨损，宜取较小后角。如进给量较大的外圆车刀后角 = 6°～8°。车削一般钢和铸铁时，车刀后角常选用 4°～8°。

b. 多刃刀具切削厚度较薄，应取较大后角。如每齿进刀量不超过 0.01mm 的圆盘铣刀后角取 30°。

c. 被加工工件和刀具刚性差时，应取较小后角，以增大后刀面与工件的接触面积，减少或消除振动。

d. 工件材料的强度、硬度低，塑性好时，应取较大的后角，反之应取较小的后角；但对加工硬材料的负前角刀具，后角应稍大些，以便刀刃易于切入工件。

e. 定尺寸刀具（如内拉刀、铰刀等）应取较小后角，以免重磨后刀具尺寸变化太大。

f. 对进给运动速度较大的刀具（如螺纹车刀、铲齿车刀等），后角的选择应充分考虑到工作后角与标注后角之间的差异。

g. 铲齿刀具（如成形铣刀、滚刀等）的后角要受到铲背量的限制，不能太大，但要保证侧刃后角不小于 2°。

③ 副后角 α_0'　副后角是副后刀面与切削平面之间的夹角。副后角的主要作用是减小车刀副后刀面与工件之间的摩擦。一般情况下，车刀的 $\alpha_0'=\alpha_0$。但切断刀和切槽刀的副后角，由于受结构强度的限制和刃磨后尺寸变化的影响，只能取得很小，一般取 $\alpha_0'=1°\sim2°$。

④ 主偏角 κ_r　主偏角 κ_r 是主切削刃在基面上的投影与进给方向之间的夹角。主偏角的主要作用是改变主切削刃和刀头的受力情况和散热情况。

a. 主偏角减小，刀尖部分的强度增加，散热条件较好；反之，刀尖强度降低，散热条件变差。

b. 改变主偏角的大小，可以改变切削合力的方向、径向力 F_y 和轴向力 F_x 的大小。如图 1-7 所示，减小主偏角，会使车刀的径向力 F_y 显著增加，加工中工件容易产生变形和振动。

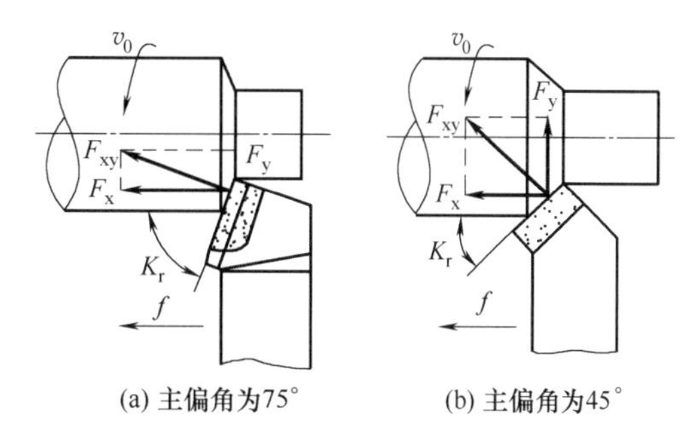

(a) 主偏角为75°　(b) 主偏角为45°

图 1-7　主偏角对切削力的影响

c. 主偏角影响断屑效果。主偏角减小，切削厚度较小，切削宽度增大，切屑不易折断。反之，切削厚度增加，切削宽度减小，切屑较易折断。

d. 主偏角对切削厚度和宽度的影响如图 1-8 所示。增大主偏角 κ_r，切削厚度增大，切削宽度减小。相反，减小主偏角 κ_r 时，切削刃单位长度上的负荷减轻，由于主切削刃工作长度增加，刀尖角增大，切削厚度减小，切削宽度增大。

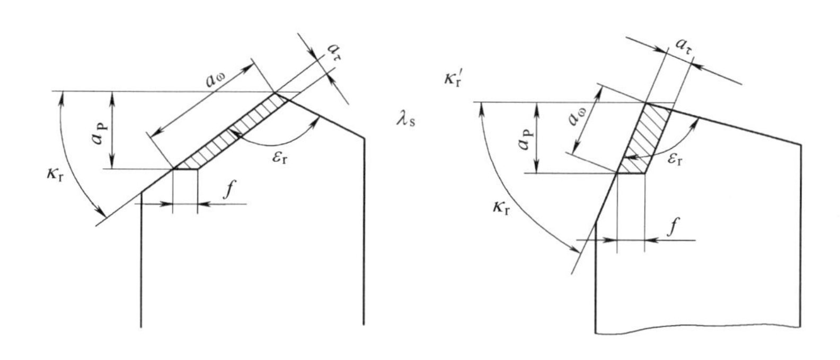

图 1-8　主偏角对切削厚度和宽度的影响

主偏角 κ_r 选择原则：

a. 工件材料强度、硬度高时，应选择较小的主偏角。如 $\kappa_r=30°\sim45°$，例如选用 45° 偏刀。

b. 在工艺系统刚性允许的条件下，应尽可能采用较小的主偏角，以提高刀具的寿命。工艺系统刚性较好时，主偏角宜取较小值，如 $\kappa_r=30°\sim45°$，例如选用 45°偏刀；当工艺系统刚性较差或强力切削时，一般取 $\kappa_r=60°\sim75°$，例如选用 75°偏刀。车削细长轴时，取 $\kappa_r=90°\sim93°$，以减小径向力 F_y。

c. 在切削过程中，刀具需要做中间切入时，应取较大的主偏角。

d. 主偏角的大小还应与工件的形状相适应（如车阶梯轴、铣直角台阶等）。

e. 采用小主偏角时应考虑到切削刃有效长度是否足够。

⑤ 副偏角 κ_r'　副偏角 κ_r' 是副切削刃在基面上的投影与进给反方向之间的夹角。副偏角的主要作用是减小副切削刃与工件已加工表面之间的摩擦。副偏角对表面粗糙度的影响如图 1-9 所示，在进给量相同的情况下，副偏角越大，表面粗糙度值越大，副偏角越小，表面粗糙度值越小。

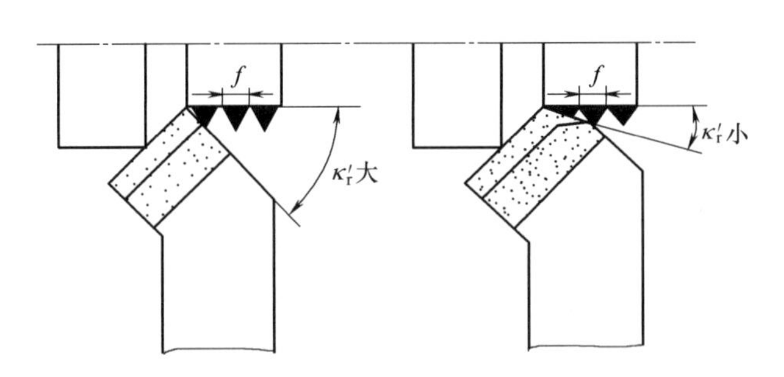

图 1-9　副偏角对表面粗糙度的影响

副偏角 κ_r' 选择原则：

a. 副偏角的大小主要根据表面粗糙度的要求选取，一般为 5°～15°，粗加工时取大值，精加工时取小值。工件或刀具刚性较差时，应取较大的副偏角。

b. 精加工刀具应取较小的或 0°副偏角，以增加副切削刃对工件已加工表面的修光作用。

c. 在切削过程中需要做中间切入或双向进给的刀具，应取较大的副偏角。

d. 切断、切槽及孔加工刀具的副偏角应取较小值，以保证重磨后刀具尺寸变化量较小。

⑥ 刃倾角 λ_s　刃倾角 λ_s 是主切削刃与基面之间的夹角。刃倾角的主要作用是控制切屑的排除方向，刃倾角有零度、正值和负值三种。

a. 刃倾角等于零度如图 1-10（a）所示。切削时，切屑垂直于主切削刃方向排出。

b. 当刀尖是主切削刃的最高点时，刃倾角是正值，如图 1-10（b）所示。切削时，切屑排向工件待加工表面，不易擦毛已加工表面。切削刃锋利，切削平稳，加工表面质量较高。但刀尖强度较差，受到冲击时，刀尖容易损坏。

c. 如图 1-10（c）所示，刃倾角是负值。切削时，远离刀尖的切削刃先接触工件，避免了刀尖受冲击，加强了刀尖强度，改善了刀尖处的散热条件，有利于提高刀具寿命。但切屑排向工件已加工表面，容易擦毛已加工表面。

刃倾角 λ_s 选择原则：

a. 精加工时刃倾角应取正值，使切屑流向待加工表面，以免划伤已加工表面。

b. 冲击负荷较大的断续切削，应取较大负值的刃倾角，以保护刀尖，提高切削平稳性，此时可配合采用较大的前角，以免径向切削力过大。

c. 加工高硬度材料时，可取负值倾角，以提高刀具强度。

d. 微量切削的精加工刀具可取特别大的刃倾角。

e. 孔加工刀具（如镗刀、铰刀）的刃倾角方向，应根据孔的性质决定。加工通孔时，应取正值刃倾角，使切屑由孔的前方排出，以免划伤孔壁；加工盲孔时，应取负值刃倾角，使切屑向后排出。

以上是车刀的六个基本几何角度，此外还有一些派生角度，这里就不做介绍了。

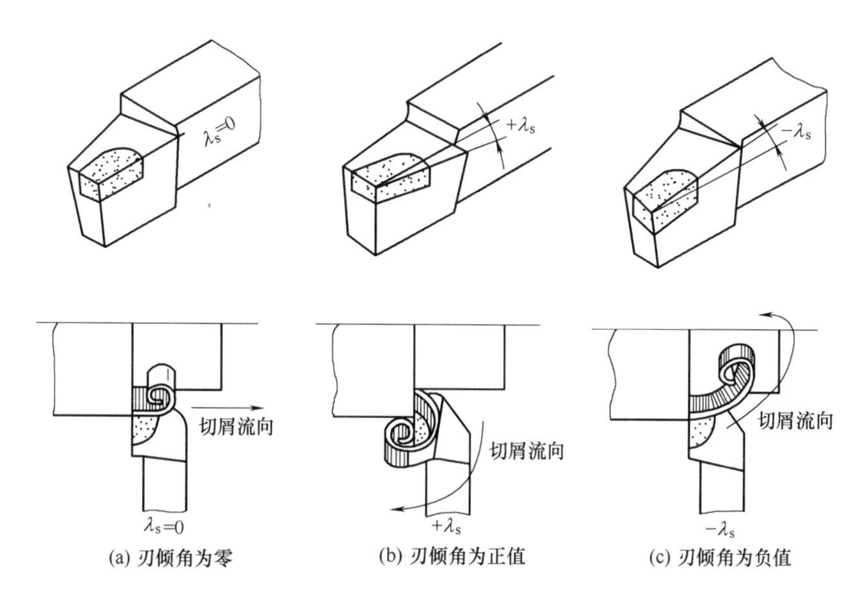

图 1-10　车刀的刃倾角

1.1.3　切削用量的选择

切削用量的高低影响切削加工的生产效率、加工成本和加工质量，特别在批量生产、自动机、自动线和数控机床加工中都是在选定合理的切削用量条件下进行生产的。目前许多工厂通过切削用量手册、实践总结或工艺试验来选择切削用量。

1.1.3.1　切削用量三要素

切削用量是指切削加工过程中的切削速度 v_c、进给量 f 和背吃刀量 a_p 的总称。在切削过程中，需要针对不同的工件材料、刀具材料和加工要求选定合适的切削用量。

(1) 切削速度

如图 1-11 所示，主运动的线速度称为切削速度 v_c，它可以理解为车刀在 1min 内车削工件表面的理论展开直线长度（假定切屑没有变形），它是衡量主运动大小的参数。切削速度的计算公式为

$$v_c=\frac{\pi dn}{1000} \tag{1-1}$$

式中，v_c 为切削速度，m/min；d 为工件待加工表面直径，mm；n 为主轴转速，r/min。

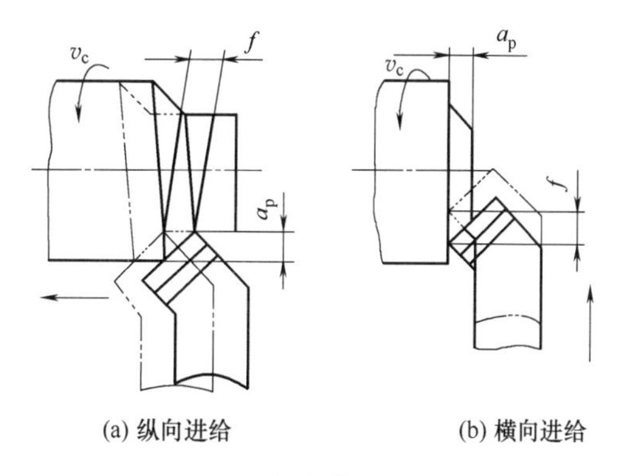

图 1-11　车床的切削用量

车削时，由于刀刃上各点所对应的工件回转直径不同，因而切削速度也不同，在计算时，应以最大的切削速度为准。如车外圆时，应将工件待加工表面直径代入式（1-1）中计算；车内孔时，应将工件已加工表面直径代入式（1-1）中计算。

(2) 进给量

在图 1-11 中，进给量 f 是指工件每转一圈，车刀沿进给方向移动的距离，它是衡量进

给运动大小的参数，单位为 mm/r。

进给方向有纵向和横向两种：车刀沿车床床身导轨纵向的运动是纵向进给，车刀沿垂直车床床身导轨纵向的运动是横向进给。

(3) 背吃刀量

在图 1-11 中，车内、外圆及端面时，背吃刀量 a_p 是指工件已加工表面和待加工表面间的垂直距离，单位为 mm。背吃刀量的计算公式为

$$a_p=\frac{d_w-d_m}{2} \tag{1-2}$$

式中，a_p 为背吃刀量，mm；d_w 为工件待加工表面的直径，mm；d_m 为工件已加工表面的直径，mm。

钻孔时，切削深度等于钻头直径的一半，如图 1-12 所示。

切断和车沟槽时，切削深度等于切断刀（或切槽刀）的刀头宽度，如图 1-13 所示。

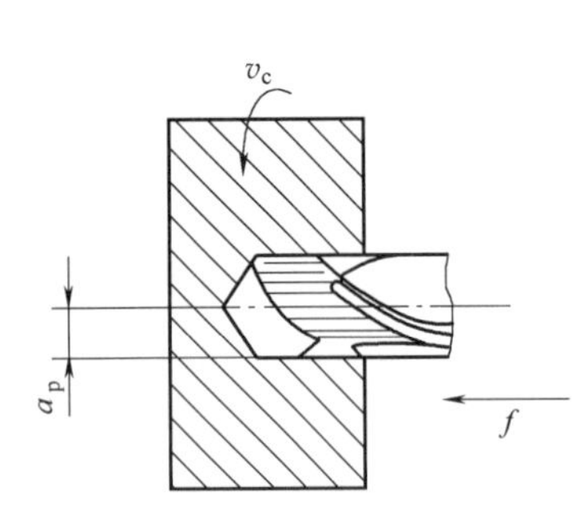

图 1-12 钻孔时的切削深度

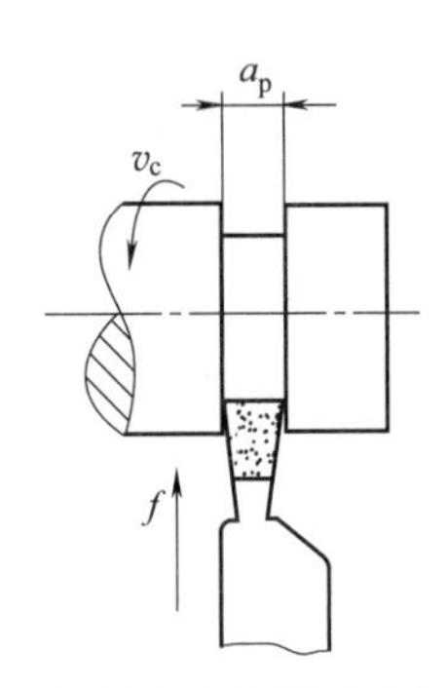

图 1-13 切断和车沟槽时的切削深度

1.1.3.2 材料切除率

材料切除率是指单位时间内刀具所切除的工件材料的体积，其单位为 mm^3/min。其计算公式为

$$Z_W=1000v_c a_p f \tag{1-3}$$

由式（1-3）可以看出，提高切削速度 v_c、进给量 f 和背吃刀量 a_p 中任何一个或几个的数值，都可以提高材料切削效率。因此，材料切除率是衡量切削效率高低的一个指标。

1.2 数控刀具发展状况

美、德、日等世界制造业发达的国家无一例外都是刀具工业先进的国家。先进刀具不但是推动制造技术发展进步的重要动力，还是提高产品质量、降低加工成本的重要手段。刀具与机床一直是相互制约又相互促进的。今天先进的数控机床已经成为现代制造业的主要装备，它与同步发展起来的先进刀具一起共同推动了加工技术的进步，使制造技术进入了数控加工的新时代。

现代数字化制造技术的蓬勃发展，以“高精度、高效率、高可靠性和专用化”为特点的数控机床和加工中心等高效设备应用日渐普及，在航空航天、汽车、高速列车、风电、电子、能源、模具等装备制造业的空前发展推动下，切削加工已迈入了以高速、高效和环保为标志的新

时期。高速切削、干切削和硬切削作为当前切削技术的重要发展方向，其重要地位和角色日益凸显。这些先进切削技术的应用，不仅使加工效率成倍提高，也推动了刀具技术的发展。随着各种新型材料刀具的出现，如聚晶金刚石刀具（PCD）、聚晶立方氮化硼刀具（PCBN）、CVD金刚石刀具、纳米复合刀具、纳米涂层刀具、晶须增韧陶瓷刀具、超细晶粒硬质合金刀具、TiC（N）基硬质合金刀具、粉末冶金高速钢刀具等，使先进的数控机床加工设备与高性能的数控刀具相配合发挥了巨大的效能，取得了良好的经济效益。

数控刀具是指与数控机床（如加工中心、数控车床、数控镗铣床、数控钻床、自动化生产线及柔性制造系统等）相配套使用的各种刀具的总称，是数控机床不可缺少的关键配套产品，数控刀具以其高效、精密、高速、耐磨、寿命长和良好的综合切削性能取代了传统刀具。

1.2.1 我国数控刀具技术的现状

由于我国机床工具行业对现代金属切削刀具与传统刀具的差别缺乏足够的认识，长期以来重主机、轻工具，在发展战略上数控刀具与数控机床的发展严重脱节，国产数控刀具与国外进口刀具相比，质量、精度、寿命相对较差，品种少。

在我国数控机床取得长足进步的同时，数控刀具制造与国外先进水平存在差距，且数控刀具的发展落后于机床。众多大型跨国工具公司（如Sandvik、Kennametal、Walter、Seco、Widia、ISCAR、Mitsubishi、Igetalloy、Carboloy等）已占有越来越明显的技术、资源、信息、服务等综合优势，占领了中国数控刀具90%以上的市场份额。随着我国加入WTO，国外公司看好中国制造业对高性能刀具的大量需求，纷纷在中国投资建厂或设立销售网点。我国汽车产业、军工产业对高性能刀具的需求将持续增长，且世界模具制造业有向亚洲转移的趋势，我国已成为数控刀具的最大潜在用户。

国内有些工厂企业仍然习惯地按普通机床用刀具模式来选择数控刀具材料，造成切削加工生产率低下、切削加工成本增加，致使对数控机床大量投资但并未达到预期效果。如国内超细晶粒硬质合金刀具和高性能高速钢刀具牌号少，专用牌号几乎没有，可转位刀片的精度与模具的开发能力低，涂层技术也远远落后于国外工具厂，目前尚无TiC（N）商业牌号，更谈不上TiAlN、MoS2等新型涂层和纳米级涂层，使涂层这个至今覆盖面最广、可最有效提高刀具性能的技术得不到充分利用。国内应用最多的还是普通高速钢刀具和通用硬质合金刀具。形成这一状况的原因如下。

① 对数控刀具没有引起应有的重视，忽视了数控刀具的重要性。

② 对现代数控刀具高水平、大投入、规模化、国际化、人才密集、技术密集的特点缺乏认识，长期以来重主机、轻工具。在发展战略上，数控刀具与数控机床的发展严重脱节，使我国数控刀具的发展与现代制造业的要求相距甚远。

③ 刀具企业自身缺乏创新能力。国外工具厂的刀具产品及技术创新速度非常快，只要市场有需求，就成为开发新刀具产品的动力。

1.2.2 数控刀具技术的发展

(1) 数控刀具材料的新发展

进入21世纪以来，随着制造技术的全球化趋势，制造业的竞争更加激烈，对制造技术必然带来巨大的挑战，首先就是切削刀具的变化。为了适应高精化、高速化、自动化、多功能化、高生产率化、缩短交货期等要求，要求切削刀具材料的强度和韧性要高，具有寿命长、可靠性高、耐高温、耐磨损、抗氧化和抗冲击等特点。特别为适应当前对环境保护的要求，提出了条件苛刻的干式切削。切削刀具的设计和制造等方面也是日新月异，不断推陈出新，相应也推动了其他技术的发展。数控刀具材料的发展主要体现在刀具的切削性能大幅度提高，以适应高速、高效、高精密度、多功能、硬质和干式切削等技术要求。

(2) 数控刀具结构的发展

① 数控工具系统　数控工具系统是针对数控机床要求（与之配套的刀具必须换刀速度快和切削高效）而发展起来的，是刀具与机床的接口。它除了刀具本身外，还包括实现刀具快换所必需的定位、夹紧、抓拿及刀具保护等机构。20 世纪 70 年代，工具系统以整体结构为主；80 年代初，开发出了模块式结构的工具系统（分车削、镗铣两大类）；80 年代末，开发出了通用模块式结构（车、铣、钻等万能接口）的工具系统。模块式工具系统将工具的柄部和工作部分分割开来，制成各种系统化的模块，然后经过不同规格的中间模块，组成一套套不同规格的工具。目前，世界上模块式工具系统有几十种结构，其区别主要在于模块之间的定位方式和锁紧方式不同。模块式工具系统是数控刀具结构的一个重要特点，通过不同模块的组合，用尽可能少的模块组成一个功能全、柔性好的工具系统，采用高精度、高刚性并能快换的连接结构，可以显著提高数控机床的利用率。

② 高速旋转刀具的新型刀柄及相关技术　刀柄是高速切削加工的一个关键部件，传统的刀柄与机床主轴的连接方式是 7∶24 的锥柄（如 BT、ISO 等），这种连接结构已不能适应高速加工的要求。为此，德国开发了 HSK 空心短锥刀柄。HSK 短锥刀柄采用 1∶10 的锥度，它的锥体比标准的 7∶24 锥柄短，可实现法兰端面和锥柄的同时接触，具有很高的连接精度和刚度。与 7∶24 锥柄相比，HSK 空心短锥刀柄有如下优点：

a. 重量减少约 50%。

b. 重复使用时，装夹和定位精度高。

c. 刚度高，并可传递大的力矩。

d. 装夹力随转速升高而增大，所允许的最高转速为 30000r/min。

③ 多功能及专用刀具的开发应用　多功能刀具是指用一把刀就能实现多把刀才能实现的加工，即实现一次安装多次走刀完工的要求。对复杂零件的加工，要求在一次装夹中进行多工序的集中加工，并淡化传统的车、铣、镗、螺纹加工等不同切削工艺的界限。发展这样的刀具可有效避免频繁换刀和对刀，节省换刀时间，减少辅助时间，减少刀具的数量和库存量，便于刀具管理和降低制造成本，提高生产率和加工精度。为了发挥以车削加工中心和镗铣类加工中心为代表的数控机床的优势，开发多功能刀具是当前数控刀具结构发展中的一个趋势。目前，多功能刀具有车刀、铣刀、镗铣刀、钻-铣刀、钻-铣螺纹-倒角等。有的多功能刀具可将零件的加工时间降至原来的 1/10 以下，效果十分显著。如多功能的车刀发展了拥有车端面和外圆、仿形、精切、切断和倒角等多种加工功能和带有过中心端刃的多功能立铣刀。借助数控机床螺旋插补、圆周插补或曲线插补等编程方法，可以加工各种内外成形轮廓面、台阶、凹面，甚至代替孔加工刀具钻孔。复合孔加工数控刀具集合了钻头、铰刀、扩（锪）孔刀的功能，用于加工箱体上螺纹孔的多功能刀具，一把刀就可以完成钻孔、攻螺纹、倒角三种工序，单刃微调精密镗刀正被多刃扩孔刀、铰刀及复合孔加工专用数控刀具替代。

由于高速、超高速切削的发展，切削热成为研究对象，从而带冷却孔的切削刀具应运而生。这对降低切削温度，特别是在钻孔的条件下十分有利，并且有利于更好地排屑，同时这类技术在小直径刀具上应用，可以使切削液到达不易到达的部位。现在加工中也可以利用切削液孔通冷却气体来降低切削温度。为了适应硬切削的需求，立铣刀采用大螺旋槽的相当多；为了加强排屑性能，将刀槽加宽，甚至将刀背去除。立铣刀采用大前角能明显降低切削力，改善了排屑性能，在精密加工中能提高加工表面的质量。当前的立铣刀端齿中有一个端刃采用过中心，使立铣刀功能扩大，不用预钻孔，直接向下切削。

④ 硬质合金刀具的整体化　近年来大力发展硬质合金刀具的整体化，小直径刀具的刚度显著提高，甚至复杂刀具，如齿轮、螺纹刀具等也采用整体硬质合金制造。整体式硬质合金立铣刀圆周刃采用大螺旋升角结构，立铣刀头的过中心端刃往往呈弧线形、负刃倾角，增加切削刃长度，提高了切削平稳性、工件表面精度及刀具寿命。

1.2.3　数控加工对刀具的要求

数控加工具有高速、高效和自动化程度高等特点，数控刀具技术是实现数控加工的关键技术之一。为了适应数控加工技术的需要，保证优质、高效地完成数控加工任务，对数控加工刀具提出了比传统加工用刀具更高的要求，它不仅要求刀具耐磨损、寿命长、可靠性高、精度高、刚性好，而且要求刀具尺寸稳定、安装调整方便等。数控加工对刀具提出的具体要求如下。

(1) 刀具材料应具有高的可靠性

数控加工在数控机床或加工中心上进行，切削速度和自动化程度高，要求刀具具有很高的可靠性，并且要求刀具的寿命长、切削性能稳定、质量一致性好、重复精度高。

解决刀具的可靠性问题，成为数控加工成功应用的关键技术之一。在选择数控加工刀具时，除需要考虑刀具材料本身的可靠性外，还应考虑刀具的结构和装夹的可靠性。

(2) 刀具材料应具有高的耐热性、抗热冲击性和高温力学性能

为了提高生产效率，现在的数控机床向着高速度、高刚性和大功率方向发展。切削速度的提高，往往会导致切削温度的急剧升高。因此，要求刀具材料的熔点高、氧化温度高、耐热性好、抗热冲击性能强，同时还要求刀具材料具有很高的高温力学性能，如高温强度、高温硬度、高温韧性等。

(3) 数控刀具应具有高精度

在数控加工生产中，被加工零件要求在一次装夹后达到其加工精度的要求。因此，要求刀具借助专用对刀装置或对刀仪，调整到所要求的尺寸精度后，再安装到机床上应用。这样就要求刀具的制造精度要高。尤其在使用可转位结构的刀具时，刀片的尺寸公差、刀片转位后刀尖空间位置尺寸的重复精度，都有严格的要求。

(4) 数控刀具应能实现快速更换

数控刀具应能与数控机床快速、准确地接合和脱开，并能适应机械手和机器人的操作，并且要求刀具互换性好、更换迅速、尺寸调整方便、安装可靠，以减少因更换刀具而造成的停顿时间。刀具的尺寸应能借助于对刀仪在机外进行预调，以减少换刀调整的停机时间。现在的加工中心多采用自动换刀装置。

(5) 数控刀具应系列化、标准化和通用化

尽量减少刀具规格，以利于数控编程和便于刀具管理，降低加工成本，提高生产效率，建立刀具准备单元，进行集中管理，负责刀具的保管、维护、预调、配置等工作。

(6) 大量采用机夹可转位刀具

由于机夹可转位刀具能满足耐用、稳定、易调和可换等要求，目前，在数控机床及加工中心等设备上，广泛采用机夹可转位刀具结构。机夹可转位刀具在数量上已达到整个数控刀具的30%～40%。

(7) 大量采用多功能复合刀具及专用刀具

为了充分发挥数控机床的技术优势，提高加工效率，对复杂零件要求在一次装夹中进行多工序的集中加工，并淡化传统的车、铣、镗、螺纹加工等不同切削工艺的界限，是提高数控机床效率、加快产品开发的有效途径。因此，对数控刀具提出了多功能（复合刀具）的新要求，要求一种刀具能完成零件不同工序的加工，减少换刀次数，节省换刀时间，减少刀具的数量和库存量，便于刀具管理。如镗铣刀、钻铣刀等，使原来需要多道工序、几种刀具才能完成的工序在一道工序中由一把刀完成，不仅提高了生产效率，保证了加工精度，而且明显减少了刀具数量。

(8) 数控刀具应能可靠地断屑或卷屑

为了保证自动生产的稳定进行，数控加工对切屑处理有更高的要求。切削塑性材料时，切屑的折断与卷曲，常常是决定数控加工能否正常进行的重要因素。因此，数控刀具必须具有很好的断屑、卷屑和排屑性能。要求切屑不能缠绕在刀具或工件上，不影响工件的已加工表面、不妨碍后续工序进行。数控刀具一般都采取了一定的断屑措施（如可靠的断屑槽、断屑台和断屑器等），以便可靠地断屑或卷屑。

(9) 数控刀具材料应能适应难加工材料和新型材料加工的需要

随着科学技术的发展，对工程材料提出了越来越高的要求，各种高强度、高硬度、耐腐蚀和耐高温的工程材料越来越多地被采用。它们中多数属于难加工的材料，目前难加工材料已占工件的40%以上。因此，数控加工刀具应能适应难加工材料和新型材料加工的需要。

1.3 数控刀具的种类及特点

1.3.1 数控刀具的种类

近年来，快速发展的数控加工工艺技术促进了数控刀具结构基础科研和新产品的研发。世界各大厂商生产的数控机床用刀具种类、规格繁多，数量庞大，往往令人眼花缭乱，不得要领。一般情况下，数控加工刀具可分为常规刀具和模块化刀具两大类。模块化刀具是发展方向。其主要优点：其一，提高刀具的标准化，加快换刀及安装时间，减少停机时间，提高生产加工时间；其二，扩大刀具的利用率，充分发挥刀具的性能，提高刀具的管理及柔性加工水平，有效地消除刀具测量工作的加工中断现象。随着模块化刀具的发展，数控刀具已形成了三大系统，即车削刀具系统、钻削刀具系统和镗铣刀具系统。具体使用中，数控刀具根据不同原则分类如下。

(1) 从结构上分

① 整体式　是指刀具切削部分和夹持部分为一体结构的刀具。

② 镶嵌式　又可分为焊接式和机夹式。机夹式根据刀体结构不同，分为可转位和不可转位。

③ 减振式　当刀具的工作臂长度与直径之比较大时，为了减少刀具的振动，提高加工精度，多采用此类刀具。

④ 内冷式　切削液通过刀体内部由喷孔喷射到刀具的切削刃部。

⑤ 特殊形式　如复合刀具、可逆攻螺纹刀具等。

(2) 从切削工艺上分

① 车削刀具　常规车削刀具分外圆、内孔、外螺纹、内螺纹、切槽、切端面、切端面环槽、切断等刀具。数控车床一般使用标准的机夹可转位刀具，机夹可转位刀具的刀片和刀体都有标准，刀片材料采用硬质合金、涂层硬质合金及高速钢。从切削方式上分为三类：圆表面切削刀具、端面切削刀具和中心孔类刀具。

② 铣削刀具　铣削刀具是用于铣削加工的、有一个或多个刀齿的旋转刀具。工作时各个刀齿依次间歇地切去工件的余量。铣刀主要在铣床上加工平面、台阶、沟槽、成形表面和切断工件等。常用的有面铣刀、立铣刀、三面刃铣刀等刀具。

面铣刀（也叫端铣刀）是圆周表面和端面上都有切削刃的铣刀，端部切削刃为副切削刃，结构形式有套式镶齿结构和刀片机夹可转位结构，刀齿材料为高速钢或硬质合金，刀体多为 40Cr。立铣刀是数控机床上用得最多的一种铣刀，它的圆柱表面和端面上都有切削刃，可同时进行切削，也可单独进行切削，结构有整体式和机夹式等。三面刃铣刀通常在卧式铣床上使用，其外圆和两个端面靠近外圆的部位都有切削刃（宽锯齿状），所以称为三面刃铣刀。铣削时主要利用刀具周边的切削刃进行切削，常用于铣槽和切断。铣削刀具除上面提到的三种外，还有模具铣刀、键槽铣刀、鼓形铣刀、成形铣刀等其他种类。

③ 孔加工刀具　孔加工刀具分为孔粗加工、孔精加工、螺纹加工等刀具，可在数控车床、车削中心、数控镗铣床和加工中心上使用。它的结构和连接形式有直柄、锥柄、螺纹连接、模块式连接（圆锥或圆柱连接）等多种。

1.3.2 数控刀具的特点

近几年来，数控机床的制造及使用已有很大的发展。为适应数控机床加工精度高、加工效率高、加工工序集中及零件的装夹次数少等要求，数控机床对所用的刀具有许多性能上的要求，只有达到这些要求才能使数控机床真正发挥作用。数控机床上所使用刀具应具有以下特点 。

(1) 刀具有很高的切削效率

由于所使用的机床设备昂贵，所以要提高加工效率。机床向高速、高刚度和大功率等方向发展，所以现代刀具必须具有能够承受高速切削和强力切削的性能。一些发达工业国家在数控机床上使用涂层硬质合金刀具、超硬刀具和陶瓷刀具所占的比例不断增加。据报道，在美国数控机床上陶瓷刀具应用的比例已达 20%，涂层硬质合金刀具已达 40%。现在辅助工时因自动化而大大减少。刀具切削效率的提高，将使产量直接提高并明显降低成本，因此在数控加工中应尽量使用优质高效刀具。

(2) 数控刀具有高的精度和重复定位精度

现在，高精密加工中心的加工精度可以达到 3～5μm，因此刀具的精度、刚度和重复定位精度必须和这样高的加工精度相适应。另外，刀具的刀柄与快换夹头间或与机床锥孔间的连接部分有高的制造、定位精度。所加工的零件日益复杂和精密，这就要求刀具必须具备较高的形状精度，对数控机床上所用的整体式刀具也提出了较高的精度要求。有些立铣刀其径向尺寸精度高达 5μm，以满足精密零件的加工需要。

(3) 刀具有很高的可靠性和耐用度

在数控机床上为了保证产品质量，对刀具实行强迫换刀或由数控系统对刀具寿命进行管理，所以刀具工作的可靠性为选择刀具的关键指标。为满足数控加工及对难加工材料加工的要求，数控机床上所用刀具的材料应具有高的切削性能和很好的刀具耐用度，不但其切削性能要好，而且性能一定要稳定，同一批刀具在切削性能和刀具寿命方面不得有较大差异，以免在无人看管的情况下，因刀具先期磨损和破损造成加工工件的大量报废甚至损坏机床。

(4) 可实现刀具尺寸的预调和快速换刀

刀具结构应能预调尺寸，以达到很高的重复定位精度。如果数控机床采用人工换刀，则使用快换夹头。对于有刀库的加工中心，则实现自动换刀。

(5) 具有一个比较完善的工具系统及刀具管理系统

模块化工具系统能更好地适应多品种零件的生产，且有利于工具的生产、使用和管理，能有效地减少使用厂的工具储备。配备完善的、先进的工具系统是用好数控机床的重要一环。

加工中心和柔性制造系统出现后，刀具管理相当复杂，刀具数量多，要对全部刀具进行自动识别，记录其规格尺寸、存放位置、已切削时间和剩余切削时间等数据，还需要对刀具的更换、运送，刃磨和尺寸预调等进行管理。

(6) 应有刀具在线监控及尺寸补偿系统

其作用是在刀具损坏时能及时判断、识别并补偿，防止工件出现废品和意外事故。

1.4 数控刀具的失效形式及可靠性

1.4.1 数控刀具的常见失效形式及其解决方法

数控刀具的主要失效形式是磨损和破损，其损坏原因随刀具材料和工件材料的不同而不同，主要以磨损为主，但有的则是以破损为主，或者是磨损的同时伴有微崩刃损坏。随着切削速度的提高、切削温度升高，磨损的机理主要是黏结磨损和化学磨损（氧化和扩散）。脆性大的 PCD、CBN 和陶瓷刀具高速断续切削高硬材料时，通常是切削力和切削热综合作用下造成的崩刃、剥落和碎断形式的破损。对于以磨损为主而损坏的刀具，可按磨钝标准，根据刀具磨损寿命与切削用量和切削条件之间的关系，确定刀具磨损寿命。对于以破损为主而损坏的刀具，则应按刀具破损寿命分布规律，确定刀具破损寿命与切削用量和切削条件之间的关系。

在切削过程中，刀具磨损到一定限度，切削刃崩刃或破损，切削刃卷刃（塑变）时，刀具丧失其切削能力或无法保障加工质量，则称之为刀具失效。刀具破损的主要形式及产生原因和对策如下。

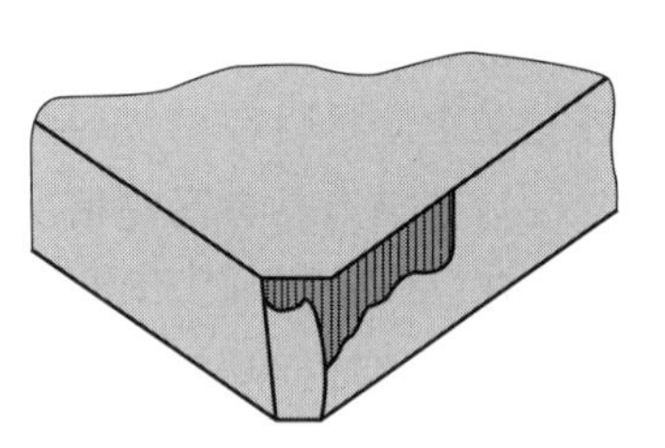

图 1-14 后面磨损

(1) 后面磨损

由机械应力引起的出现在后面上的摩擦磨损，如图 1-14 所示。

由于刀具材料过软，刀具的后角偏小，加工过程中切削速度太高、进给量太大，造成后面磨损过量，使得加工表面尺寸精度降低，增大摩擦力。应该选择耐磨性高的刀具材料，同时降低切削速度，减小进给量，增大刀具后角。这样才能避免或减少后面磨损现象的发生。

(2) 边界磨损

主切削刃上的边界磨损常见于与工件的接触面处。主要原因是工件表面硬化、锯齿状切屑造成的摩擦，影响切屑的流向并导致崩刃。解决方法是降低切削速度和进给速度，同时选择耐磨刀具材料并增大前角使切削刃锋利。

(3) 前刀面磨损（月牙洼磨损）

在前刀面上由摩擦和扩散导致的磨损称为前刀面磨损。

前刀面磨损主要由切屑和工件材料的接触以及发热区域的扩散引起。另外，刀具材料过软，加工过程中切削速度太快，进给量太大，也是前刀面磨损的原因。前刀面磨损会使刀具产生变形、干扰排屑、降低切削刃强度。主要降低切削速度和进给速度，同时选择涂层硬质合金材料，来减少前刀面的磨损。

(4) 塑性变形

切削刃在高温或高应力作用下产生的变形称为塑性变形。

切削速度、进给速度太快，工件材料中硬质点的作用，以及刀具材料太软和切削刃温度过高等是产生塑性变形的主要原因。刀具塑性变形将影响切屑的形成质量，有时也可导致崩刃。可以采取降低切削速度和进给速度，选择耐磨性高和热导率高的刀具材料，来减少塑性变形磨损的产生。

(5) 积屑瘤

工件材料黏附在刀具上的现象称为积屑瘤。

积屑瘤降低了加工表面质量并会改变切削刃形状最终导致崩刃。采取的对策有提高切削速度，选择涂层硬质合金或金属陶瓷等与工件材料亲和力小的刀具材料，并使用切削液。

(6) 刃口剥落

切削刃上出现一些很小的缺口，而非均匀的磨损，主要由断续切削、切屑排除不流畅造成。在开始加工时降低进给速度，选择韧性好的刀具材料和切削刃强度高的刀片，就可以避免刃口剥落现象的产生。

(7) 崩刃

崩刃将损坏刀具和工件。主要原因是刃口的过度磨损和较高的应力，也可能由刀具材料过硬、切削刃强度不够及进给量太大造成。应选择韧性好的合金材料，加工时减小进给量和切削深度，另外选用高强度或刀尖圆角较大的刀片。

(8) 热裂纹

热裂纹是断续切削时温度变化产生的垂直于切削刃的裂纹。热裂纹可降低工件表面质量并导致刃口剥落，应选择韧性好的合金材料，同时减小进给量和切削深度，并进行干式冷却或在湿式切削时有充足的冷却液。

1.4.2 刀具失效在线检测方法

在数控加工中，进行刀具失效的在线检测，可及时发出警报、自动停机并自动换刀，避免刀具的早期磨损或破损导致工件报废，防止损坏机床，减少废品的产生。

近年来国内外在刀具失效的在线检测方面做了大量的工作，发展了不少新的检测预报方法，有些方法已开始应用于生产。刀具失效的在线检测方法很多，有直接检测和间接检测，也有连续检测和非连续检测。在刀具切削过程中进行连续检测，能及时发现刀具损坏，但不少刀具很难实现在线连续检测，而在刀具非工作时间则容易检测，因此需要根据具体情况选择合适的刀具失效在线检测方法。表 1-1 给出了当前刀具磨损破损检测方法、检测的特征量和所使用的传感器及应用场合。刀具磨损失效在线检测是一项正在研究发展中的技术。

⊡ 表 1-1　刀具磨损破损检测方法

检测方法		信号	特征量或处理方法	使用的传感器	应用场合
直接检测	测切削刃形状、位置	光	将摄像机输出的图像数字化，然后进行计算等	工业电视、光传感器等	在线非实时监视多种刀具
间接检测	测切削力	力	切削力变化量或切削分力比率	测力仪	车、钻、镗削
	测电动机功耗	功率电流	主电动机或进给电动机功率、电流变化量或波形变化	功率计、电流计	车、钻、镗削等
	测刀杆振动	加速度	切削工程中的振动振幅变化	加速计	车、铣削等
	测声发射	声发射信号	刀具破损时声发射信号特征分析	声发射传感器	车、铣、钻、拉、镗、攻螺纹
	测切削温度	温度	切削温度的突发增量	热电偶	车削
	测工件质量	尺寸变化、表面粗糙度变化	加工表面粗糙度变化、工件尺寸变化	测微仪，光、气/液压传感器等	各种切削工艺

1.4.3　数控刀具的可靠性

提高刀具的可靠性，是数控加工对刀具最突出的要求。到目前为止，我国的刀具标准中只规定刀具的技术性能指标，而没有提出可靠性要求。由于材料性能的分散，制造工艺条件控制不严，有相当比例的刀具性能远低于平均性能，可靠性差。这不能适应现代技术发展的要求，更不能适应数控加工的要求。

刀具的首要问题是使用寿命（耐用度），它限制了切削用量和生产率的提高。由于刀具材料和工件材料性能的分散性，刀具制造工艺和工作条件的随机性，刀具耐用度有很大的随机性和分散性。所谓“刀具可靠性”是指刀具在规定的切削条件和时间内，完成额定工作的能力。刀具可靠性既有一定的平均数量特性，又有随机性的特点。因此研究刀具可靠性都采用数理统计和概率分析方法，通常用“可靠度”或“可靠耐用度”来作为刀具可靠性的评价指标。刀具可靠度是指刀具在规定的切削条件和时间内，能完成额定工作的概率，也就是刀具在已确定工作条件和切削规范下能完成预定的切削时间（耐用度）而刀具未损坏的概率。常用 $R(t)$ 来表示刀具的可靠度，用 $F(t)$ 表示相应的刀具损坏概率或不可靠度，有

$$R(t)+F(t)=1 \tag{1-4}$$

刀具可靠度 t_r 是指刀具能达到规定的可靠度 r 时的耐用度（切削时间），即 $R(t_r)=r$，常用 t_r 来表示刀具的可靠度。

$$t_r=R^{-1}(t) \tag{1-5}$$

对于多刃刀具，只要有一齿损坏就认为刀具损坏，所以多齿刀具的可靠度 $R_Z(t)$ 低于单齿刀具的可靠度，表示为

$$R_Z(t)=[R(t)]^Z \tag{1-6}$$

使用上述公式可以进行刀具可靠度的评价和计算。

现今生产中刀具可靠耐用度的制定，大多数是根据过去长期生产积累的统计资料数据，初步确定某一可靠度和可靠耐用度，到时强制换刀，进行生产验证，再进行修改，最终确定实际采用的可靠耐用度。

1.4.4 数控刀具的选择原则

数控机床与普通机床相比，对刀具提出了更高的要求，不仅要求精度高、刚性好、装夹调整方便，而且要求切削性能强、耐用度高。因此，数控加工中刀具选择是非常重要的内容。刀具选择不仅影响机床的加工效率，而且还直接影响加工质量。

选择刀具通常要考虑机床的加工能力、工序内容、工件材料等多种因素。选用机床种类、型号、工件材料的不同以及其他因素的差异所带来的加工效果是不相同的。选择刀具时应考虑的因素如下。

① 被加工工件的材料及性能，如金属，非金属等不同材料，其硬度、耐磨性和韧性等。

② 被加工工件的几何形状、零件精度、加工余量等因素。

③ 切削工艺的类别（车、钻、铣、镗）或粗加工、半精加工、精加工、超精加工等。

④ 刀具能承受的背吃刀量、进给速度、切削速度等切削参数。

⑤ 其他因素，如生产的状况（操作间隔时间、振动、电力波动或突然中断等）。

第2章

数控刀具材料

先进的加工设备与高性能的数控刀具相配合，才能充分发挥其应有的效能，取得良好的经济效益。正确选择刀具材料是设计和选用刀具的重要内容之一，特别是对某些难加工材料的切削，刀具材料的选用显得尤为重要。随着刀具材料迅速发展，各种新型刀具材料，其物理、力学性能和切削加工性能都有了很大的提高，应用范围也不断扩大。

刀具材料不仅是影响刀具切削性能的重要因素，而且它对刀具耐用度、切削用量、生产率、加工成本等都有着重要的影响。因此，在机械加工过程中，不但要熟悉各种刀具材料的种类、性能和用途，还必须能根据不同的工件和加工条件，对刀具材料进行合理的选择。

近代刀具材料从碳素工具钢、高速钢发展到今天的硬质合金、陶瓷刀具和超硬材料，使切削速度从每分钟几米跃至千米的水平。刀具材料是决定刀具切削性能的根本因素，对于加工效率、加工质量、加工成本以及刀具耐用度有着重大的影响。要实现高效合理的切削，必须有与之相适应的刀具材料。

近年来，数控刀具材料基础科研和新产品的成果集中应用在高速、超高速、硬质（含耐热、难加工）、干式、精细、超精细数控机加工领域。刀具材料新产品的研发在超硬材料（金刚石、表面改性涂层材料、TiC 基类金属陶瓷、立方氮化硼、Al_2O_3、Si_3N_4 基类陶瓷），W、Co 类涂层和细颗粒（超细颗粒）硬质合金基体及含 Co 类粉末冶金高速钢等领域进展速度较快。尤其是超硬刀具材料的应用，导致产生了许多新的切削理念，如高速切削、硬切削、干切削等。数控刀具的材料主要有高速钢、硬质合金、陶瓷、立方氮化硼和金刚石五类。

2.1 数控加工对刀具材料的要求

刀具材料是指刀具切削部分的材料。它的性能是影响加工表面质量、切削效率、刀具寿命的重要因素。选用新型刀具材料不但能有效地提高切削效率、加工质量和降低成本，而且往往是解决某些难加工材料的工艺关键。切削加工时，刀具切削部分直接和工件及切屑相接触，承受着很大的切削压力和冲击，并受到工件及切屑的剧烈摩擦，产生很高的切削温度。也就是说，刀具切削部分是在高温、高压及剧烈摩擦的恶劣条件下工作的。因此，刀具材料应具备以下基本性能。

(1) 高硬度

刀具材料的硬度必须要高于被加工工件材料的硬度，否则在高温高压下，就不能保持刀具锋利的几何形状，这是刀具材料应具备的最基本特征。目前，切削性能最差的刀具材料——碳素工具钢，其硬度在室温条件下也应在62HRC以上；高速钢的硬度为63～70HRC；硬质合金的硬度为89～93HRA。

HRC和HRA都属于洛氏硬度，HRA硬度一般用于高值范围（大于70）。HRC硬度值的有效范围是20～70。60～65HRC的硬度相当于81～83.6HRA和687～830HV（维氏硬度）。

(2) 足够的强度和韧性

刀具切削部分的材料在切削时要承受很大的切削力和冲击力。例如，车削45钢时，当a_p=4mm，f=0.5mm/r时，刀片要承受约4000N的切削力。因此，刀具材料必须要有足够的强度和韧性。一般用刀具材料的抗弯强度σ_b（Pa）表示它的强度大小，用冲击韧度a_k（J/m^2）表示其韧性的大小，它反映刀具材料抵抗脆性断裂和崩刃的能力。

(3) 高耐磨性和耐热性

刀具材料的耐磨性是指抵抗磨损的能力。一般来说，刀具材料硬度越高，耐磨性也越好。此外，刀具材料的耐磨性还和金相组织中化学成分，硬质点的性质、数量、颗粒大小和分布状况有关。金相组织中碳化物越多，颗粒越细，分布越均匀，其耐磨性就越好。

刀具材料的耐磨性和耐热性有着密切的关系。其耐热性通常用它在高温下保持较高硬度的性能即高温硬度来衡量，或称为红硬性。高温硬度越高，表示耐热性越好，刀具材料在高温时抗塑性变形的能力、抗磨损的能力也越强。耐热性差的刀具材料，由于高温下硬度显著下降而导致快速磨损乃至发生塑性变形，丧失其切削能力。

(4) 良好的导热性

刀具材料的导热性用热导率［单位为W/(m·K)］来表示。热导率大，表示导热性好，切削时产生的热量容易传导出去，从而降低切削部分的温度，减轻刀具磨损。此外，导热性好的刀具材料其耐热冲击和抗热龟裂的性能增强，这种性能对采用脆性刀具材料进行断续切削，特别是在加工导热性能差的工件时尤为重要。

(5) 良好的工艺性和经济性

为了便于制造，要求刀具材料有较好的可加工性，包括锻压、焊接、切削加工、热处理、可磨性等。经济性是评价和推广应用新型刀具材料的重要指标之一，也是正确选用刀具材料、降低成本的重要依据之一。

2.2 硬质合金刀具材料

硬质合金由Schroter于1926年首先发明。它是由WC、TiC、TaC、NbC、VC等难熔金属碳化物以及作为黏结剂的铁族金属用粉末冶金方法制备而成的。经过几十年的不断发展，硬质合金的硬度已达89～93HRA。

硬质合金具有硬度高、强度高和韧性较好，以及耐磨耐热、耐腐蚀等一系列优良性能，特别是它的高硬度和耐磨性，即使在500℃下也基本保持不变，在1000℃时仍有很高的硬度。硬质合金广泛用作刀具材料，用于切削铸铁、有色金属、塑料、化纤、石墨、玻璃、石材和普通钢材，也可以用来切削耐热钢、不锈钢、高锰钢、工具钢等难加工的材料。现在新型硬质合金刀具的切削速度等于碳素钢切削速度的数百倍。由于硬质合金具有良好的综合性能，因而在刀具行业得到了广泛应用。

2.2.1 硬质合金

硬质合金有钨钴类硬质合金、钨钴钛类硬质合金和新型硬质合金。

(1) 钨钴类硬质合金

钨钴类硬质合金代号为 YG，是由碳化钨（WC）和结合剂（Co）组成的。此类硬质合金强度高，能承受较大的冲击力，其韧性、导热性能较好，硬度和耐磨性较差，主要用于加工黑色金属及有色金属和非金属材料。Co 的质量分数越大，韧性越好，适合粗加工；Co 的质量分数小，则用于精加工。常用牌号有 YG3、YG3X、YG6、YG6X、YG8 等，数字表示 Co 的质量分数。

(2) 钨钴钛类硬质合金

钨钴钛类硬质合金的代号为 YT，这类硬质合金除包括碳化钨（WC）和结合剂（Co）外，还加入了 5%～30%的碳化钛（TiC）。此类硬质合金硬度、耐磨性、耐热性都明显提高，但韧性、抗冲击振动性差，主要用于加工钢料。TiC 的质量分数越大，Co 的质量分数越小，耐磨性越好，适合精加工；TiC 的质量分数越小，Co 的质量分数越大，承受冲击性能越好，适合粗加工。常用牌号有 YT5、YT14、YT15、YT30 等。

(3) 新型硬质合金

新型硬质合金是在上述两类硬质合金的基础上，添加某些碳化物而使其性能得以提高的。如在 YG 类中添加碳化钽（TaC）、碳化铌（NbC），可细化晶粒，提高硬度和耐磨性，还可提高合金的高温硬度、高温强度和抗氧化能力，而韧性不变，如 YG6A、YG8N、YG8P3 等；而在 YT 类中添加合金，可提高抗弯强度、冲击韧性、耐热性、耐磨性及高温强度、抗氧化能力等，这类材料既可用于加工钢料，又可加工铸铁和有色金属，被称为通用合金或万能硬质合金，代号为 YW，如 YW1、YW2、YW3。

2.2.2 硬质合金性能特点

(1) 硬度

由于硬质合金碳化物 WC、TiC 等的硬度很高，因而其整体也就具有高硬度，一般为 89～93HRA。硬质合金的硬度值随碳化物的性质、数量和粒度的变化而变化，随黏结剂含量的增高而降低。在黏结剂含量相同时，WC-TiC-Co 硬质合金的硬度高于 WC-Co 硬质合金。

此外，硬质合金的硬度又随着温度升高而降低。在 700～800℃时，一部分硬质合金保持着相当于高速钢在常温时的硬度。硬质合金的高温硬度仍取决于碳化物在高温下的硬度，故 WC-TiC-Co 硬质合金的高温硬度比 WC-Co 硬质合金高些。添加 TaC(NbC) 能提高硬质合金的高温硬度。

(2) 强度

硬质合金的抗弯强度只相当于高速钢强度的 1/3～1/2。

硬质合金中的钴含量愈多，合金的强度愈高。含有 TiC 的合金比不含 TiC 合金的强度低，TiC 含量愈多，合金的强度也愈低。

在 WC-TiC-Co 类硬质合金中添加 TaC 可提高其抗弯强度。添加 4%～6%TaC 可使强度增加 12%～18%。在硬质合金中添加 TaC 会显著提高刀刃强度，增加 TaC 含量会加强刀刃抗碎裂和抗破损能力。这类合金中 TaC 含量增加时，疲劳强度也增加。

硬质合金的抗压强度比高速钢高 30%～50%。

(3) 韧性

硬质合金的韧性比高速钢低得多。

含 TiC 合金的韧性比不含 TiC 合金的韧性还要低，TiC 含量增加，韧性也降低。

在 WC-TiC-Co 合金中，添加适量 TaC，在保证原来合金耐热性和耐磨性的同时，能使合金的韧性提高 10%。WC-TiC-TaC-Co 合金在周期性冲击压负载下进行的试验表明，含 7.5%TaC 的合金比不含 TaC 的冲击强度要大 24 倍多，显示出较高的动态屈服强度。

由于硬质合金的韧性比高速钢低，因而不宜在有强烈冲击和振动的情况下使用。特别是在低速切削时，黏结和崩刃现象更为严重。统计表明，硬质合金刀片由于崩刃和断裂（特别是在重型刀具中）而引起的损耗占 70%～90%。

(4) 热物理性能

硬质合金的导热性高于高速钢，热导率为高速钢的 2～3 倍。

由于 TiC 的热导率低于 WC，故 WC-TiC-Co 合金的导热性低于 WC-Co 合金。合金中含 TiC 愈多，导热性也愈差。

合金的导热性愈差，则耐热冲击性能也愈差。

硬质合金的比热容是高速钢的 2/5～1/2，加 TiC 合金的比热容比不加 TiC 合金比热容大，TiC 含量增加，比热容也增大。

硬质合金的热胀系数取决于钴的含量，钴含量增多，则热胀系数也增大。WC-TiC-Co 合金的热胀系数大于 WC-Co 合金。后者的热胀系数为高速钢的 1/3～1/2。

含 TiC 合金由于导热性差，热胀系数大，故其耐热冲击性能低于不含 TiC 的硬质合金。

(5) 耐热性

硬质合金的耐热性比高速钢高得多，如图 2-1 所示，在 800～1000℃时尚能进行切削。在高温下有良好的抗塑性变形能力。

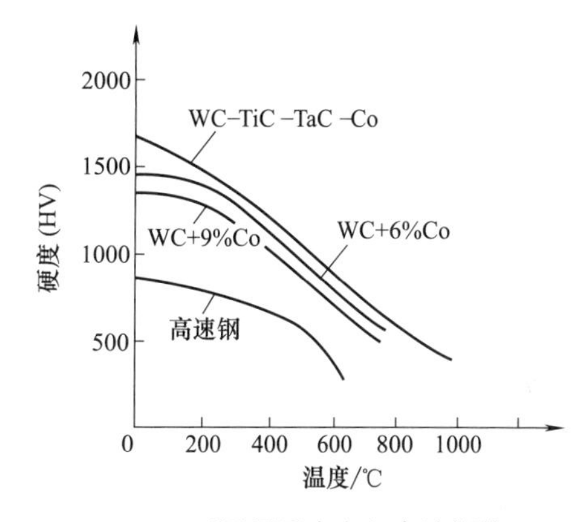

图 2-1 不同硬质合金与高速钢的高温硬度对比

在硬质合金中添加 TiC 可提高其高温硬度。TiC 的软化温度高于 WC，因此 WC-TiC-Co 合金的硬度随着温度上升而下降的幅度较 WC-Co 合金慢。含 TiC 愈多，含钴量愈少，则下降幅度也愈小。

由于 TaC 的软化温度比 TiC 的更高，因此，在硬质合金中加入 TaC 或 NbC 可以提高合金的高温硬度。例如，在 WC-TiC-Co 合金中加入 TaC 后，高温硬度可提高 50～100HV，添加 NbC 的效果则没有添加 TaC 的效果那么显著。在硬质合金中加入 TaC 也可提高合金的高温强度。例如，在 WC-Co 合金中加入少量 TaC 后，在 800℃时的强度最大可提高 150～300MPa；如加入 NbC，则可提高 100～250MPa。由此可知，加入 TaC 可提高硬质合金的高温抗塑性变形能力，而刀具的破损常常是由于刀刃塑性变形量增加产生热裂纹开始的，因此刀刃抗塑性变形能力的提高可减少刀具的破损。

(6) 抗黏结性

硬质合金的黏结温度高于高速钢，因而有较好的抗黏结磨损能力。

硬质合金中钴与钢的黏结温度大大低于 WC 与钢的黏结温度，因此，合金中钴含量增加时，黏结温度下降。TiC 的黏结温度高于 WC，因此，WC-TiC-Co 的黏结温度高于 WC-

Co 合金（高 100 多摄氏度）。用含 TiC 的合金刀具切削时，在高温下形成的 TiO_2 可减轻黏结。

TaC 和 NbC 与钢的黏结温度比 TiC 的黏结温度还要高，因此添加 TaC 和 NbC 的合金有更好的抗黏结能力。

硬质合金成分中，不同碳化物与工件材料的亲和力是不同的。TiC 和 TaC 与不同材料的反应指数总和比 WC 低得多，有的试验证明，TiC 与工件材料的亲和力要比 WC 与工件材料的亲和力小得多。因此，在硬质合金中加入 TiC 与 TaC 可大大减少黏结磨损，这对加工钢材时减少刀具的月牙洼磨损是特别重要的。

(7) 化学稳定性低

硬质合金刀具的耐磨性与在工作温度下合金的物理及化学稳定性有密切的关系。

硬质合金的氧化温度高于高速钢的氧化温度。硬质合金刀具的抗氧化磨损能力取决于合金在高温下的氧化程度。

硬质合金中钴的含量增加时，氧化也会增加。

TaC 的氧化温度也高于 WC，因此合金中加入 TaC 和 NbC 会提高其抗氧化能力。

硬质合金刀具的抗扩散磨损能力取决于合金在高温下的扩散程度。

WC 在 947℃以上温度开始在 Fe 中明显扩散，而 TiC 的明显扩散温度为 1047℃，因此 WC-TiC-Co 合金与钢产生显著扩散作用的温度（900～950℃）也高于 WC-Co 合金的温度（850～900℃）。

硬质合金中的 WC 是分解为 W 和 C 后扩散到钢中去的，而 TiC 则比 WC 难分解，故 Ti 的扩散率远低于 W。

TiC 在 Fe 中的溶解度大大低于 WC。TiC、（Ti · W）C、TaC 在 1250℃时的溶解度仅为 0.5%，为 WC 溶解度的 1/14，在合金中（Ti · W）C 成了扩散的抑制剂。在 WC-TiC-Co 合金中加入 Ta 和 Nb 后形成的固溶体［(W · Ti、Ta、Nb)C］则更不易扩散，而且 TaC 的扩散温度比 TiC 还高，因此其抗扩散能力更强，如图 2-2 所示。

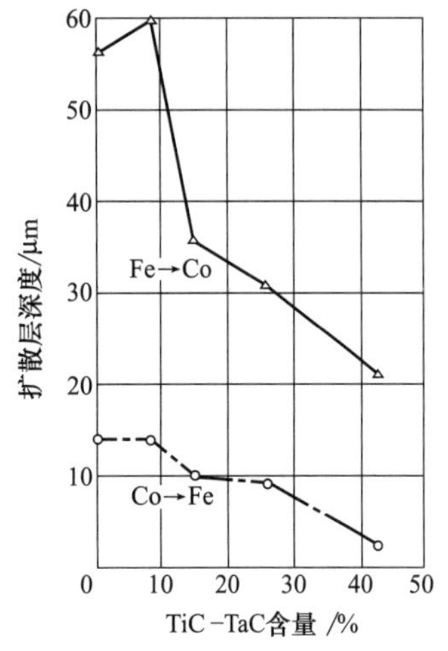

图 2-2　硬质合金中 TiC-TaC 含量对扩散磨损的影响

注：1. 工件材料 CK53（近似 50 钢）。
2. 硬质合金：K30、P30、P20、P10、P01。
3. 加热温度：1000℃。
4. 时间：40h。

由上述可知，在高速加工钢材时，为了减少刀具的扩散磨损，在硬质合金中添加 TiC 和 TaC 是极为重要的。

硬质合金的以上特性赋予硬质合金刀具比高速钢刀具高得多的耐用度（提高几倍至几十倍），可以成几倍地提高切削速度和切削加工生产率，因而在刀具材料中的比重也日益增加。

2.2.3 钨钴类硬质合金

(1) 性能

① 硬度　YG 类硬质合金中因含有大量 WC 硬质相，故其硬度比高速钢高很多。当硬质合金中的含钴量愈多（含碳化钨愈少）时，其硬度就愈低，如图 2-3 所示。例如，YG3 的硬度为 91HRA，YG6 为 89.5HRA，而 YG8 则为 89HRA。

② 强度　硬质合金的抗弯强度比高速钢低很多，如 YG8，其抗弯强度只有 150MPa，仅为 W18Cr4V 高速钢的一半。钴在硬质合金中起黏结剂的作用。钴含量愈高，硬质合金的抗弯强度就愈高，如图 2-4 所示。

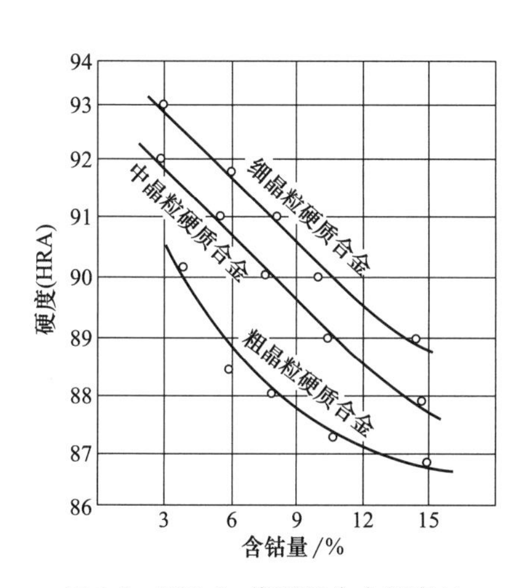

图 2-3　WC-Co 类硬质合金硬度与含钴量和 WC 晶粒度的关系

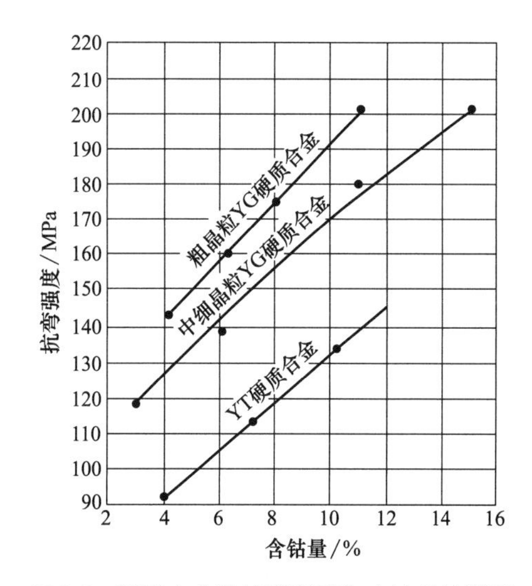

图 2-4　硬质合金的抗弯强度与含钴量的关系

③ 冲击韧性　硬质合金的冲击韧性比高速钢低得多。随含钴量的增加，冲击韧性略有提高，如图 2-5 所示。但 YG8 的冲击韧性也仅有 $(0.3\sim0.4)\times10^4$ kg·m/cm^2。

由于硬质合金的韧性较差，因此不宜在有强烈冲击和振动的情况下使用，否则刀刃很容易崩缺。特别是在低速加工时，由于强烈的黏结作用，崩刃现象更为严重。

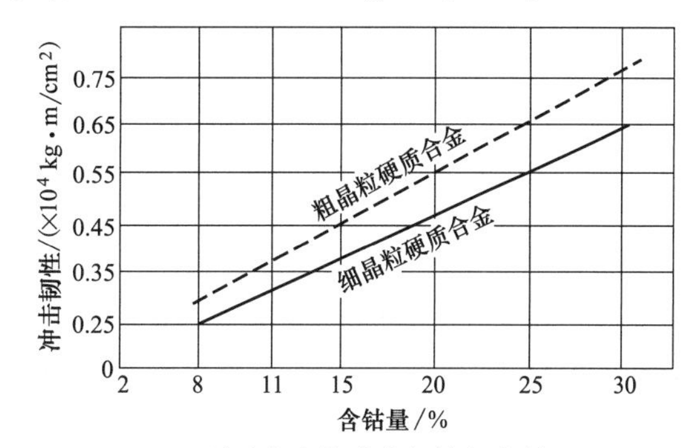

图 2-5　硬质合金的冲击韧性与含钴量及晶粒度的关系

④ 导热性　硬质合金的导热性愈好，则切削热愈容易由刀具传出，有利于降低切削温度。由于硬质合金的热导率不高，在焊接和刃磨时应注意防止过热而产生裂纹。

⑤ 黏结性　黏结性是指切削时刀具材料的微粒与切屑黏结并被切屑带走，以及在高温下刀具材料的某些成分向工件或切屑中扩散的性能。刀具材料的抗黏结能力愈好，则刀具的耐磨性和耐用度也愈高。钴的黏结温度约为 550℃，碳化钨的黏结温度约为 1000℃。硬质合金中含钴量愈高，则其黏结温度就愈低，如表 2-1 所示。

表 2-1　硬质合金的黏结温度与含钴量的关系

含钴量/%	0	1	5	20
黏结温度/℃	1000	775	685	625

YG 类硬质合金发生黏结的开始温度为 600～700℃，发生扩散的开始温度为 900℃。发生黏结和扩散的温度愈高，表示材料的抗黏结能力愈好。

⑥ 耐热性　硬质合金最可贵的性能是耐热性较高，在800～1000℃时尚能进行切削。和其他刀具材料一样，随着切削温度的升高，硬质合金的硬度和强度都会下降。在800℃以下时，YG类硬质合金的硬度随温度升高而呈直线下降，如图2-6所示。

在800℃时，硬质合金的硬度约相当于常温硬度的1/2；在1000℃时，其硬度约为常温硬度的1/4。

不同牌号的硬质合金在不同温度下硬度下降的程度也是不同的。YG类硬质合金中含钴量愈多，在高温下硬度下降得也愈多。例如，YG2在800℃时的硬度为常温硬度的51%，而YG8在800℃时的硬度仅为常温硬度的41%。当温度升高到1200℃时，在150～200HV范围内，各类硬质合金的硬度渐趋一致。

硬质合金的抗弯强度也随温度的升高而下降，如图2-7所示。

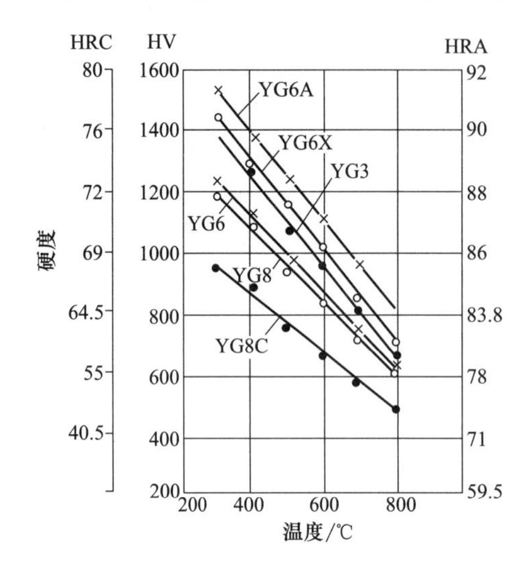

图2-6　WC-Co类硬质合金的硬度与温度的关系

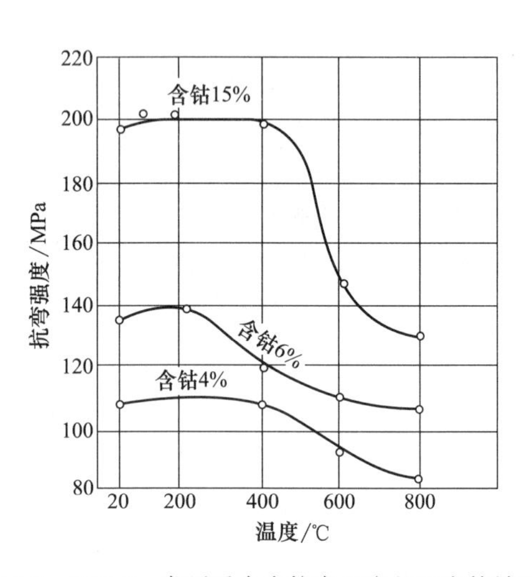

图2-7　WC-Co类硬质合金抗弯强度与温度的关系

在400℃以下，YG类硬质合金的抗弯强度实际上与常温时相同。对含钴量较低的硬质合金，在800℃范围内，其抗弯强度随温度的变化较小。对含钴量较高的硬质合金，当温度超过400℃以后，其抗弯强度会显著下降。

在低于700℃条件下，硬质合金在空气中加热时的氧化程度不严重，但在800℃时却被急剧氧化，使其表面生成一层疏松的氧化物。温度愈高，氧化愈严重；合金中含钴量愈高，高温下氧化也愈严重。

由于不同牌号硬质合金的耐热性不同，因此允许的切削速度也不相同。在其他条件相同时，YG6的切削速度可比YG8提高8%～12%，YG3则可比YG8提高20%～30%。

(2) 钨钴类硬质合金的用途

YG类硬质合金主要用于加工铸铁、有色金属和非金属材料。加工这类材料时，切屑呈崩碎块粒，对刀具冲击很大，切削力和切削热都集中在刀尖附近。YG类硬质合金有较高的抗弯强度和韧性（与钨钛钴类比较），可减少切削时的崩刃。同时，YG类硬质合金的导热性也较好，有利于从刀尖散走切削热，降低刀尖温度，避免刀尖过热软化。YG类硬质合金的耐热性虽较差，但因切削铸铁时的切削温度比加工钢时低得多，故YG类硬质合金还能适应高温切削。此外，由于YG类硬质合金的磨加工性较好，可以磨出锐利的刃口，因此适于加工有色金属和纤维层压材料。

YG 类硬质合金中含钴量较多时，其抗弯强度及冲击韧性也较好，特别是提高了疲劳强度，因此适于在受冲击和振动的条件下作粗加工用；含钴量较少时，其耐磨性及耐热性较高，适于作连续切削的精加工用。

YG 类硬质合金有中晶粒、粗晶粒和细晶粒之分，它们的性能各有不同。在含钴量相同时，细晶粒硬质合金比粗晶粒硬质合金的硬度和耐磨性高一些，但强度和韧性则低一些。例如，YG6X 和 YG6 的化学成分相同，但 YG6X 的硬度为 91HRA，比 YG6 的硬度（89.5HRA）高 1.5HRA，但抗弯强度则由 YG6 的 145MPa 减少为 140MPa。此外，YG6X 的高温硬度也高于 YG6。

表 2-2 为不同硬质合金牌号的使用范围。

表 2-2 不同硬质合金牌号的使用范围

牌号	性 能	使用范围
YG3X	是 YG 类合金中耐磨性最好的一种，但冲击韧性较差	适于铸铁、有色金属及其合金的精镗、精车等。也可用于合金钢，淬火钢及钨、钼材料的精加工
YG6X	属细晶粒合金，其耐磨性较 YG6 高，而使用强度接近于 YG6	适于冷硬铸铁、合金铸铁、耐热钢的加工，也适于普通铸铁的精加工，并可用于制造仪器仪表工业用的小型刀具和小模数磨刀
YG6	耐磨性较高但低于 YG6X、YGX，韧性高于于 YG6X、YGX，可使用较 YG8 高的切削速度	适于铸铁、有色金属及其合金与非金属材料连续切削时的粗车，间断切削时的半精车、精车，小断面精车，粗车螺纹，旋风车螺纹，连续断面的半精铣与精铣，孔的粗扩与精扩
YG8	使用强度较高，抗冲击和抗振性能较 YG6 好，耐磨性和允许的切削速度较低	适于铸铁、有色金属及其合金与非金属材料的加工，不平整断面和间断切削时的粗车、粗刨、粗铣，一般孔和深孔的钻孔、扩孔
YG10H	属超细晶粒合金，耐磨性较好，抗冲击和抗振动性能高	适于低速粗车，铣削耐热合金及钛合金，作切断刀及丝锥等
YT5	在 YT 类合金中强度最高，抗冲击和抗振动性能最好，不易崩刃，但耐磨性较差	适于碳钢及合金钢，包括钢锻件、冲压件及铸件的表皮加工，以及不平整断面和间断切削时的粗车、粗刨、半精刨、粗铣、钻孔等
YT14	使用强度高，抗冲击性能和抗振动性能好，但较 YT5 稍差，耐磨性及允许的切削速度较 YT5 高	适于碳钢及合金钢连续切削时的粗车，不平整断面和间断切削时的半精车和精车，连续面的粗铣，铸孔的扩钻等
YT15	耐磨性优于 YT14，但抗冲击韧性较 YT14 差	适于碳钢及合金钢的加工，连续切削时的半精车及精车，间断切削时的小断面精车，旋风车螺纹，连续面的半精铣及精铣，孔的精扩及粗扩
YT30	耐磨性及允许的切削速度较 YT15 高，但使用强度及冲击韧性较差，焊接及刃磨时极易产生裂纹	适于碳钢及合金钢的精加工，如小断面精车、精镗、精扩等
YG6A	属细晶粒合金，耐磨性和使用强度与 YG6X 相似	适于硬铸铁、球墨铸铁、有色金属及其合金的半精加工，也可用于高锰钢、淬火钢及合金钢的半精加工和精加工
YG8A	属中颗粒合金，其抗弯强度与 YG8 相同，而硬度和 YG6 相同，高温切削时热硬性较好	适于硬铸铁、球墨铸铁、白口铁及有色金属的粗加工，也可用于不锈钢的粗加工和半精加工
YW1	热硬性较好，能承受一定的冲击负荷，通用性较好	适于耐热钢、高锰钢、不锈钢等难加工钢材的精加工，也适于一般钢材和普通铸铁及有色金属的精加工
YW2	耐磨性稍次于 YW1 合金，但使用强度较高，能承受较大的冲击负荷	适于耐热钢、高锰钢、不锈钢等难加工钢材的半精加工，也适于一般钢材和普通铸铁及有色金属的半精加工
YN05	耐磨性接近于陶瓷，热硬性极好，高温抗氧化性优良，抗冲击和抗振动性能差	适于钢、铸钢和合金铸铁的高速精加工及机床-工件-刀具系统刚性特别好的细长件的精加工
YN10	耐磨性及热硬性较高，抗冲击和抗振动性能差，焊接及刃磨性能均较 YT30 好	适于碳钢、合金钢、工具钢及淬硬钢的连续面精加工。对于较长件和表面粗糙度要求小的工件，加工效果尤佳

2.2.4 钨钛钴（WC-TiC-Co）类硬质合金

钨钛钴类硬质合金（代号 YT）除含 WC 和 Co 外，还含有 TiC 5%～30%，常用的牌号有 YT5、YT14、YT15、YT30 等。牌号中的 Y 表示硬质合金，T 表示 TiC，T 后面的数字表示 TiC 含量。

（1）性能

① 硬度　YT 类硬质合金的硬度之所以高于 YG 类，是因为 TiC 的硬度（3200HV）比 WC 的硬度（2400HV）高的缘故。硬质合金中含 TiC 愈多，则硬度愈高，耐磨性就愈好，抗月牙洼磨损能力也愈强。例如，YT5 的硬度为 89HRA，YT15 为 91HRA，YT30 则为 92.5HRA。

② 强度　当含钴量相同时，YT 类硬质合金的抗弯强度比 YG 类低，而且碳化钛含量愈高，强度就愈低。例如，含钴量均为 6%的 YT15 和 YG6 比较，前者的抗弯强度为 $115kg/mm^2$，比 YG6 低 $30kg/mm^2$。YT30 的抗弯强度仅 $90kg/mm^2$，比 YT15 还低 $25kg/mm^2$。

③ 冲击韧性　YT 类硬质合金的冲击韧性比 YG 类还要低。随着 TiC 含量的增加，冲击韧性则降低。例如，YT14 的冲击韧性为 $0.07kg \cdot m/cm^2$，YT30 则为 $0.03kg \cdot m/cm^2$。由于 YT 类硬质合金的冲击韧性更差，因此更不能承受大的冲击和振动。

④ 导热性　TiC 的热导率比 WC 的热导率更低，故 YT 类硬质合金的导热性比 YG 类更差。例如，YT15 的热导率还不及 YG6 的一半，而且硬质合金中含 TiC 愈多，其导热性也愈差。

⑤ 黏结性　TiC 可提高硬质合金的黏结温度（表 2-3），阻止硬质合金元素的扩散。YT 类硬质合金发生黏结的开始温度为 700～900℃，发生扩散的开始温度为 1000℃左右，其抗黏结能力比 YG 类要好。

表 2-3　不同碳化物的黏结温度

碳化物种类	WC	TiC	TaC	NbC
黏结温度/℃	1000	1125	1200	1250

⑥ 耐热性　YT 类硬质合金的耐热性高于 YG 类。TiC 含量愈高，硬质合金的耐热性也愈好。YT30 的高温硬度高于 YT15，更高于 YT5。随着温度的升高，YT 类硬质合金的硬度也会下降，如图 2-8 所示。在 800℃时的硬度相当于常温时的 35%～45%。TiC 含量愈高，则硬度下降的幅度就愈小。

YT 类硬质合金的抗弯强度虽然也随温度的升高而下降，但其变化较小。如 YT30 即使在 1000℃的高温下仍具有常温时的强度值。

YT 类硬质合金的抗氧化能力也高于 YG 类。在高温下，YT 类硬质合金的氧化损失比 YG 类小很多，而且含 TiC 愈多，其抗氧化能力也愈强。

由于不同牌号硬质合金的耐热性不同，允许的切削速度也不相同。在其他条件相同时，YT30 的切削速度可比 YT15 提高 40%～50%，而 YT5 的切削速度则为 YT15 的 60%～70%。

（2）钨钛钴类硬质合金的选用

YT 类硬质合金适于加工塑性材料（如钢）。加工钢料时，由于塑性变形很大，摩擦很剧烈，因此切削温度很高。而 YT 类硬质合金具有较高的硬度，特别是具有高的耐热性，抗黏结能力和抗氧化能力均较好，故刀具磨损小，耐用度高。

YT 类硬质合金中含钴量较高、含碳化钛较少时，抗弯强度较高，比较能承受冲击，适于作粗加工用；含钴量较少、含碳化钛较多时，耐磨性及耐热性较好，适于作精加工用。但含碳化钛愈高时，其磨加工性和焊接性能也愈差，刃磨和焊接时容易产生裂纹，如 YT30。

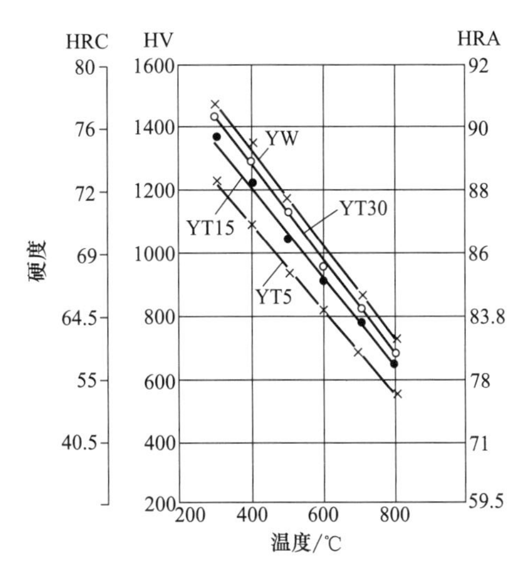

图 2-8　WC-TiC-Co 类硬质合金硬度与温度的关系

YT、YG 这两类硬质合金的强度和硬度之间常常是互相矛盾的，强度高的硬质合金，其硬度就较低，硬度高的硬质合金，则强度就较低。硬质合金牌号的选择，实际上就是按不同的加工条件（工件材料、毛坯形状、加工类型、工艺系统刚性、切削用量等），从中抓其主要矛盾进行取舍。例如，加工铸铁，一般用钨钴类硬质合金；加工钢料，一般用钨钛钴类硬质合金。如用钨钴类硬质合金加工钢料，则因其耐热性较差，切钢时产生的高温会迅速在刀具前刀面上产生月牙洼，加速刀具的磨损和崩刃。相反，如果用钨钛钴类硬质合金加工铸铁的话，则因其强度较低，性脆不耐冲击，就容易产生崩刃。

然而，在加工含钛的不锈钢（如 1Cr18Ni9Ti）和钛合金时，就不宜采用钨钛钴类硬质合金。因为这类硬质合金中的钛元素和加工材料中的钛元素之间的亲和力会产生严重的黏刀现象。这时切削温度高，摩擦因数大（如图 2-9 所示），因而会加剧刀具磨损。如选用钨钴类硬质合金加工，则切削温度较低，刀具磨损较小，加工表面粗糙度就小。

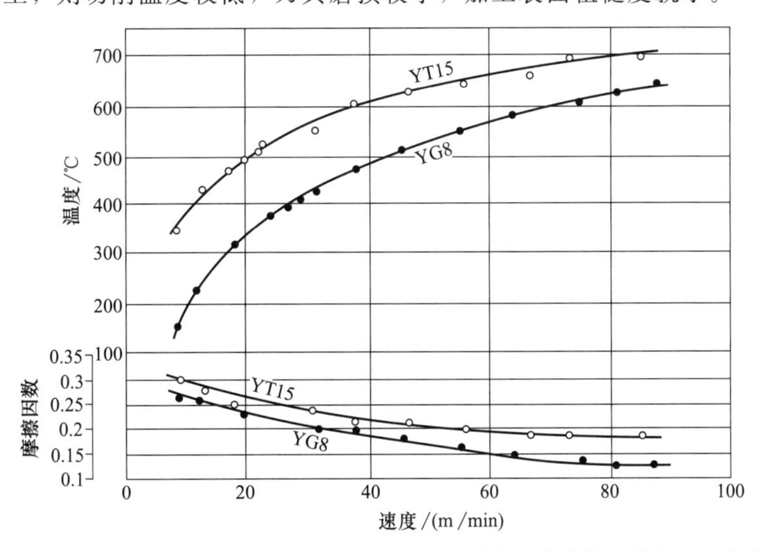

图 2-9　不同硬质合金与钛合金摩擦时在不同摩擦速度下的摩擦因数与温度的变化

又如，加工淬火钢、高强度钢、不锈钢或耐热钢时，由于切削力很大，切屑与前刀面接触长度很短，切削力集中在刀刃附近，容易产生崩刃现象，因而不宜采用强度低、脆性大的钨钛钴类硬质合金，而宜选用韧性较好的钨钴类硬质合金。同时，这类加工材料的导热性较差，热量集中在刀尖处，而钨钴类硬质合金的导热性较好，就有利于热量传出和降低切削温度。

2.3.5 含碳化钽（碳化铌）的硬质合金

在硬质合金成分（WC、TiC、Co）中加入新的难熔金属碳化物，是提高其物理机械性能和切削性能最有效的方法之一。已经添加了钽、铌、钼、钒、钍、铬等单元和多元碳化物制成的刀具材料，其中效果比较显著的是加入碳化钽（TaC）和碳化铌（NbC）。

（1）TaC（NbC）对硬质合金性能的影响

① 加入 TaC 可提高硬质合金的耐热性、高温硬度和高温强度，提高其抗氧化能力。在 WC-Co 类硬质合金中加入少量 TaC 后，可提高其 800℃时的高温硬度和高温强度，强度最大提高量为 15～30MPa，如加入 NbC，则 800℃时的抗弯强度最大提高 10～25MPa。在 WC-TiC-Co 类硬质合金中加入 TaC 后，高温硬度可提高 50～100HV；添加 NbC 虽也能提高这类硬质合金的高温硬度，但没有添加 TaC 的效果显著。此外，TaC 及 NbC 还能提高这类硬质合金与钢的黏结温度，减缓硬质合金成分向钢中的扩散。

② 在 WC-Co 类硬质合金中添加 TaC 或 NbC 后，可显著提高其常温硬度和耐磨性。加入 TaC 可提高 40～100HV，加入 NbC 可提高 70～150HV。在 WC-TiC-Co 类硬质合金中添加 TaC，可提高其抗月牙洼磨损和抗后刀面磨损能力。TaC 或 NbC 对这类硬质合金的常温硬度无显著影响。

③ 在 WC-TiC-Co 类硬质合金中添加 TaC，可提高其抗弯强度（添加 4%～6% TaC 可使强度增加 12%～18%）和冲击韧性。当硬质合金中的 TiC 与 TaC 总含量不变时，其抗弯强度和冲击韧性随 TaC 的增加而增加，如图 2-10 所示。但在 WC-Co 类硬质合金中添加 TaC 或 NbC 后，其抗弯强度和冲击韧性则稍有降低。

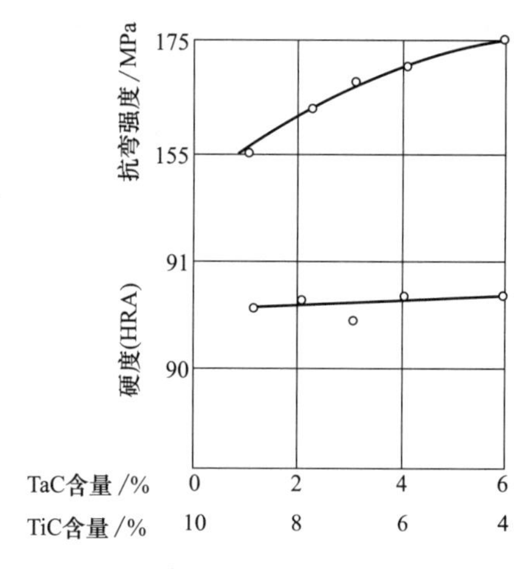

图 2-10 碳化钛、碳化钽相对含量对 WC-TiC-TaC-8% Co 硬质合金抗弯强度和硬度的影响

TaC 还能显著提高 WC-TiC-Co 类硬质合金的疲劳强度，而且随 TaC 含量的增高，其疲劳强度也增高。

④ TaC 和 NbC 可细化晶粒，其中 NbC 细化晶粒的效果更为显著，这有助于提高硬质合金的耐磨性和抗月牙洼磨损能力。TaC 还有助于降低摩擦因数，从而降低切削温度。

⑤ 在硬质合金中添加较多的 TaC（12%～15%）后，可增加其在周期性温度变化时抵抗裂纹产生的能力（抗热振性能）和抵抗塑性变形的能力，因而可用于铣削加工而不易产生崩刃。

⑥ 这类硬质合金的可焊接性较好，刃磨时也不易产生裂纹，提高了使用性能。

（2）钨钽（铌）钴［WC-TaC(NbC)-Co］类硬质合金

在 WC-Co 类硬质合金中添加适当的 TaC(NbC)，可提高其常温硬度和耐磨性，也可提高其高温硬度、高温强度和抗氧化能力，并能细化晶粒。随着硬质合金含钴量的增加，这些优点也更为显著。含有 1%～3%TaC(NbC) 的硬质合金，可顺利地加工各种铸铁（包括特硬铸铁和合金铸铁)。含有3%～10%TaC(NbC)的低钴硬质合金，可作为通用牌号使用。

(3) 钨钛钽(铌)钴[WC-TiC-TaC(NbC)-Co]类硬质合金

在WC-TiC-Co类硬质合金中加入适当的TaC，可提高其抗弯强度、疲劳强度和冲击韧性，提高耐热性、高温硬度、高温强度和抗氧化能力，并能提高耐磨性。WC-TiC-TaC(NbC)-Co类硬质合金既可加工铸铁和有色金属，又可切削长切屑材料(如钢)，因此常常称为通用硬质合金(代号YW)。这类硬质合金可以加工各种高合金钢、耐热合金和各种合金铸铁、特硬铸铁等难加工材料。如果适当提高含钴量，这类硬质合金便具有更高的强度和韧性，可用于对各种难加工材料的粗加工和断续切削。例如，可用于大型钢铸件、钢锻件的剥皮加工；奥氏体钢、耐热合金的车、刨和铣削加工；用于大前角、大切削断面、中速和低速加工；也用于自动机、半自动机及多刀车床的粗车；以及用于制作刀刃强度要求较高的钻头、齿轮滚刀等刀具。

2.2.6 碳化钛(TiC)基硬质合金

YG、YT、YW类合金的主要成分都是WC，故统称为WC基硬质合金。TiC基硬质合金是以TiC为主要成分(有些加入其他碳化物和氮化物)的TiC-Ni-Mo合金。由于TiC的硬度比WC高，故TiC基合金的硬度很高(达90～94HRA)。这种合金有很高的耐磨性和抗月牙洼磨损能力，有较高的耐热性和抗氧化能力，化学稳定性好，与工件材料的亲和力小，摩擦因数小，抗黏结能力较强，因此具有良好的切削性能。可以加工钢，也可加工铸铁。国内生产的牌号有YN01、YN05、YN10等。但这类合金的抗弯强度和冲击韧性比WC基低，因此主要用于精加工和半精加工，不适用于重切削及断续切削。

(1) TiC基硬质合金的优点

① 硬度非常高。TiC基硬质合金的硬度(90～95HRA)是现有硬质合金中最高的，达到了陶瓷的水平。这显然与TiC的硬度比WC的硬度高得多有关。

② 有很高的耐磨性和抗月牙洼磨损能力。这是因为：

a. TiC的黏结温度高于WC，黏结和扩散作用小。

b. 切削热会引起WC形成多孔的WO_3，而使TiC形成致密的TiO_2，故耐磨性能高。

c. 当刀尖温度达800℃以上时，WC与被加工材料起反应，形成脆弱的复合碳化物$(WFe)_6C$，而TiC却是稳定的，不会形成类似物质。

由于TiC基硬质合金的耐磨性好，故刀具耐用度可比WC基硬质合金高3～4倍。

③ 有较高的抗氧化能力。TiC的氧化温度为1100～1200℃，而WC则为500～800℃。WC的氧化物WO_3在800℃时即升华，保护作用小；而TiC能形成稳定强固的氧化膜，可阻止氧化的进一步发展。TiC基硬质合金的氧化程度只有P10(YT15)硬质合金的10%。

④ 有较高的耐热性，在1100～1300℃高温下尚能进行切削。TiC的熔点比WC的熔点高，TiC基硬质合金的高温硬度、高温强度与高温耐磨性都较好，切削速度可比WC基硬质合金高。

⑤ 化学稳定性好，与工件材料的亲和力小。

(2) TiC基硬质合金的缺点

① 抗塑性变形性能差。在对硬质材料进行高速切削或大走刀切削时，由于切削刃的塑性变形会导致刀刃的损坏。这个缺点主要是TiC基硬质合金的弹性模量比WC基硬质合金低所造成的。因此，对高碳合金钢、耐热合金、硬度高于300HB的硬质材料以及特重切削

加工，就不宜采用 TiC 基硬质合金。

② 导热性低。TiC 基硬质合金的导热性低于 WC 基硬质合金，这可能是 TiC 的热导率比 WC 的热导率低所引起的。由于这种材料的导热性差，切削热不易散走，切削时产生很高的温度，因而不仅会促使刀刃产生塑性变形，而且在高温下的硬度也会显著下降。

③ 抗磨料磨损性能差。这一弱点限制了 TiC 基硬质合金在低速切削中的应用。

④ 抗崩刃性差。TiC 基硬质合金的强度（包括高温强度）低于 WC 基硬质合金，在断续切削范围内，通常的 TiC 基硬质合金要稍逊于 WC 基硬质合金。

2.3 金刚石刀具材料

2.3.1 金刚石刀具材料的种类

金刚石刀具材料分为三种：天然单晶金刚石、人造聚晶金刚石及金刚石烧结体。

(1) 天然单晶金刚石

天然单晶金刚石刀具主要用于非铁材料及非金属的精密加工。单晶金刚石结晶界面有一定的方向，不同的晶面上硬度与耐磨性有较大的差异，刃磨时需选定某一平面，否则影响刃磨与使用质量。天然金刚石由于价格昂贵等原因，用得较少。

(2) 人造聚晶金刚石

人造金刚石是通过合金催化剂的作用，在高温高压下由石墨转化而成的。我国 20 世纪 60 年代就成功制得了第一颗人造金刚石。人造聚晶金刚石是将人造金刚石微晶在高温高压下再烧结而成的，可制成所需形状尺寸，镶嵌在刀杆上使用。由于抗冲击强度提高，可选用较大切削用量。聚晶金刚石结晶界面无固定方向，可自由刃磨。

(3) 金刚石烧结体

金刚石烧结体是在硬质合金基体上烧结一层约 0.5mm 厚的聚晶金刚石。金刚石烧结体强度较好，允许切削断面较大，也能间断切削，可多次重磨使用。

2.3.2 金刚石的性能特点及其应用

① 有极高的硬度和耐磨性，其显微硬度达 10000HV，是目前已知的最硬物质。因此，它可以用于加工硬质合金、陶瓷、高硅铝合金及耐磨塑料等高硬度、高耐磨材料，刀具耐用度比硬质合金可提高几倍到几十倍。

② 有很好的导热性，较低的热胀系数。因此，切削加工时不会产生很大的热变形，有利于精密加工。

③ 刃面粗糙度较小，刃口非常锋利，可达 $Ra0.006 \sim 0.01\mu m$。因此，能胜任薄层切削，用于超精密加工。聚晶金刚石主要用于制造刃磨硬质合金刀具的磨轮、切割大理石等石材制品用的锯片与磨轮。

④ 金刚石的热稳定性较低，切削温度超过 700～800℃时，它就会完全失去其硬度。

⑤ 金刚石的摩擦因数低，切削时不易产生积屑瘤，因此加工表面质量很高。加工有色金属时表面粗糙度可低达 $Ra0.012 \sim 0.04\mu m$，加工精度可达 IT5（孔为 IT6，旧标准 1 级）以上。

⑥ 金刚石刀具不适于加工钢铁材料，因为金刚石（碳）和铁有很强的化学亲和力，在高温下铁原子容易与碳原子作用而使其转化为石墨结构，刀具极易损坏。如铝硅合金的精加工、超精加工；高硬度的非金属材料，如压缩木材、陶瓷、刚玉、玻璃等的精加工；以及难加工的复合材料的加工。金刚石耐热温度只有700～800℃，其工作温度不能过高。又易与碳亲和，故不宜加工含碳的黑色金属。

目前金刚石主要用于磨具及磨料，用作刀具时多用于高速下对有色金属及非金属材料进行精细车削及镗孔。加工铝合金及铜合金时，切削速度可达800～3800m/min。

2.4 立方氮化硼刀具材料

2.4.1 立方氮化硼刀具材料的种类

立方氮化硼是由软的立方氮化硼在高温高压下加入催化剂转变而成的。它是20世纪70年代才发展起来的一种新型刀具材料。

立方氯化硼刀具有两种：整体聚晶立方氮化硼刀具和立方氮化硼复合刀片。立方氮化硼复合刀片是在硬质合金基体上烧结一层厚度约为0.5mm的立方氮化硼而成的。

2.4.2 立方氮化硼刀具材料的性能、特点

① 有很高的硬度与耐磨性，达到3500～4500HV，仅次于金刚石。

② 有很高的热稳定性，1300℃时不发生氧化，与大多数金属、铁系材料都不发生化学反应。因此能高速切削高硬度的钢铁材料及耐热合金，刀具的黏结与扩散磨损较小。

③ 有较好的导热性，与钢铁的摩擦因数较小。

④ 抗弯强度与断裂韧性介于陶瓷与硬质合金之间。

⑤ 立方氮化硼的化学惰性很大，它和金刚石不同，切削铁族金属温度到1200～1300℃时也不易起化学作用，因此立方氮化硼刀具可用于加工淬硬钢和冷硬铸铁。

立方氮化硼材料的一系列优点，使它能对淬硬钢、冷硬铸铁进行粗加工与半精加工。同时还能高速切削高温合金、热喷涂材料等难加工材料。

立方氮化硼也可与硬质合金烧结成一体，这种立方氮化硼烧结体的抗弯强度可达1.47GPa，能经多次重磨使用。

立方氮化硼刀具可以采用与硬质合金刀具加工普通钢及铸铁相同的切削速度，来对淬硬钢、冷硬铸铁、高温合金等进行半精加工和精加工。加工精度可达IT5（孔为IT6），表面粗糙度可小至Ra0.2～1.25μm，可代替磨削加工。在精加工有色金属时，表面粗糙度可接近Ra0.05～0.08μm。立方氮化硼刀具还可用于加工某些热喷涂（焊）等其他特殊材料。

2.5 陶瓷刀具材料

20世纪50年代使用的是纯氧化铝陶瓷，由于抗弯强度低于45MPa，使用范围很有限，20世纪60年代使用了热压工艺，可使抗弯强度提高到50～60MPa。20世纪70年代开始使

用氧化铝添加碳化钛混合陶瓷，20 世纪 80 年代开始使用氮化硅基陶瓷，抗弯强度可达到 70～85MPa。至此陶瓷刀具的应用有了较大的发展。近几年来陶瓷刀具在开发与性能改进方面取得了很大成就，抗弯强度已可达到 90～100MPa。因此，新型陶瓷刀具是很有前途的一种刀具材料。

与硬质合金相比，陶瓷刀具材料具有更高的硬度、红硬性和耐磨性。因此，加工钢材时，陶瓷刀具的耐用度为硬质合金刀具的耐用度的 10～20 倍，其红硬性比硬质合金高 2～6 倍，且在化学稳定性和抗氧化能力等方面均优于硬质合金。陶瓷刀具材料的缺点是脆性大、横向断裂强度低、承受冲击载荷能力差，这也是近几十年来人们不断对其进行改进的重点。

2.5.1 陶瓷刀具材料的种类及应用

陶瓷刀具材料可分为氧化铝基陶瓷刀具材料、氮化硅基陶瓷刀具材料和氮化硅-氧化铝复合陶瓷刀具材料。

(1) 氧化铝基陶瓷

这类陶瓷是将一定量的碳化物（一般多用 TiC）添加到 Al_2O_3 中，并采用热压工艺制成，称混合陶瓷或组合陶瓷。TiC 的质量分数达 30%左右时即可有效地提高陶瓷的密度、强度与韧性，改善耐磨性及抗热振性，使刀片不易产生热裂纹，不易破损。

混合陶瓷适合在中等切削速度下切削难加工材料，如冷硬铸铁、淬硬钢等。在切削 60～62HRC 的淬火工具钢时，可选用的切削用量为：$a_p=0.5$mm，$f=0.08$mm/r，$v_c=$ 150～170m/min。

氧化铝-碳化物系陶瓷中添加 Ni、Co、W 等作为黏结金属，可提高氧化铝与碳化物的结合强度。可用于加工高强度的调质钢、镍基或钴基合金及非金属材料，由于抗热振性能提高，也可用于断续切削条件下的铣削或刨削。

(2) 氮化硅基陶瓷

氮化硅基陶瓷是将硅粉经氮化、球磨后添加助烧剂置于模腔内热压烧结而成的。主要性能特点如下。

① 硬度高，达到 1800～1900HV，耐磨性好。

② 耐热性、抗氧化性好，达 1200～1300℃。

③ 氮化硅与碳和金属元素化学反应较小，摩擦因数也较低。实践证明用于切削钢、铜、铝均不黏屑，不易产生积屑瘤，从而提高了加工表面质量。

氮化硅基陶瓷的最大特点是能进行高速切削，车削灰铸铁、球墨铸铁、可锻铸铁等材料效果更为明显。切削速度可提高到 500～600m/min。只要机床条件许可，还可进一步提高速度。由于抗热冲击性能优于其他陶瓷刀具，在切削与刃磨时都不易发生崩刃现象。

氮化硅陶瓷适宜精车、半精车，精铣或半精铣。可用于精车铝合金，达到以车代磨。还可用于切削 51～54HRC 镍基合金、高锰钢等难加工材料。

(3) 氮化硅-氧化铝复合陶瓷

氮化硅-氧化铝复合陶瓷刀具材料又称为赛阿龙（Sialon）陶瓷刀具材料，其化学成分为 77%Si_3N_4 和 13%Al_2O_3，10%Y_2O_3，硬度达 1800HV，抗弯强度达 1.2GPa，韧性高于其他陶瓷。氮化硅-氧化铝复合陶瓷刀具最适合切削高温合金和铸铁。

2.5.2 陶瓷刀具材料的性能、特点

① 硬度和耐磨性很高　陶瓷的硬度达91～95HRA，高于硬质合金。在使用良好时，有很高的耐用度。

② 耐热性很高　在1200℃以上还能进行切削。在760℃的硬度为87HRA，在1200℃时还能维持在80HRA。切削速度可比硬质合金提高2～5倍。

③ 化学稳定性很高　陶瓷与金属的亲和力小，抗黏结和抗扩散的能力较好。

④ 摩擦因数较低　切屑与刀具不易产生黏结，加工表面粗糙度较小，不易产生积屑瘤。

⑤ 强度与韧性低　强度只有硬质合金的1/2。因此陶瓷刀具切削时需要选择合适的几何参数与切削用量，避免承受冲击载荷，以防崩刃与破损。

⑥ 热导率低　仅为硬质合金的1/5～1/2，热胀系数比硬质合金高10%～30%，这就使陶瓷刀具抗热冲击性能较差。陶瓷刀具切削时不宜有较大的温度波动，一般不加切削液。

陶瓷刀具一般适用于在高速下精细加工硬材料。如v_c=200m/min条件下车削淬火钢。但近年来发展的新型陶瓷刀具也能半精、粗加工多种难加工材料，有的还可用于铣、刨等断续切削。

2.6 涂层刀具材料

2.6.1 涂层刀具

涂层刀具是在韧性较好的硬质合金基体上或高速钢刀具基体上，涂一层几微米（5～12μm）厚的高硬度、高耐磨性的金属化合物（TiC、TiN、Al_2O_3等）构成。涂层硬质合金刀具的耐用度比不涂层的提高1～3倍，涂层高速钢刀具的耐用度比不涂层的提高2～10倍。国内涂层硬质合金刀片牌号有CN、CA、YB等（图2-11）。

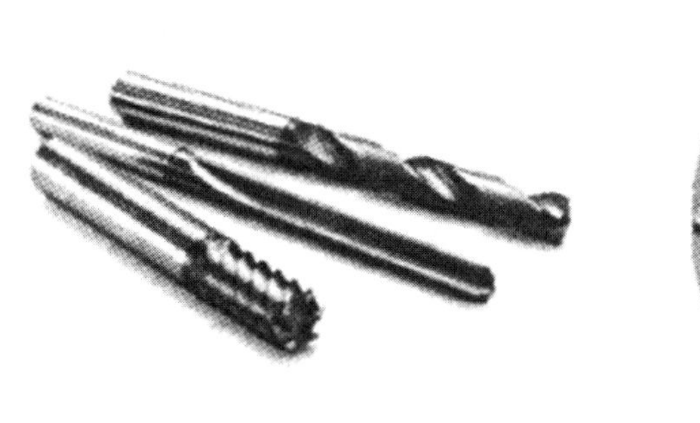

图2-11　PVD涂层刀具

切削刀具表面涂层技术是近几十年应市场需求发展起来的材料表面改性技术。采用涂层技术可有效提高切削刀具使用寿命，使刀具获得优良的综合力学性能，从而大幅度提高机械加工效率。因此，涂层技术与材料、切削加工工艺一起并称为切削刀具制造领域的三大关键技术。自从20世纪60年代以来，经过半个世纪的发展，刀具表面涂层技术已经成为提升刀

具性能的主要方法。主要通过提高刀具表面硬度、热稳定性，降低摩擦因数等方法来提升切削速度，提高进给速度，从而提高切削效率，并大幅提升刀具寿命。

为满足现代机械加工对高效率、高精度、高可靠性的需求，世界各国制造业对涂层技术的发展及其在刀具制造中的应用日益重视。我国的刀具涂层技术经过多年发展，目前正处于关键时期，即原有技术已不能满足切削加工日益发展的需求，国内各大刀具厂的涂层设备也到了必须更新换代的时期。因此，充分了解国内外刀具涂层技术的现状及发展趋势，瞄准国际涂层技术先进水平，有计划、按步骤地发展刀具涂层技术（尤其是 PVD 技术），对于提高我国切削刀具制造水平具有重要意义。

2.6.2 涂层工艺

刀具涂层技术通常可分为化学气相沉积（CVD）和物理气相沉积（PVD）两大类。

(1) 化学气相沉积（CVD）

CVD 技术被广泛应用于硬质合金可转位刀具的表面处理。CVD 可实现单成分单层及多成分多层复合涂层的沉积，涂层与基体结合强度较高，薄膜厚度较厚，可达 7～9μm，具有很好的耐磨性。但 CVD 工艺温度高，易造成刀具材料抗弯强度下降；涂层内部呈拉应力状态，易导致刀具使用时产生微裂纹；同时，CVD 工艺排放的废气、废液会造成较大环境污染。为解决 CVD 工艺温度高的问题，低温化学气相沉积（PCVD）、中温化学气相沉积（MT-CVD）技术相继开发并投入使用。目前，CVD（包括 MT-CVD）技术主要用于硬质合金可转位刀片的表面涂层，涂层刀具适用于中型、重型切削的高速粗加工及半精加工。

(2) 物理气相沉积（PVD）

PVD 技术主要应用于整体硬质合金刀具和高速钢刀具的表面处理，如图 2-12 所示。与 CVD 工艺相比，PVD 工艺温度低（最低可至 80℃），在 600℃以下时对刀具材料的抗弯强度基本无影响；薄膜内部应力状态为压应力，更适用于硬质合金精密复杂刀具的涂层；PVD 工艺对环境无不利影响。PVD 涂层技术已普遍应用于硬质合金钻头、铣刀、铰刀、丝锥、异形刀具、焊接刀具等的涂层处理。

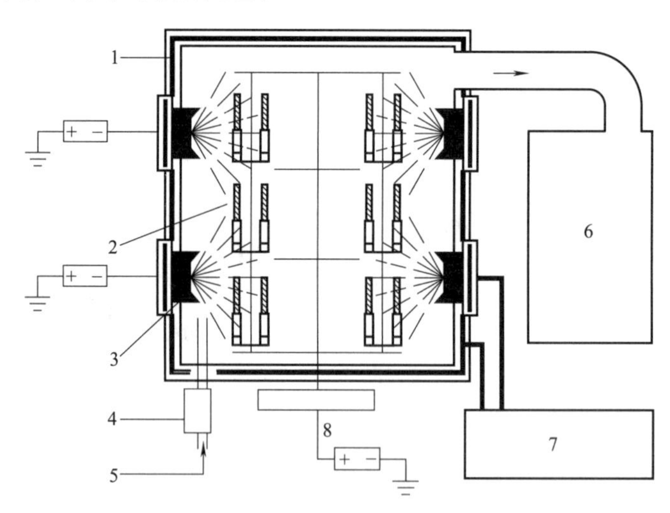

图 2-12 PVD 涂层原理

1—真空加热冷却系统；2—阳极托盘及刀具；3—阴极靶材；4—气体流量表；5—惰性气体；6—真空泵；7—水系统；8—机械驱动系统

物理气相沉积（PVD）在工艺上主要有真空阴极弧物理蒸发和真空磁控离子溅射两种方式。

① 真空阴极弧物理蒸发（ARC） 真空阴极弧物理蒸发过程包括将高电流、低电压的电弧激发于靶材之上，并产生持续的金属离子。被离子化的金属离子以 60～100eV 平均能量蒸发出来形成高度激发的离子束，在含有惰性气体或反应气体的真空环境下沉积在被镀工件表面。真空阴极弧物理蒸发靶材的离化率在 90%左右，所以与真空磁控离子溅射相比，沉积薄膜具有更高的硬度和更好的结合力。但由于金属离化过程非常激烈，会产生较多的有害杂质颗粒，涂层表面较为粗糙。

② 真空磁控离子溅射（Sputtering） 真空磁控离子溅射过程中，氩离子被加速打在加有负电压的阴极（靶材）上。离子与阴极的碰撞使得靶材被溅射出带有平均能量 4～6eV 的金属离子。这些金属离子沉积在放于靶前方的被镀工件上，形成涂层薄膜。由于金属离子能量较低，涂层的结合力与硬度也相应较真空阴极弧物理蒸发方式差一些，但出于其表面质量优异，被广泛应用于有表面功能性和装饰性的涂层领域中。

2.6.3 涂层种类

由于单一涂层材料难以满足提高刀具综合力学性能的要求，因此涂层成分将趋于多元化、复合化；为满足不同的切削加工要求，涂层成分将更为复杂、更具针对性；在复合涂层中，各单一成分涂层的厚度将越来越薄，并逐步趋于纳米化；涂层工艺温度将越来越低，刀具涂层工艺将向更合理的方向发展。常用的涂层种类如表 2-4 所示。

表 2-4 常用涂层种类

PVD 涂层种类	涂层特点	涂层硬度 (HV)	涂层厚度 /μm	摩擦因数	耐热温度 /℃	图层颜色	应用范围
TiN	单层	2300	2～3	0.6	600	金黄	应用最为普遍，具有高硬度、高耐磨性及耐氧化性；适合大多数切削刀具，也适合多数成形模具及抗磨损工件
TiCN	单层	2800	2～3	0.3	500	棕灰	具有较低的内应力、较高的韧性以及良好的润滑性能，适合要求摩擦因数较低而硬度高的加工环境
TiAlN	单层	3100	2～3	0.3	750	紫蓝	化学稳定性好，具有高热硬性，极好的抗氧化和耐磨性，适合干切削场合
GrN	单层	1800	2～3	0.2	700	银灰	有着显著的强润滑性能和耐高温特性，最适合铜类金属的切削刀具，以及磨、耐腐蚀零件的涂层
DLC	单层	2500	1～2	0.1～0.2	300	黑灰	优良的耐磨、耐腐蚀性能，摩擦因数极低，与基体结合力强。用于刀具时，通常以 TiAlN 为基体配合使用，用以加工有色金属、石墨等材料
超 A (AHNO)	多层	3100	2～3	0.3	800	蓝紫	AHNO 等涂层配方，属于多层复合高铝涂层，具有高硬度、高耐磨性、较低的摩擦因数等优点。在高温下稳定性强，特别适合高速切削场合

2.6.4 刀具涂层的选择

根据加工需要正确选择刀具涂层，有可能是一件令人困惑和费劲的工作。每一种涂层在切削加工中都既有优势又有缺点，如果选用了不恰当的涂层，有可能导致刀具寿命低于未涂层刀具，有时甚至会引发比涂层以前更多的问题。

目前已有许多种刀具涂层可供选择，包括PVD涂层、CVD涂层以及交替涂覆PVD和CVD的复合涂层等，从刀具制造商或涂层供应商那里可以很容易地获得这些涂层。下面将介绍一些刀具涂层共有的属性以及一些常用的PVD、CVD涂层选择方案。在确定选用何种涂层对于切削加工最为有益时，涂层的每一种特性都起着十分重要的作用。

涂层的特性如下。

① 硬度　涂层带来的高表面硬度是提高刀具寿命的最佳方式之一。一般而言，材料或表面的硬度越高，刀具的寿命越长。氮碳化钛（TiCN）涂层比氮化钛（TiN）涂层具有更高的硬度。由于增加了含碳量，使TiCN涂层的硬度提高了33%，其硬度变化范围为3000～4000HV（取决于制造商）。表面硬度高达9000HV的CVD金刚石涂层在刀具上的应用已较为成熟，与PVD涂层刀具相比，CVD金刚石涂层刀具的寿命提高了10～20倍。金刚石涂层的硬度和切削速度可比未涂层刀具提高2～3倍，因此其成为非铁族材料切削加工的不错选择。

② 耐磨性　耐磨性是指涂层抵抗磨损的能力。虽然某些工件材料本身硬度可能并不太高，但在生产过程中添加的元素和采用的工艺可能会引起刀具切削刃崩裂或磨钝。

③ 表面润滑性　高摩擦因数会增加切削热，导致涂层寿命缩短甚至失效。而降低摩擦因数可以大大延长刀具寿命。细腻光滑或纹理规则的涂层表面有助于降低切削热，因为光滑的表面可使切屑迅速滑离前刀面而减少热量的产生。与未涂层刀具相比，表面润滑性更好的涂层刀具还能以更高的切削速度进行加工，从而进一步避免与工件材料发生高温熔焊。

④ 氧化温度　氧化温度是指涂层开始分解时的温度值。氧化温度值越高，对在高温条件下的切削加工越有利。虽然TiAlN涂层的常温硬度也许低于TiCN涂层，但事实证明它在高温加工中要比TiCN有效得多。TiAlN涂层在高温下仍能保持其硬度的原因在于可在刀具与切屑之间形成一层氧化铝，氧化铝层可将热量从刀具传入工件或切屑。与高速钢刀具相比，硬质合金刀具的切削速度通常更高，这就使TiAlN成为硬质合金刀具的首选涂层，硬质合金钻头和立铣刀通常采用这种PVD-TiAlN涂层。

⑤ 抗黏结性　涂层的抗黏结性可防止或减轻刀具与被加工材料发生化学反应，避免工件材料沉积在刀具上。在加工非铁族金属（如铝、黄铜等）时，刀具上经常会产生积屑瘤，从而造成刀具崩刃或工件尺寸超差。一旦被加工材料开始黏附在刀具上，黏附就会不断扩大。例如，用成形丝锥加工铝质工件时，加工完每个孔后丝锭上黏附的铝都会增加，以致最后丝锥直径变得过大，造成工件尺寸超差而报废。具有良好抗黏结性的涂层甚至在冷却液性能不良或浓度不足的加工场合也能起到很好的作用。

2.6.5 涂层高速钢刀具

高速钢刀具的表面涂层是采用物理气相沉积（PVD）方法，在适当的高真空度与温度环境下进行气化的钛离子与钛反应，在阳极刀具表面上生成TiN。其厚度由气相沉积的时间决定，一般为2～8μm，对刀具的尺寸精度影响不大。

新的镀膜设备使用纳米真空复合离子镀膜工艺，控制在500℃环境下进行。一般刀具涂覆TiN硬膜，厚度约2μm。涂层表面结合牢固，呈金黄色，硬度可高达2200HV，有较高的热稳定性，与钢的摩擦因数较低。

涂层高速钢刀具的切削刃、切削温度约下降 25%，切削速度、进给量、刀具寿命显著提高，即使刀具重磨后其性能仍优于普通高速钢，适合在钻头、丝锥、成形铣刀、切齿刀具上广泛应用。

除 TiN 涂层外，新的涂层工艺镀膜功能较多，典型的有：TiN、TiC、TiCN、TiAlN、AlTiN、TiAlCN、DLC（Diamond-Like Coating，金刚石类涂层）、CBC（Carbon-Based Coating，硬质合金类涂层）。

（1）TiAlN 高性能涂层

紫罗兰-黑色，耐热温度达 800℃，可适用于高速加工。在基体为 65HRC 的高速钢上涂 2.5～3.5μm，刀具寿命比 TiN 明显提高 1～2 倍，但涂层费用较高。

（2）AlTiN 高铝涂层

耐热温度达 800℃，有高硬度、高耐热性，适合对硬材料进行加工。

（3）TiCN 复合涂层

蓝-灰色，耐热温度达 400℃。有高韧性，可用于丝锥、成形刀具。

（4）TiAlCN 复合涂层

耐热温度达 500℃，有高韧性、高硬度、高耐热性、低摩擦性能，适合制造铣刀、钻头、丝锥。可加工 60HRC 的高硬度材料。

（5）DLC 涂层

耐热温度 400℃，适用于加工硬木材的成形刀具。

2.6.6 涂层硬质合金刀具

涂层硬质合金刀具早在 20 世纪 60 年代已出现。采用化学气相沉积（CVD）工艺，在硬质合金表面涂覆一层或多层（5～13μm）难熔金属碳化物。涂层合金有较好的综合性能，基体强度韧性较好，表面耐磨、耐高温。但涂层硬质合金刃口锋利程度与抗崩刃性不及普通硬质合金。目前硬质合金涂层刀片广泛用于普通钢材的精加工、半精加工及粗加工。涂层材料主要有 TiC、TiN、TiCN、Al_2O_3 及其复合材料。它们的性能如表 2-5 所示。

表 2-5 几种涂层材料的性能

性能	硬质合金	涂层材料		
		TiC	TiN	Al_2O_3
高温时与工件材料的反应	大	中等	轻微	不反应
在空气中抗氧化能力	<1000℃	1100～1200℃	1000～1400℃	好
硬度(HV)	≈1500	≈3200	≈2000	≈2700
热导率/[W/(m·K)]	83.7～125.6	31.82	20.1	33.91
线胀系数/(10^6/K)	4.5～6.5	8.3	9.8	8.0

硬质合金刀片 CVD 涂层工艺，目前较普遍的涂层结构是：TiN-Al_2O_3-TiCN-基体。

TiC 涂层具有很高的硬度与耐磨性，抗氧化性也好，切削时能产生氧化钛薄膜，降低摩擦因数，减少刀具磨损。一般切削速度可提高 40%左右。TiC 与钢的黏结温度高，表面晶粒较细，切削时很少产生积屑瘤，适用于精车。TiC 涂层的缺点是线胀系数与基体差别较大，与基体间形成脆弱的脱碳层，降低了刀具的抗弯强度。因此，在重切削、加工硬材料或带夹杂物的工件时，涂层易崩裂。

TiN 涂层在高温时能形成氧化膜，与铁基材料摩擦因数较小，抗黏结性能好，能有效地降低切削温度。TiN 涂层刀片抗月牙洼及后刀面磨损能力比 TiC 涂层刀片强，适合切削钢与易黏刀的材料，加工表面粗糙度较小，刀具寿命较高。此外 TiN 涂层抗热振性能也较好。缺点是与基体结合强度不及 TiC 涂层，而且涂层厚时易剥落。

TiC-TiN 复合涂层：第一层涂 TiC，与基体黏结牢固，不易脱落。第二层涂 TiN，减少表面层与工件的摩擦。

TiC-Al_2O_3 复合涂层：第一层涂 TiC，与基体黏结牢固，不易脱落。第二层涂 Al_2O_3，使表面层具有良好的化学稳定性与抗氧化性能。这种复合涂层像陶瓷刀具那样高速切削，寿命比 TiC、TiN 涂层刀片长，同时又能避免陶瓷刀具脆性、易崩刃的缺点。

目前单涂层刀片已很少应用，大多采用 TiC-TiN 复合涂层或 TiC-Al_2O_3-TiN 三复合涂层。

涂层硬质合金是一种复合材料，基体是强度、韧性较好的合金，而表层是高硬度、高耐磨、耐高温、低摩擦因数的材料。这种新型材料有效地提高了合金的综合性能，因此发展很快。广泛适用于较高精度的可转位刀片、车刀、铣刀、钻头、铰刀等。

2.6.7 刀具的重磨与再涂层

硬质合金和高速钢刀具的重磨和再涂层是目前常见的工艺。尽管刀具重磨或再涂层的价格仅为新刀具制造成本的一小部分，但能延长刀具寿命。重磨工艺是特殊刀具或价格昂贵刀具的典型处理方法。可进行重磨或再涂层的刀具包括钻头、铣刀、滚刀以及成形刀具等。

涂层刀具磨损后必须进行重磨。涂层刀具重磨时，须将刀具上的磨损部分全部磨掉。对于只需重磨前刀面的刀具（如拉刀、齿轮滚刀和插齿刀等）或只需重磨后刀面的刀具（如钻头和铰刀等），若在其毗邻切削刃的另一个刀面（如钻头的螺旋出屑槽）上的涂层未受损伤，刀具耐磨性即可提高。重新刃磨后的涂层刀具，其刀具寿命可达原来新涂层刀具寿命 50%左右或更长，仍比未涂层刀具的寿命要高。

刃磨涂层硬质合金刀具所用砂轮可采用金刚石砂轮。但刃磨涂层高速钢刀具时，用立方氮化硼（CBN）砂轮磨削有较好效果。刀具的磨损处应全部磨去，涂层不能剥落，又不能使刀具退火。

使用涂层刀具的一个重要问题是重磨后刀具切削性能恢复的问题，即刀具每次刃磨（开口）后可否进行重复涂层（重涂）的问题。对于重磨的成形刀具，只有进行重涂，才能保证刀具的总寿命提高 3～5 倍以上。凡重涂刀具首先必须按工艺要求将几何参数磨好，其磨光部分不允许存在各种质量缺陷，如磨损、毛刺等。重涂时可采用局部屏蔽技术只对刃磨面进行涂层。对于不采用屏蔽技术的重涂，在重涂 4～6 次后，刀具的非刃磨面的涂层厚度就会过大，从而影响刀具的精度和产生局部剥落现象，此时要对刀具进行脱模处理后再重涂。重涂后的刀具切削性能一般不低于第一次新涂层刀具，刀具可重涂多次，直到报废为止。

由上可知，重涂对提高刀具耐磨性和生产率有很大的潜力。但重磨后是否要重涂，还要根据该刀具在技术上可否重涂和在经济上是否合算而定。

数控车削刀具

数控车削是数控加工中应用较多的加工方法。车刀的性能直接影响着产品质量和生产效率，而车刀的材质、几何形状和角度是影响车刀本身性能的主要因素。此外，切削用量、刃磨技术等也是影响车刀切削状态的重要因素，需合理选择。

3.1 数控车削刀具的类型

3.1.1 按车刀用途分类

数控车刀按用途，可分为外圆车刀、端面车刀、切断刀、车孔刀、成形车刀和螺纹车刀等，如图 3-1 所示。

3.1.2 按切削刃形状分类

数控车削用的刀具一般分为三类：尖形车刀、圆弧形车刀和成形车刀，如图 3-2。

(1) 尖形车刀

以直线形切削刃为特征的车刀一般称为尖形车刀。尖形车刀的刀尖由直线形的主、副切削刃构成，如外圆车刀、端面车刀、切断（切槽）刀及螺纹车刀等。

这类车刀的刀尖（同时也为其刀位点）由直线形的主、副切削刃构成，如 90°内、外圆车刀，左、右端面车刀，切槽（断）车刀及刀尖倒棱很小的各种外圆和内孔车刀。用这类车刀加工零件时，其零件的轮廓形状主要由一个独立的刀尖或一条直线形主切削刃位移后得到。

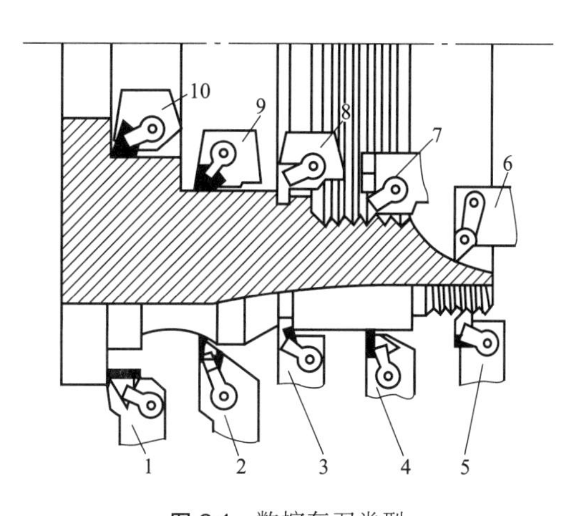

图 3-1 数控车刀类型

1,10—外（内）端面车刀；2,6—外（内）轮廓车刀；3,8—外（内）切槽刀；4—外圆车刀；5,7—外（内）螺纹车刀；9—内孔车刀

(2) 圆弧形车刀

如图 3-3 所示，圆弧形车刀的特征是：构成主切削刃的刀刃形状为一圆度误差或线轮廓度误差很小的圆弧。该圆弧刃上每一点都是圆弧形车刀的刀尖，因此，刀位点不在圆弧上，

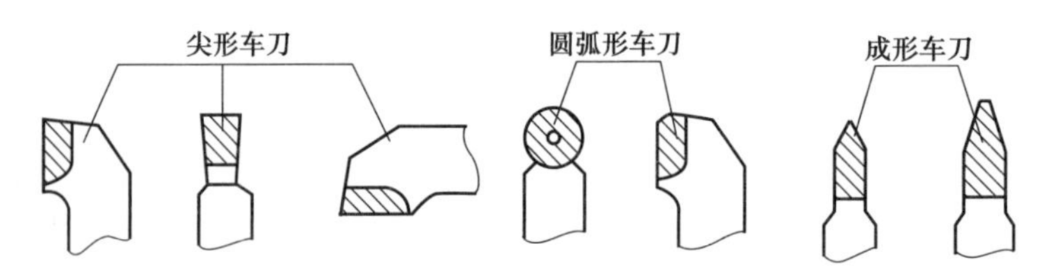

图 3-2　按刀尖形状分类的数控车刀

而在该圆弧的圆心上，编程时要进行刀具半径补偿。圆弧形车刀可以用于车削内、外圆表面，特别适宜于车削精度要求较高的凹曲面或大外圆弧面。

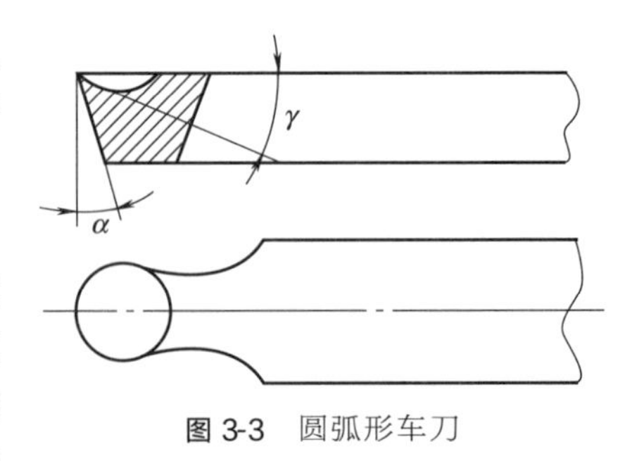

图 3-3　圆弧形车刀

(3) 成形车刀

成形车刀俗称样板车刀，其加工零件的轮廓形状完全由车刀刀刃的形状和尺寸决定。数控车削加工中，常见的成形车刀有小半径圆弧车刀、非矩形车槽刀和螺纹车刀等。在数控加工中，应尽量少用或不用成形车刀，当确有必要选用时，则应在工艺准备的文件或加工程序单上进行详细说明。

3.1.3　根据车刀结构分类

根据车刀的结构，数控车刀又可分为整体式车刀、焊接式车刀、机械夹固式车刀三类。

① 整体式车刀。整体式车刀［图 3-4（a）］主要指整体式高速钢车刀。通常用于小型车刀、螺纹车刀和形状复杂的成形车刀。具有抗弯强度高、冲击韧度好、制造简单和刃磨方便、刃口锋利等优点。

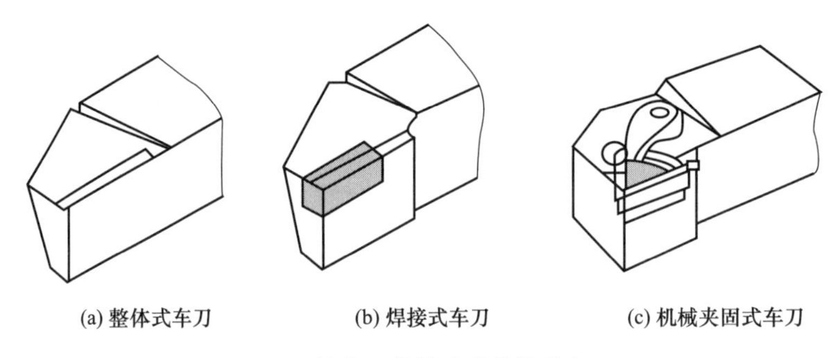
(a) 整体式车刀　(b) 焊接式车刀　(c) 机械夹固式车刀

图 3-4　按车刀结构分类的数控车刀

② 焊接式车刀。焊接式车刀［图 3-4（b）］是将硬质合金刀片用焊接的方法固定在刀杆上的一种车刀。焊接式车刀结构简单，制造方便，刚性较好，但抗弯强度低、冲击韧度差，切削刃不如高速钢车刀锋利，不易制作复杂刀具。

③ 机械夹固式车刀。机械夹固式车刀［图 3-4（c）］是将标准的硬质合金可换刀片通过机械夹固方式安装在刀杆上的一种车刀，是当前数控车床上使用最广泛的一种车刀。

3.1.4　常用数控车刀的刀具参数

刀具切削部分的几何参数对零件的表面质量及切削性能影响极大，应根据零件的形状、刀具的安装位置以及加工方法等，正确选择刀具的几何形状及有关参数。

对于机夹可转位刀具，其刀具参数已设置成标准化参数。而对于需要刃磨的刀具，在刃磨过程中要注意保证这些刀具参数。

以硬质合金外圆精车刀为例，数控车刀的刀具参数如图 3-5 所示，具体角度的定义方法请参阅有关切削手册。硬质合金刀具切削碳素钢时的角度参数推荐取值见表 3-1。在确定角度参数值的过程中，应考虑工件材料、硬度、切削性能、具体轮廓形状和刀具材料等诸多因素。

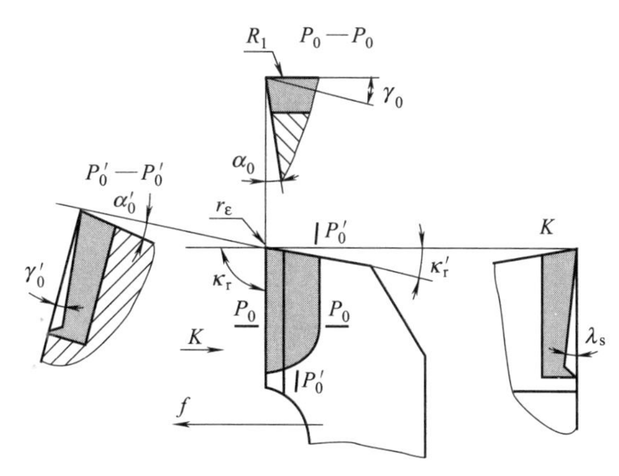

图 3-5 数控车刀的刀具角度参数

⊡ **表 3-1 常用硬质合金数控车刀切削碳素钢时的角度参数推荐值**

刀具	前角 γ_0	后角 α_0	副后角 α_0'	主偏角 κ_r	副偏角 κ_r'	刃倾角 λ_s	刀尖半径 r_ε/mm
外圆粗车刀	0°～10°	6°～8°	1°～3°	75°左右	6°～8°	0°～3°	0.5～1
外圆精车刀	15°～30°	6°～8°	1°～3°	90°～93°	2°～6°	3°～8°	0.1～0.3
外切槽刀	15°～20°	6°～8°	1°～3°	90°	1°～1°30′	0°	0.1～0.3
三角螺纹车刀	0°	4°～6°	2°～3°	—	—	0°	0.12P（P 为螺距）
通孔车刀	15°～20°	8°～10°	磨出双重后角	60°～75°	15°～30°	−8°～−6°	1～2
盲孔车刀	15°～20°	8°～10°		90°～93°	6°～8°	0°～2°	0.5～1

(1) 尖形车刀的几何参数

尖形车刀的几何参数主要指车刀的几何角度。选择方法与使用普通车削时基本相同，但应结合数控加工的特点，如走刀路线、加工干涉等进行全面考虑。

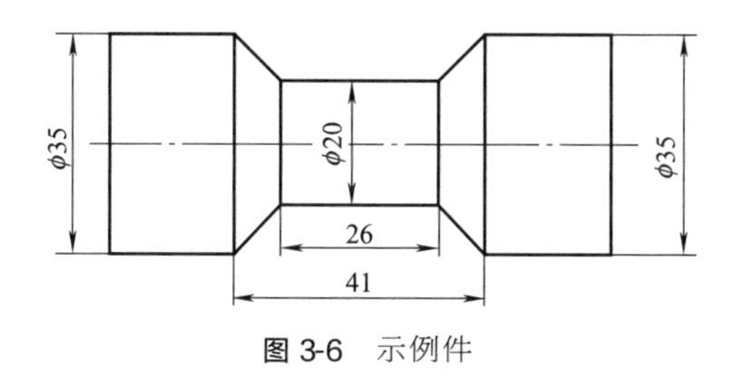

图 3-6 示例件

例如，在加工图 3-6 所示的零件时，要使其左右两个 45°锥面由一把车刀加工出来，则车刀的主偏角应取 50°～55°，副偏角取 50°～52°，这样既保证了刀头有足够的强度，又利于主、副切削刃车削圆锥面时不致发生加工干涉。

选择尖形车刀不发生干涉的几何角度，可用作图或计算的方法。如副偏角的大小，大于作图或计算所得不发生干涉的极限角度值 6°～8°即可。当确定几何角度困难或无法确定（如尖形车刀加工接近于半个凹圆弧的轮廓等）时，则应考虑选择其他类型车刀后，再确定其几何角度。

(2) 圆弧形车刀的几何参数

① 圆弧形车刀的选用　圆弧形车刀具有宽刃切削（修光）性质，能使精车余量相当均匀而改善切削性能，还能一刀车出跨多个象限的圆弧面。

例如，当图 3-7 所示零件的曲面精度要求不高时，可以选择用尖形车刀进行加工；当曲面形状精度和表面粗糙度均有要求时，选择尖形车刀加工就不合适了，因为车刀主切削刃的实际吃刀深度在圆弧轮廓段总是不均匀的，如图 3-8 所示。当车刀主切削刃靠近其圆弧终点时，该位置上的切削深度（a_{p1}）将大大超过其圆弧起点位置上的切削深度（a_p），致使切削阻力增大，可能产生较大的线轮廓度误差，并增大其表面粗糙度数值。

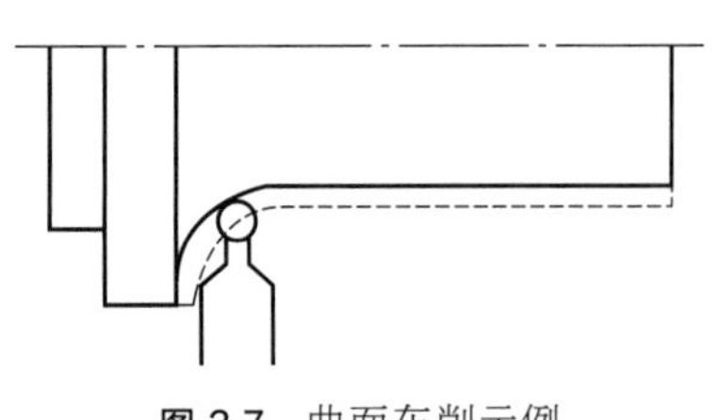

图 3-7　曲面车削示例

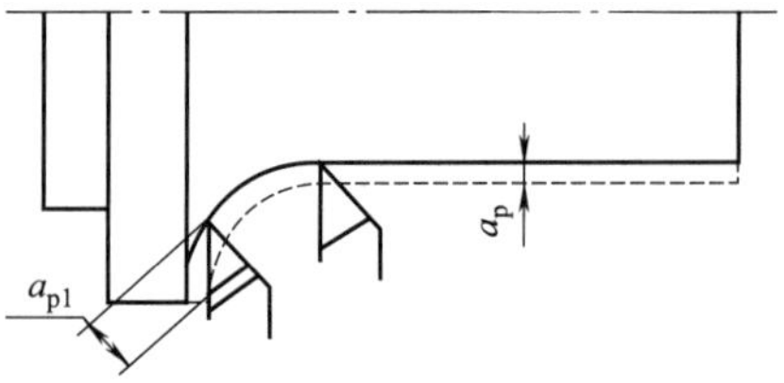

图 3-8　切削深度不均匀性示例

② 圆弧形车刀的几何参数　圆弧形车刀的几何参数除了前角及后角外，主要几何参数为车刀圆弧切削刃的形状及半径。选择车刀圆弧半径的大小时，应考虑两点：第一，车刀切削刃的圆弧半径应当小于或等于零件凹形轮廓上的最小曲率半径，以免发生加工干涉；第二，该半径不宜选择太小，否则既难于制造，还会因其刀头强度太弱或刀体散热能力差，使车刀容易受到损坏。

3.2 机夹车刀

目前常用的机夹车刀（也称机夹重磨车刀）是将硬质合金刀片用机械夹固的方法装夹在刀杆上。切削刃位置可以调整，用钝后可重复刃磨。机夹车刀刀杆可以重复使用，刀片避免了因焊接而可能产生裂纹、崩刃和硬度下降的弊病，提高了刀具寿命。

机夹车刀的刀片夹固方式应满足刀片重磨后切削刃的位置能够调整的要求，同时要考虑能够断屑的要求。刀片磨损后可卸下经重磨后再装到刀杆上继续使用。刀片在刀杆上的安装位置可通过调整螺钉来调整。刀片使用到不能再用时，可更换新刀片，刀杆可重复使用。

这类车刀的优点如下。

① 避免了因焊接而使硬质合金产生的应力和裂纹，从而使刀具寿命有所提高。

② 缩短了换刀时间，使生产效率得到提高。

③ 刀杆可重复多次使用，节约了制造刀杆的材料和工时。

但是，长期以来，它并未普遍地在各类车刀上采用，其主要原因在于：一方面结构比较复杂；另一方面刀片用钝后仍需刃磨，刃磨裂纹不能完全避免。

机械夹固重磨式车刀的结构形式很多，常用的有上压式、侧压式、弹性夹固式等。

(1) 上压式

上压式（图 3-9）是用螺钉和压板从刀片的上面来夹紧刀片，并用调整螺钉来调整切削刃的位置。需要时压板前端可镶焊硬质合金作为断屑器。一般安装刀片可留有所需前角，重磨时仅刃磨后刀面即可。

(2) 侧压式

侧压式（图 3-10，图 3-11）多利用刀片本身的斜面，用楔块和螺钉从刀片的侧面夹紧刀片。侧压式机夹车刀一般刃磨前刀面。

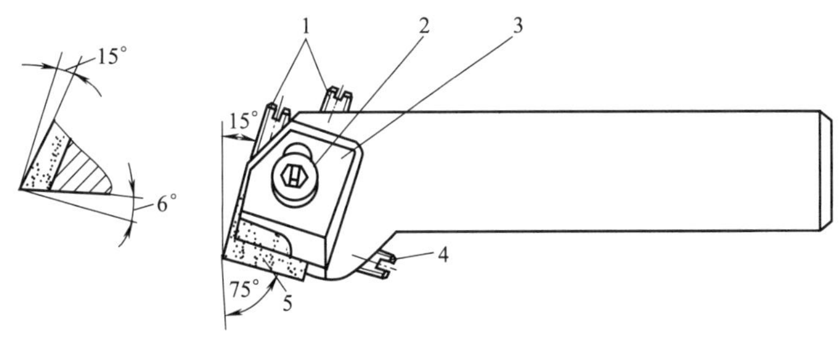

图 3-9 上压式机夹重磨车刀

1,4—调整螺钉；2—压紧螺钉；3—压板；5—刀片

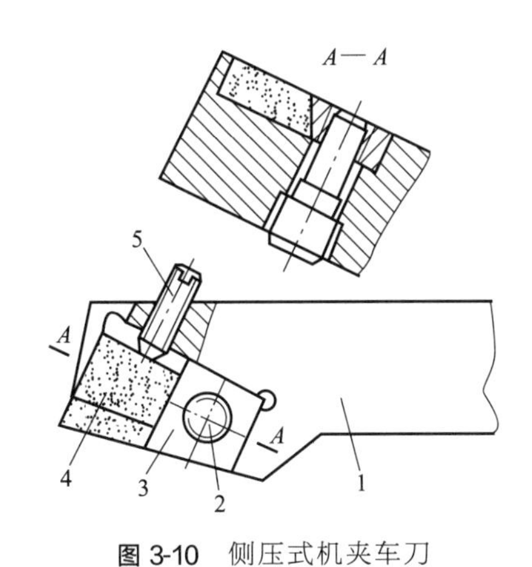

图 3-10 侧压式机夹车刀

1—刀杆；2—螺钉；3—楔块；4—刀片；5—调整螺钉

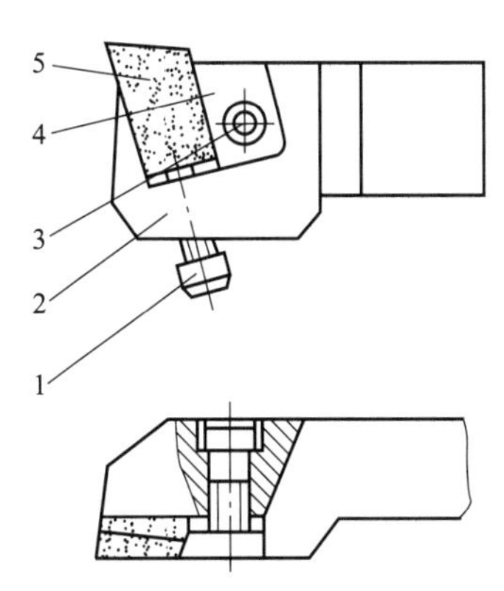

图 3-11 侧压式立装机夹车刀

1,3—螺钉；2—刀杆；4—楔块；5—刀片

3.3 可转位车刀

3.3.1 可转位车刀的组成及特点

可转位车刀是机夹重磨式车刀结构进一步改进的结果。可转位刀具是将硬质合金可转位刀片用机械夹固方式装夹在标准刀柄上的一种刀具。刀具由刀柄、刀片、刀垫和夹紧机构组成，已经形成模块化标准化结构，具有很强的通用性和互换性。

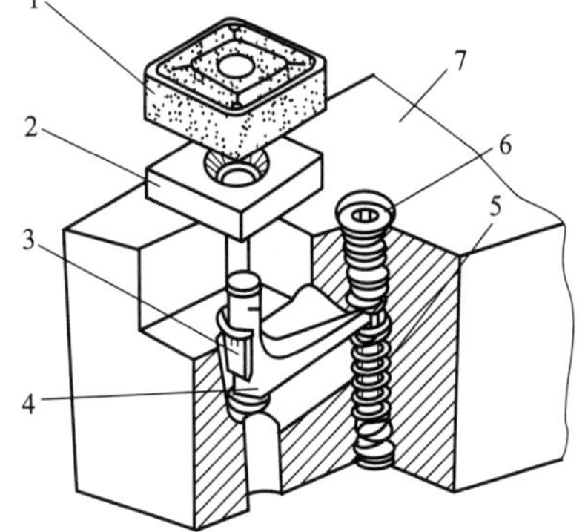

图 3-12 可转位车刀的组成

1—刀片；2—刀垫；3—卡簧；4—杠杆；5—弹簧；6—螺钉；7—刀柄

如图 3-12 所示，可转位车刀是用机械夹固方法，将可转位刀片夹紧在刀杆上的车刀。可转位车刀主要由刀片 1、刀垫 2、杠杆 4、螺钉 6 和刀柄 7 等元件组成。在工作时，将刀垫、刀片套装在夹紧元件上，并由夹紧元件将刀片压在刀体的刀片支承面上进行夹紧。车刀的前角、后角是靠刀片在刀杆槽中安装后得到的。当刀片的一条切削刃磨钝后，可转位换至另一切削刃，直至刀片的所有切削刃均磨钝才可报废。更换新刀片后，车刀又可继续工作。

可转位车刀与焊接车刀相比，具有的优点如下。

① 由于避免焊接、刃磨时高温所引起的缺陷，有合理槽形与几何参数，因而提高了刀具寿命。

② 切削刃磨钝后，可迅速更换新刀片，大大减少停机换刀时间；可使用涂层刀片，能选用较高切削用量，因而提高了生产率。

③ 刀片更换方便，便于推广使用各种涂层、陶瓷等新型刀具材料，有利于推广新技术、新工艺。

④ 可转位车刀和刀片已标准化，能实现一刀多用，减少储备量，简化刀具管理。

可转位车刀目前尚不能完全取代焊接与机夹车刀，因为在刃形、几何参数方面还受刀具结构与工艺限制。例如尺寸小的刀具常用整体或焊接式；大刃倾角刨刀，可转位结构也难以满足要求，选用机夹式效果较好。

3.3.2 机夹可转位式车刀的夹紧方式

常见的机夹可转位式车刀的夹紧方式有杠杆式、楔块式、偏心销式、上压式、拉垫式和压孔式等。如图 3-13～图 3-18 所示分别为杠杆式夹紧机构、楔块式夹紧机构、螺纹偏心销式夹紧机构、压孔式夹紧机构、上压式夹紧机构和拉垫式夹紧机构的结构示意图。

(1) 杠杆式夹紧机构

如图 3-13 所示，由于杠杆的作用，在夹紧时刀片既能得到水平方向的作用力，将刀片一侧或两侧紧压在刀槽侧面，又有一个作用力压向刀片底面。这样刀片就能得到稳定而可靠的夹紧。

特点：定位精度高、夹紧可靠、使用方便，但元件形状复杂，加工难度大，杠杆在反复锁定、松开的情况下易断裂。

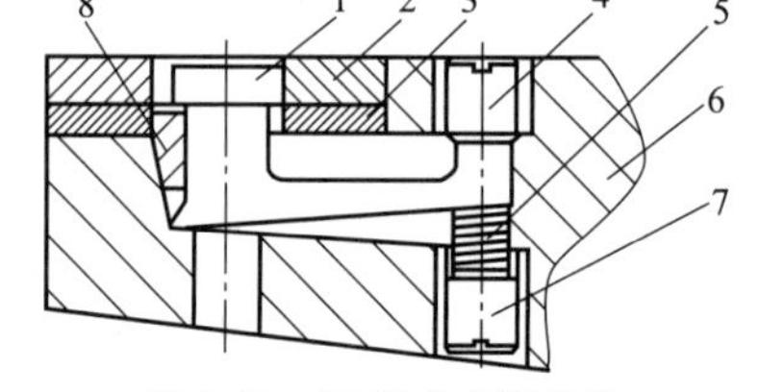

图 3-13 杠杆式夹紧机构

1—杠杆；2—刀片；3—刀垫；4—压紧螺钉；5—弹簧；6—刀体；7—调节螺钉；8—弹簧套

(2) 楔块式夹紧机构

如图 3-14 所示，在螺钉紧固下由楔块的作用，刀片得到一个水平方向的挤压作用力，将刀片紧靠在圆柱销上，这样刀片被可靠地夹紧。

特点：夹紧机构简单，更换刀片方便，但定位精度较低，夹紧力与切削力的方向相反。

(3) 螺纹偏心销式夹紧机构

如图 3-15 所示，利用螺纹偏心销偏心芯轴的作用，将刀片紧压靠在刀体上，刀片被可靠地夹紧。

特点是：夹紧机构简单、更换刀片方便，但定位精度较差且要求刀片的精度高。

(4) 压孔式夹紧机构

如图 3-16 所示，利用压紧螺钉斜面的作用，将刀片紧压靠在刀体上，刀片被可靠地夹紧。

特点是：夹紧机构简单、更换刀片方便，但定位精度较差且要求刀片的精度高。

(5) 上压式夹紧机构

如图 3-17 所示，利用上压板在螺钉的作用下，将刀片紧压靠在刀体上，刀片被可靠稳定地夹紧。

特点是：机构简单、夹紧可靠，但切屑容易擦伤夹紧元件。

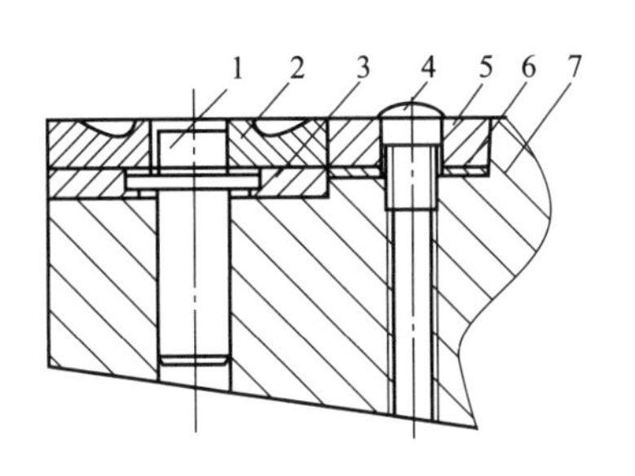

图 3-14 楔块式夹紧机构

1—圆柱销；2—刀片；3—刀垫；4—螺钉；
5—楔块；6—弹簧垫圈；7—刀体

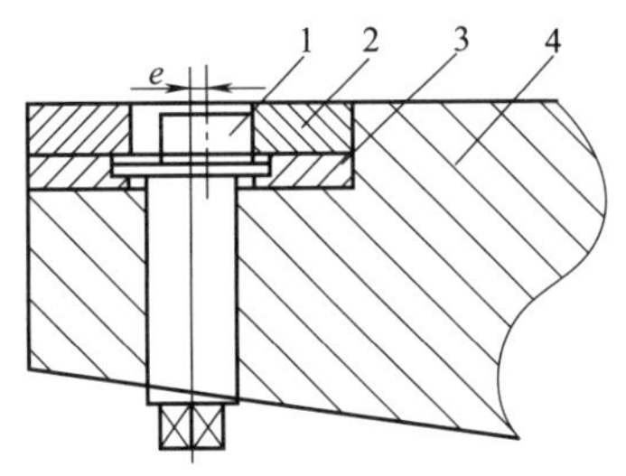

图 3-15 螺纹偏心销式夹紧机构

1—偏心销；2—刀片；
3—刀垫；4—刀体

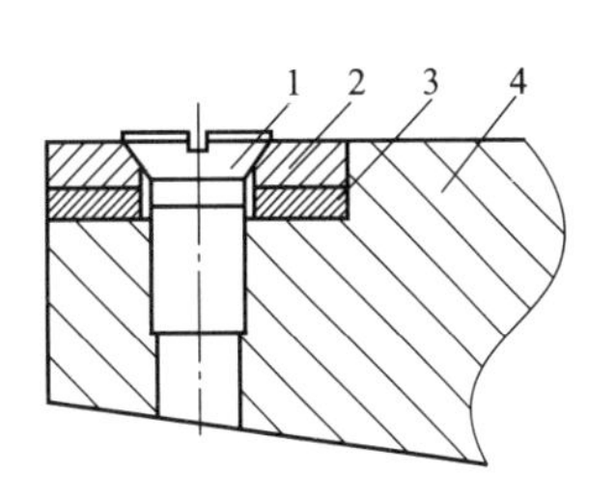

图 3-16 压孔式夹紧机构

1—压紧螺钉；2—刀片；
3—刀垫；4—刀体

(6) 拉垫式夹紧机构

如图 3-18 所示，利用拉垫在螺钉的作用下移动，借助圆销将刀片紧压靠在刀体上，夹紧可靠稳定。

特点是：机构简单、夹紧可靠，但刀头部分刚性较差。

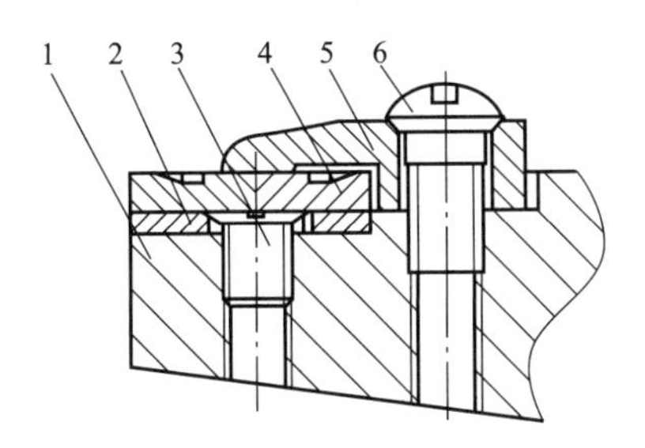

图 3-17 上压式夹紧机构

1—刀体；2—刀垫；3,6—螺钉；
4—刀片；5—压板

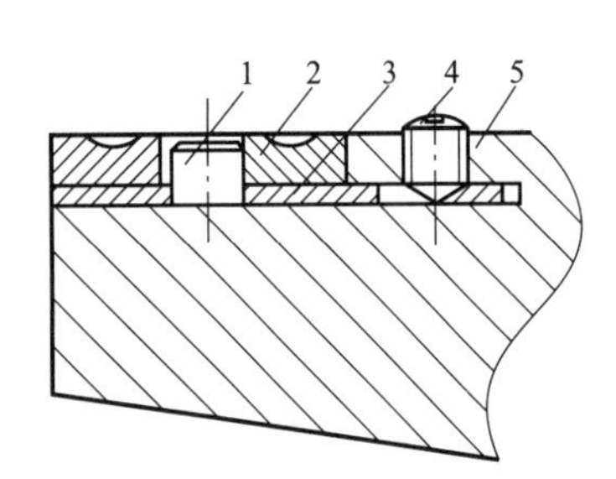

图 3-18 拉垫式夹紧机构

1—圆销；2—刀片；3—拉垫；4—螺钉；5—刀体

3.3.3 可转位车刀使用注意事项

① 使用前检查刀片和刀柄。检查刀片与所选型号是否相同，检查刀片是否有裂纹、崩刃等缺陷。检查刀柄定位、夹紧机构是否能正常工作。

② 装夹刀片时刀片与刀垫、刀槽接触良好，夹紧力适当。清理刀片、刀垫和刀杆接触面，保证接触面无异物。夹紧力不要过大，防止刀片受力不均匀而碎裂。

③ 合理选择切削用量。刀片上的断屑槽能有效地卷屑、断屑，但断屑效果受工件材料、切削用量等因素影响，根据刀片型号、工件材料、加工条件，查阅有关手册，确定合理的切削用量，或进行试切削，选用断屑效果好的切削用量。

3.3.4 可转位车刀表示方法

与普通车床所用刀具不同，为了减少换刀时间和方便对刀，便于实现机械加工的标准化，数控车床大量地选用了可快速更换的可转位车刀及刀片以提高生产效率。而所选用的车刀及刀片的生产制造遵循的标准是国际通用的 ISO 标准。因此，了解可转位车刀及刀片的 ISO 标准对于数控车床操作者来说十分重要。

(1) 可转位外圆、端面及仿形车刀的型号表示规则（GB/T 5343. 1—2007）

GB/T 5343.1—2007 中规定，车刀的型号由按顺序排列的一组字母和数字组成，共有 10 个号位，分别表示各项特征。任何一个车刀的型号，必须使用前 9 个号位，第 10 个号位在必要时才使用。在 10 个号位之后，制造厂可以最多再加 3 个字母（或 3 位数字）表达刀杆的参数特征，但应用破折号与标准符号隔开，并不得使用第 10 位规定的字母，如表 3-2 所示。

表 3-2 可转位外圆、端面及仿形车刀的型号表示规则

号位	代号示例	表示特征	代号规定
1	P	刀片夹紧方式	C　M　P　S
2	S	刀片形状	T　W　F　S　P　H　O　L　R V 35°　D 55°　E 75°　C 80°　M 86°　K 55°　E 82°　A 85° 表示所示角度为该刀片的较小刀片
3	B	头部型式代号及示意	A 90°　B 75°　C 90°　D 45°　E 60°　F 90°　G 90° H 107.5°　J 93°　K 75°　L 95° 95°　M 50°　N 63°　P 117.5°　R 75° S 45°　T 60°　U 93°　V 72.5°　W 60°　Y 85°
4	N	刀片法后角	α_a A 3°　B 5°　C 7°　D 15°　E 20°　F 25°　G 30°　N 0°　P 11°　O 特殊
5	R	切削方向	R　L　N
6	25	刀尖高度	h_1　h 刀尖高度 h_1 等于刀杆高度 h。如 $h_1=h=25$mm。刀尖高为个位数时应在其前加“0”。如 $h_1=8$mm，则代号为 08

续表

<table>
<tr><th>号位</th><th>代号示例</th><th>表示特征</th><th colspan="8">代 号 规 定</th></tr>
<tr><td>7</td><td>20</td><td>刀杆宽度</td><td colspan="8"> b
刀杆宽度表示方法与刀尖高度相同。$b=20\text{mm}$</td></tr>
<tr><td rowspan="6">8</td><td rowspan="6">—</td><td rowspan="6">车刀长度 l_1</td><td rowspan="6"> l_1
符合标准长度用“—”表示</td><td>代号</td><td>A</td><td>B</td><td>C</td><td>D</td><td>E</td><td>F</td></tr>
</table>

<table>
<tr><th>代号</th><th>A</th><th>B</th><th>C</th><th>D</th><th>E</th><th>F</th><th>G</th><th>H</th></tr>
<tr><td>l_1</td><td>32</td><td>40</td><td>50</td><td>60</td><td>70</td><td>80</td><td>90</td><td>100</td></tr>
<tr><td>代号</td><td>J</td><td>K</td><td>L</td><td>M</td><td>N</td><td>P</td><td>Q</td><td>R</td></tr>
<tr><td>l_1</td><td>110</td><td>125</td><td>140</td><td>150</td><td>160</td><td>170</td><td>180</td><td>200</td></tr>
<tr><td>代号</td><td>S</td><td>T</td><td>U</td><td>V</td><td>W</td><td>Y</td><td colspan="2">X</td></tr>
<tr><td>l_1</td><td>250</td><td>300</td><td>350</td><td>400</td><td>450</td><td>500</td><td colspan="2">特殊长度</td></tr>
</table>

<table>
<tr><th>号位</th><th>代号示例</th><th>表示特征</th><th colspan="4">代 号 规 定</th></tr>
<tr><td rowspan="2">9</td><td rowspan="2">15</td><td rowspan="2">切削刃长</td><td>C、D、V</td><td>R</td><td>S</td><td>T</td></tr>
<tr><td> 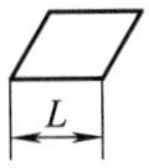L</td><td> 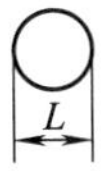L</td><td> 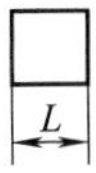L</td><td> L</td></tr>
<tr><td rowspan="2">10</td><td rowspan="2">Q</td><td rowspan="2">精密级（不同测量基准）</td><td>Q</td><td>F</td><td colspan="2">B</td></tr>
<tr><td> 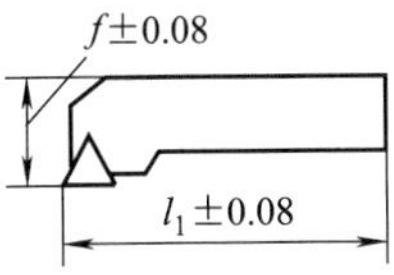$f\pm0.08$
$l_1\pm0.08$</td><td> 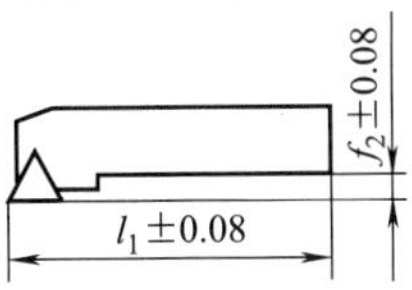$f_2\pm0.08$
$l_1\pm0.08$</td><td colspan="2"> 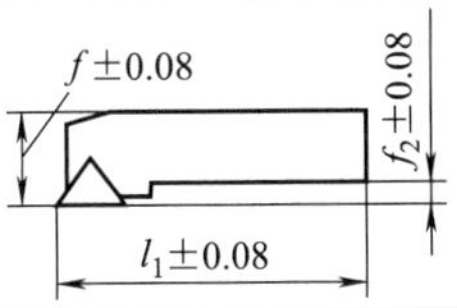$f\pm0.08$
$f_2\pm0.08$
$l_1\pm0.08$</td></tr>
</table>

① 一位代号用一个字母表示车刀的夹紧方式，见表 3-3。

表 3-3 车刀的夹紧方式代号

代号	车刀刀片夹紧方式	
C	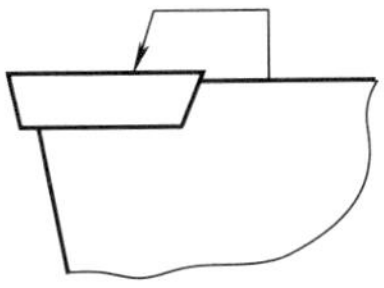	装无孔刀片，利用压板从刀片上方将刀片夹紧，如压板式
M	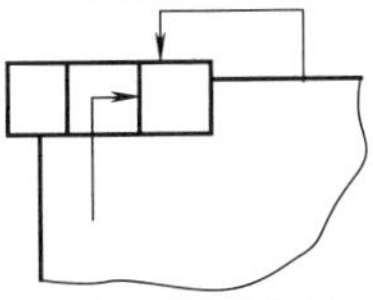	装圆孔刀片，从刀片上方并列用刀片孔将刀片夹紧，如楔钩式
P	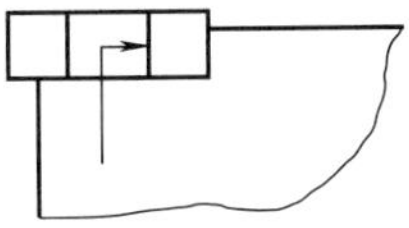	装圆孔刀片，利用刀片孔将刀片夹紧。如杠杆式、偏心式、拉垫式等
S	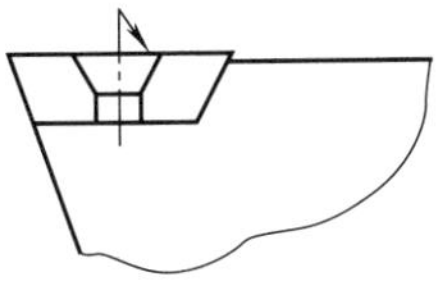	装沉孔刀片，螺钉直接穿过刀片孔将刀片夹紧，如压孔式

② 第二位代号用一个字母表示车刀上刀片的形状，表示刀片形状的代号按 GB/T 2076—2021《切削刀具用可转位刀片型号表示规则》的规定，如表 3-4 所示。

⊡ 表 3-4　刀片形状代号

字母符号	刀片形状	刀片型式
H	六边形	等边和等角
O	八边形	
P	五边形	
S	四边形	
T	三角形	
C	菱形 80°	等边但不等角
D	菱形 55°	
E	菱形 75°	
M	菱形 86°	
V	菱形 35°	
W	凸三角形 80°	
L	矩形	不等边但等角
A	85°刀尖角平行四边形	不等边和不等角
B	82°刀尖角平行四边形	
K	55°刀尖角平行四边形	
R	圆形刀片	圆形

注：1. 刀尖角均指较小的角度。
2. 正三角形（代号 T），用于主偏角为 60°、90°的外圆、端面、内孔车刀。
3. 正四边形（代号 S），刀尖强度高，散热面积大，用于主偏角为 45°、60°、75°的外圆、端面、内孔、倒角车刀。
4. 凸三角形（代号 W），用于主偏角为 80°的外圆车刀。
5. 菱形（代号 V、D），主偏角为 35°的 V 型、主偏角为 55°的 D 型车刀用于仿形、数控车床。
6. 圆形（代号 R），用于仿形、数控车床。

不同的刀片形状有不同的刀尖强度，一般刀尖角越大，刀尖强度越大，在切削中对工件的径向分力越大，越易引起切削振动，反之亦然。圆刀片（R 型）刀尖角最大，35°菱形刀片（V 型）刀尖角最小。

刀片形状主要依据被加工工件的表面形状、切削方法、刀具寿命和刀具的转位次数等因素来选择。一般在机床刚性、功率允许的条件下，大余量、粗加工应选用刀尖角较大的刀片，反之，机床刚性小、小余量、精加工时宜选用刀尖角较小的刀片。具体使用时可查阅有关刀具手册选取。

③ 第三位代号用一个字母表示车刀的头部型式的代号见表 3-5。

⊡ 表 3-5　车刀的头部型式的代号

代号	车刀头部型式		代号	车刀头部型式	
A	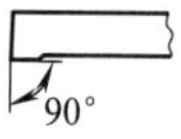 90°	90°直头侧切	E	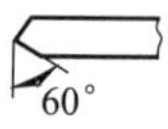 60°	60°直头侧切
B	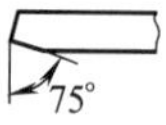 75°	75°直头侧切	F	 90°	90°偏头端切
C	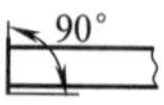 90°	90°直头端切	G	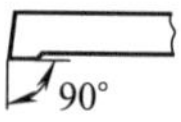 90°	90°偏头侧切
D	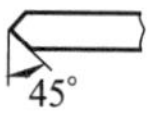 45°	45°直头侧切	H	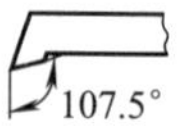 107.5°	107.5°偏头侧切

续表

代号	车刀头部型式	
J	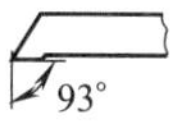 93°	93°偏头侧切 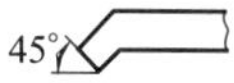
K	 75°	75°偏头端切 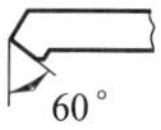
L	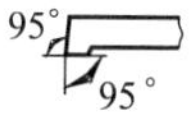 95° 95°	95°偏头侧切及端切 
M	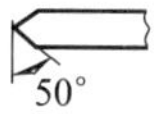 50°	50°直头侧切
N	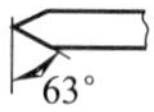 63°	63°直头侧切 
P	 117.5°	117.5°偏头侧切 
R	75°	75°偏头侧切
S	45°	45°偏头端切
T	60°	60°偏头侧切
U	93°	93°偏头端切
V	72.5°	72.5°直头侧切
W	60°	60°偏头端切
Y	85°	85°偏头端切

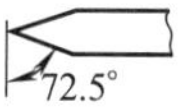

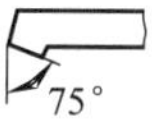

注：1. D型和S型车刀也可以安装圆形（R型）刀片。
2. 表中所示角度均为主偏角 κ_T。

④ 第四位代号用一个字母表示车刀上刀片法后角的大小。表示刀片法后角大小的代号按 GB/T 2076—2021 的规定，见表 3-6。

表 3-6 刀片法后角

字母符号	刀片法后角	字母符号	刀片法后角
A	3°	F	25°
B	5°	G	30°
C	7°	N	0°
D	15°	P	11°
E	20°		

注：对于不等边刀片，符号用于表示较长边的法后角。

⑤ 第五位代号用一个字母表示车刀的切削方向代号，见表 3-7。

表 3-7 车刀切削方向代号

代号	R	L	N
切削方向	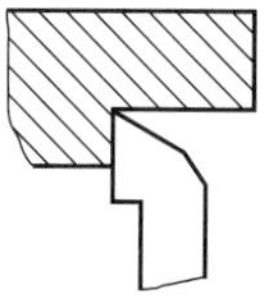 右切车刀	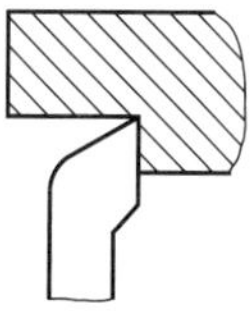 左切车刀	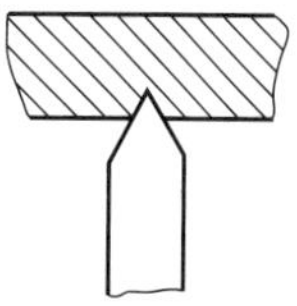 左、右切通用车刀

⑥ 第六位代号用两位数字表示车刀的高度。当刀尖高度与刀杆高度相等时，以刀杆高度的数值为代号。例如：刀杆高度为 25mm 的车刀，则第六位代号为 25。如果高度的数值不足两位数时，则在该数前加“0”。例如：刀杆高度为 8mm 时，则第六位代号为 08。

当刀尖高度与刀杆高度不相等时，以刀尖高度的数值为代号，如表 3-8 所示。

表 3-8　刀尖高度

刀尖高度 h_1 等于刀杆高度 h 的矩形柄车刀	刀尖高度 h_1 不等于刀杆高度 h 的刀夹
用刀杆高度 h 表示，毫米为单位，如果高度的数值不足两位时，在该数前加“0” 例：$h=32$mm，符号为 32；$h=8$mm，符号为 08	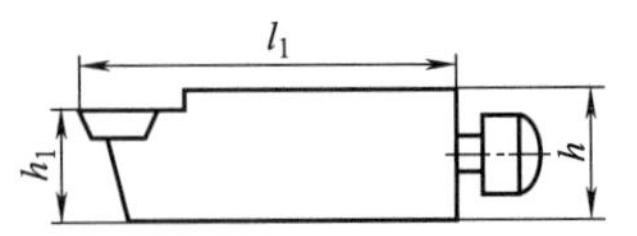 用刀尖高度 h_1 表示，毫米为单位，如果高度的数值不足两位时，在该数前加“0” 例：$h_1=12$mm，符号为 12；$h_1=8$mm，符号为 08

⑦ 第七位代号用两位数字表示车刀刀杆宽度。例如：刀杆宽度为 20mm 的车刀，则第七位代号为 20。如果宽度的数值不足两位数时，则在该数前加“0”。例如刀杆宽度为 8mm，则第七位代号为 08。

⑧ 第八位代号用符号“—”或用一位字母表示车刀的长度。对于长度符合 GB/T 5343.2—2007 中长刀杆系列的车刀，其第八位代号以符号“—”表示。对于仅是长度不符合 GB/T 5343.2—2007 中长刀杆系列的车刀，其第八位代号按表 3-9 规定的符号来表示。

表 3-9　刀具长度

字母符号	长度 l_1/mm	字母符号	长度 l_1/mm
A	32	N	160
B	40	P	170
C	50	Q	180
D	60	R	200
E	70	S	250
F	80	T	300
G	90	U	350
H	100	V	400
J	110	W	450
K	125	X	特殊长度，待定
L	140	Y	500
M	150		

注：1. 对于符合 GB/T 5343.2—2007 的标准车刀，一种刀具对应的长度尺寸只规定一个，因此，该位符号用一字线“—”表示。

2. 对于符合 GB/T 14661—2007 的标准刀夹，如果表中没有对应的 l_1 符号（例如：$l_1=55$mm），则该位符号用破折号“——”表示。

⑨ 第九位代号用两位数字表示车刀上刀片的边长。表示刀片边长的代号按 GB/T 2076—2021 的规定，表示方法如表 3-10 所示。

表 3-10 刀具边长的表示方法

刀片形式	数字符号
等边并等角(H、O、P、S、T)和等边但不等角(C、D、E、M、V、W)	符号用刀片的边长表示,忽略小数。例如:长度为 16.5mm,符号为 16
不等边但等角(L) 不等边不等角(A、B、K)	符号用主切削刃长度或较长的切削刃表示,忽略小数。例如:主切削刃的长度为 20.5mm,符号为 20
圆形(R)	符号用直径表示,忽略小数。例如:直径为 14.876mm,符号为 14

注：如果米制尺寸只保留一位数字时，则符号前面应加 0。例如：边长为 8.525mm，则符号为 08。

⑩ 第十位代号用一字母表示不同测量基准的精密级车刀，见表 3-11。

表 3-11 车刀测量基准的代号

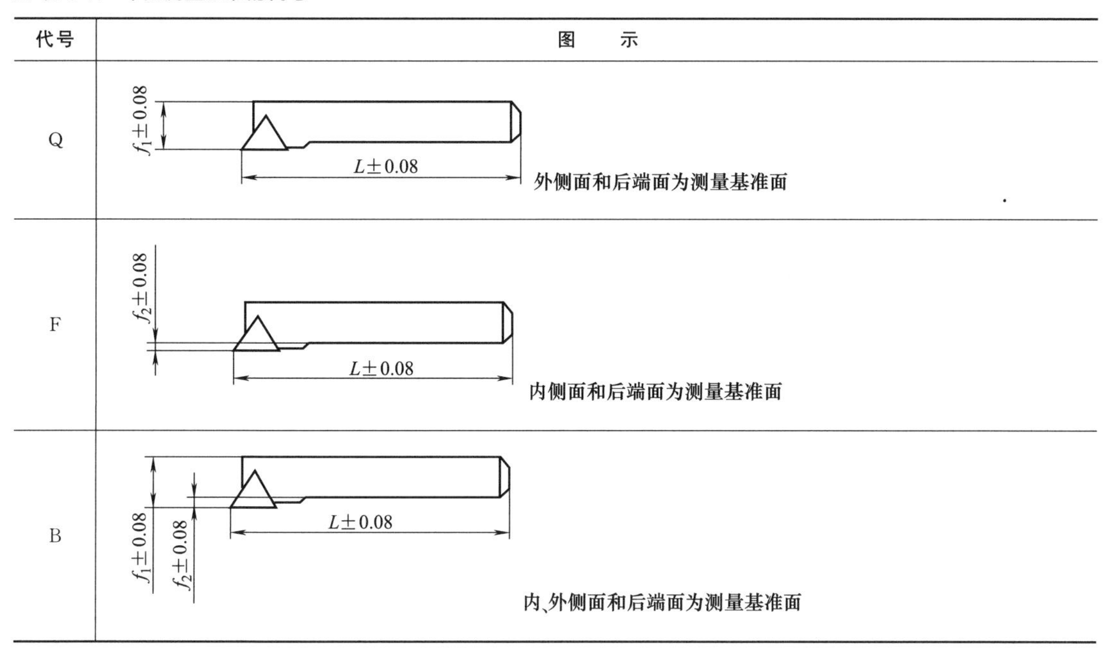

代号	图示
Q	$f_1 \pm 0.08$；$L \pm 0.08$；外侧面和后端面为测量基准面
F	$f_2 \pm 0.08$；$L \pm 0.08$；内侧面和后端面为测量基准面
B	$f_1 \pm 0.08$；$f_2 \pm 0.08$；$L \pm 0.08$；内、外侧面和后端面为测量基准面

(2) 标记示例

示例 1：

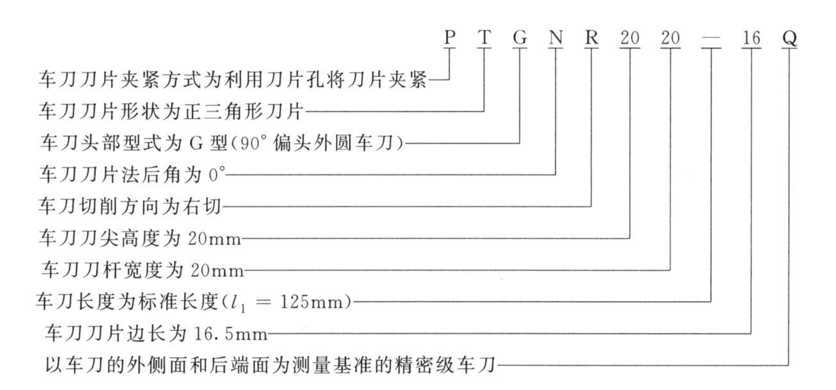

示例 2：

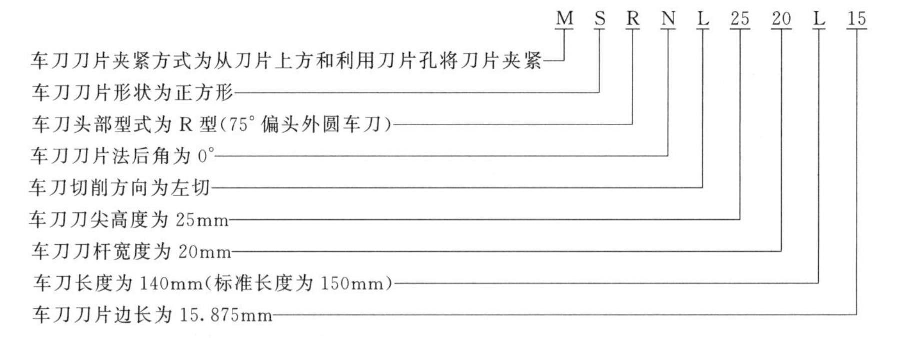

3.3.5 可转位车刀几何角度的选择

如图 3-19 所示，可转位车刀的几何角度是由刀片角度与刀槽角度综合形成的。刀片角度是以刀片底面为基准度量的，安装到车刀上相当于法平面参考系角度。刀片的独立角度有：刀片法前角 γ_{nt}、刀片法后角 α_{nt}、刀片刃倾角 λ_{st}、刀片刀尖角 ε_t。常用的刀片 $\alpha_{nt}=0°$、$\lambda_{st}=0°$。

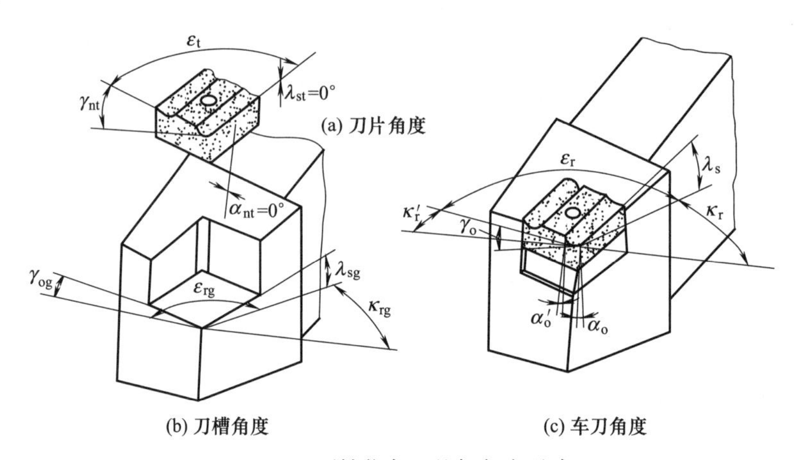

(b) 刀槽角度　　(c) 车刀角度

图 3-19　可转位车刀几何角度形成

刀槽角度以刀柄底面为基面度量，相当于正交平面参考系角度。刀槽的独立角度有刀槽前角 γ_{og}、刀槽刃倾角 λ_{sg}、刀槽主偏角 κ_{rg}、刀槽刀尖角 ε_{rg}。通常刀柄设计成 $\varepsilon_{rg}=\varepsilon_r$，$\kappa_{rg}=\kappa_r$。

选用可转位车刀时需按选定的刀片角度及刀槽角度来验算刀具几何参数的合理性。验算公式如下：

$$\gamma_o \approx \gamma_{og}+\gamma_{nt} \tag{3-1}$$

$$\alpha_o \approx \gamma_{og}+\alpha_{nt} \tag{3-2}$$

$$\kappa_r \approx \kappa_{rg} \tag{3-3}$$

$$\lambda_s \approx \lambda_{sg} \tag{3-4}$$

$$\kappa_r' \approx 180°-\kappa_r-\varepsilon_r \tag{3-5}$$

$$\tan\alpha_o' \approx \tan\gamma_{og}\cos\varepsilon_r-\tan\lambda_{sg}\sin\varepsilon_r \tag{3-6}$$

例如选用的刀片参数为：$\alpha_{nt}=0°$、$\lambda_{st}=0°$、$\gamma_{nt}=20°$、$\varepsilon_r=60°$。

选用的刀槽参数为：$\gamma_{og}=-6°$、$\lambda_{sg}=0°$、$\kappa_{rg}=90°$、$\varepsilon_{rg}=60°$。

则刀具的几何角度为：$\kappa_r=90°$、$\lambda_s=0°$、$\gamma_o\approx14°$、$\alpha_o\approx-6°$、$\kappa_r'\approx30°$、$\alpha_o'\approx2°12'$。

3.3.6 可转位车刀的选用

由于刀片的形式多种多样，并采用多种刀具结构和几何参数，因此可转位车刀的品种越来越多，使用范围很广，下面介绍与刀片选择有关的几个问题。

(1) 刀片夹紧系统的选用

杠杆式夹紧系统是最常用的刀片夹紧方式，其特点为：定位精度高、切屑流畅、操作简便，可与其他系列刀具产品通用。

(2) 刀片外形的选择

① 刀尖角的选择　刀片外形与加工的对象、刀具的主偏角、刀尖角和有效刃数等有关。一般外圆车削常用80°凸三角形（W）、四方形（S）和80°菱形（C）刀片。仿形加工常用55°（D）、35°（V）菱形和圆形（R）刀片，如图3-20所示。90°主偏角常用三角形（T型）刀片。刀尖角的大小决定了刀片的强度。在工件结构形状和系统刚性允许的前提下，选择尽可能大的刀尖角，通常这个角度在35°～90°之间。例如R型圆刀片，在重切削时具有较好的稳定性，但易产生较大的径向力。

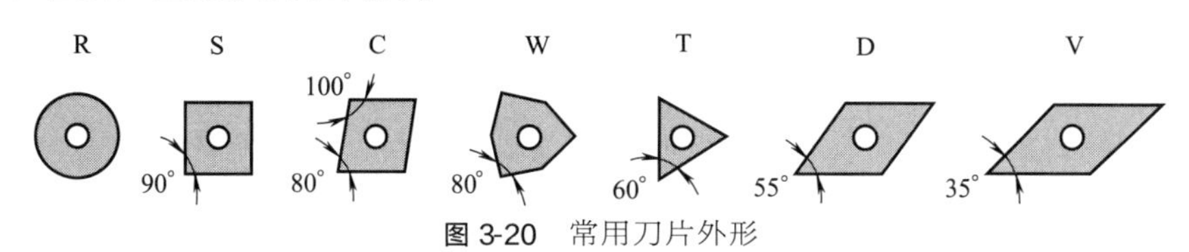

图3-20　常用刀片外形

② 刀片形状的选择　不同的刀片形状有不同的刀尖强度，一般刀尖角越大，刀尖强度越大，反之亦然。圆刀片（R）刀尖角最大，35°菱形刀片（V）刀尖角最小。在选用时，应根据加工条件恶劣与否，按重、中、轻切削有针对性地选择。在机床刚性、功率允许的条件下，大余量、粗加工应选用刀尖角较大的刀片，反之，机床刚性和功率小、小余量、精加工时宜选用刀尖角较小的刀片。

刀片形状主要依据被加工工件的表面形状、切削方法、刀具寿命和刀片的转位次数等因素选择。正三角形刀片可用于主偏角为60°或90°的外圆车刀、端面车刀和内孔车刀，由于刀片刀尖角小、强度差、耐用度低，适用于较小切削用量的场合。正方形刀片的刀尖角为90°，比正三角形刀片的60°要大，因此其强度和散热性有所提高。这种刀片通用性较好，主要用于主偏角为45°、60°、75°等的外圆车刀、端面车刀和车孔刀。正五边形刀片的刀尖角为108°，其强度高，耐用性好，散热面积大；但切削时径向力大，只宜在加工系统刚性较好的情况下使用。

其他形状的刀片，如平行四边形刀片、菱形刀片，用于仿形车床和数控车床。圆形刀片可用于车削曲面、成形面和精车。特别需要注意的是，加工凹形轮廓表面时，若主、副偏角选得太小，会导致加工时刀具主后刀面、副后刀面与工件发生干涉，因此，必要时可作图检验。

(3) 刀杆的选择

机夹可转位（不重磨）车刀的刀杆如图3-21所示。

选用刀杆时，首先应选用尺寸尽可能大的刀杆，同时要考虑刀具夹持方式、切削层截面形状（即背吃刀量和进给量）、刀柄的悬伸等因素。

刀杆头部型式按主偏角和直头、弯头分为15～18种，各型式可以根据实际情况选择。有

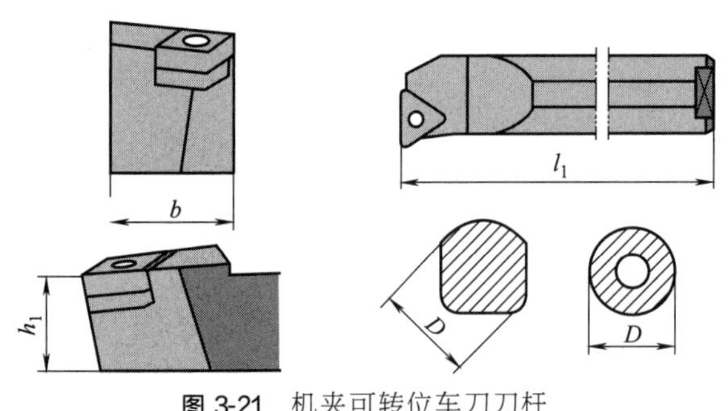

图 3-21　机夹可转位车刀刀杆

直角台阶的工件，可选主偏角大于或等于 90°的刀杆。一般粗车可选主偏角为 45°～90°的刀杆；精车可选主偏角为 45°～75°的刀杆；中间切入、仿形车则选主偏角为 45°～107.5°的刀杆；工艺系统刚性好时可选较小值，工艺系统刚性差时，可选较大值。当刀杆为弯头结构时，则既可加工外圆，又可加工端面。

(4) 刀片后角的选择

常用的刀片后角有 N（0°）、B（5°）、C（7°）、P（11°）、D（15°）、E（20°）型等。一般粗加工、半精加工可用 N 型；半精加工、精加工可用 B 型、C 型、P 型，也可用带断屑槽形的 N 型刀片；加工铸铁、硬钢可用 N 型；加工不锈钢可用 B 型、C 型、P 型；加工铝合金可用 P 型、D 型、E 型等；加工弹性恢复性好的材料可选用较大一些的后角；一般孔加工刀片可选用 C 型、P 型，大尺寸孔可选用 N 型。

(5) 刀片材质的选择

车刀刀片的材料主要有硬质合金、涂层硬质合金、陶瓷、立方氮化硼和金刚石等，应用最多的是硬质合金和涂层硬质合金刀片。应根据工件的材料、加工表面的精度、表面质量要求、切削载荷的大小以及切削过程中有无冲击和振动等因素，选择刀片材质。

(6) 刀片尺寸的选择

刀片尺寸的大小取决于有效切削刃长度。有效切削刃长度与背吃刀量及车刀的主偏角有关，使用时可查阅有关刀具手册。

(7) 左右手刀柄的选择

左右手刀柄有 R（右手）、L（左手）、N（左右手）三种。要注意区分左、右刀的方向。选择时要考虑车床刀架是前置式还是后置式、前刀面是向上还是向下、主轴的旋转方向以及需要的进给方向等，见表 3-12。

表 3-12　切削方向的代号

代　号	切削方向	刀片的应用	示意图
R	右切	适用于非等边、非对称角、非对称刀尖和非对称断屑槽刀片，只能朝进给方向	
L	左切	适用于非等边、非对称角、非对称刀尖和非对称断屑槽刀片，只能朝进给方向	
N	可用于左切或右切	适用于对称角、对称刀尖、对称边和对称断屑槽刀片	

（8）刀尖圆弧半径的选择

刀尖圆弧半径不仅影响切削效率，而且关系到被加工表面的粗糙度及加工精度。从刀尖圆弧半径与最大进给量关系来看，最大进给量不应超过刀尖圆弧半径尺寸的80%，否则将恶化切削条件，甚至出现螺纹状表面和打刀等问题。刀尖圆弧半径还与断屑的可靠性有关，为保证断屑，切削余量和进给量有一个最小值。当刀尖圆弧半径减小，所得到的这两个最小值也相应减小，因此，从断屑可靠出发，通常对于小余量、小进给车削加工应采用小的刀尖圆弧半径，反之宜采用较大的刀尖圆弧半径。

粗加工时，注意以下几点。

① 为提高切削刃强度，应尽可能选取大刀尖圆弧半径的刀片，大刀尖圆弧半径可允许大进给。

② 在有振动倾向时，则选择较小的刀尖圆弧半径。

③ 常选用刀尖圆弧半径为1.2～1.6mm的刀片。

④ 粗车时进给量不能超出表3-13给出的最大进给量，作为经验法则，一般进给量可取为刀尖圆弧半径的一半。

表3-13 不同刀尖圆弧半径时最大进给量

刀尖圆弧半径/mm	0.4	0.8	1.2	1.6	2.4
推荐进给量/(mm/r)	0.25～0.35	0.4～0.7	0.5～1.0	0.7～1.3	1.0～1.8

精加工时，注意以下几点：

① 精加工的表面质量不仅受刀尖圆弧半径和进给量的影响，而且受工件装夹稳定性、夹具和机床的整体条件等因素的影响；

② 在有振动倾向时选较小的刀尖圆弧半径；

③ 非涂层刀片比涂层刀片加工的表面质量高。

（9）断屑槽形的选择

断屑槽的参数直接影响着切屑的卷曲和折断，目前刀片的断屑槽形式较多，各种断屑槽刀片使用情况不尽相同。基本槽形按加工类型有精加工（代码F）、普通加工（代码M）和粗加工（代码R）；加工材料按国际标准有加工钢的P类，加工不锈钢、合金钢的M类和加工铸铁的K类。这两种情况一组合就有了相应的槽形，比如FP就指用于钢的精加工槽形，MK是用于铸铁普通加工的槽形等。如果加工向两方向扩展，如超精加工和重型粗加工，以及材料也扩展，如耐热合金、铝合金、有色金属等，就有了超精加工、重型粗加工和加工耐热合金、铝合金等补充槽形。一般可根据工件材料和加工的条件选择合适的断屑槽形和参数，当断屑槽形和参数确定后，主要靠进给量的改变控制断屑。

3.4 机夹可转位式外圆车刀

3.4.1 机夹可转位式外圆车刀的ISO代码

目前，国内在选用和购买机夹可转位式外圆车刀时，多数选用ISO标准，图3-22所示为机夹可转位式外圆车刀型号编制说明。

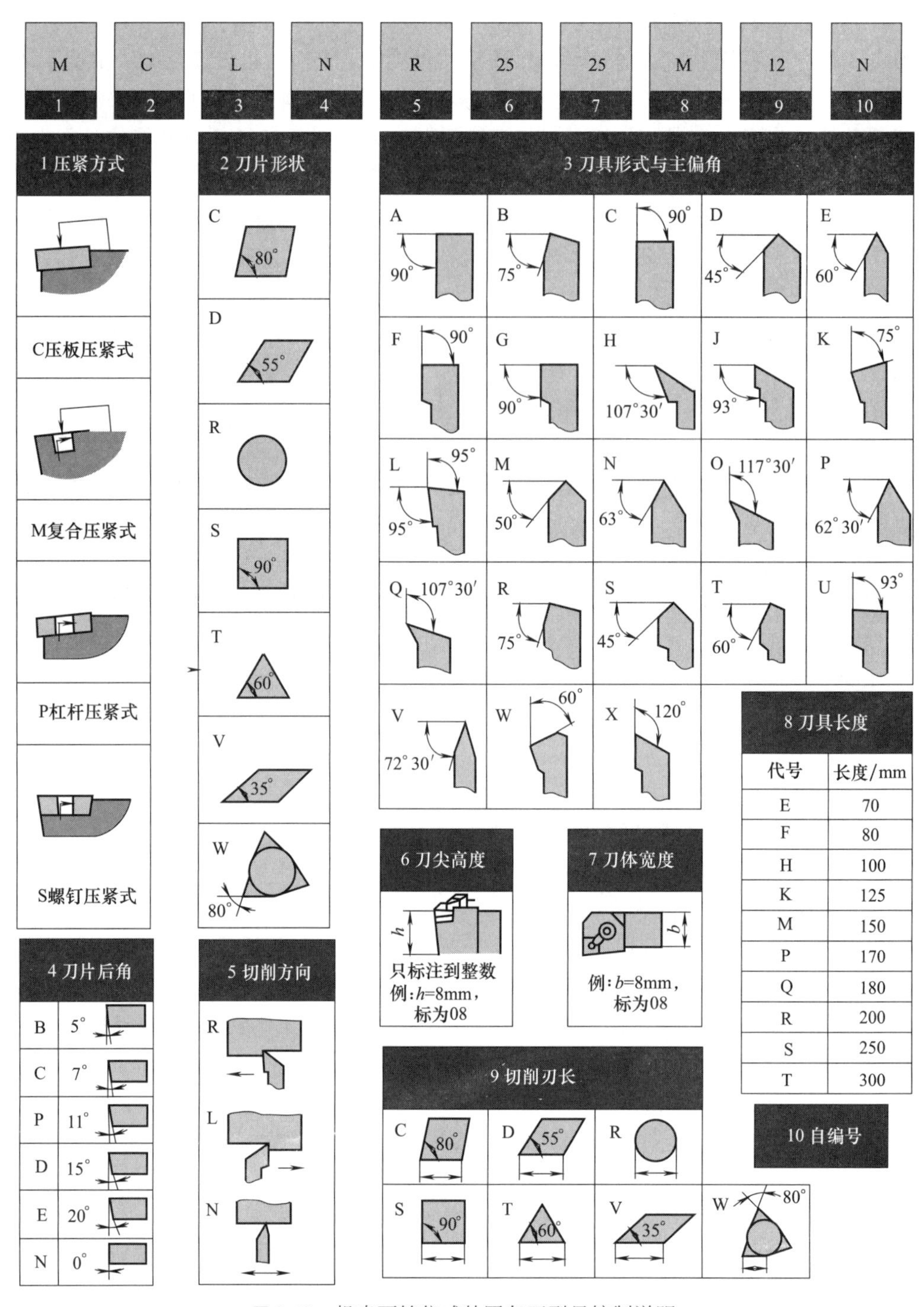

图 3-22　机夹可转位式外圆车刀型号编制说明

3.4.2　复合压紧式可转位外圆车刀

复合压紧式（刀具代码的第一个字母为 M）可转位外圆车刀采用偏心销和压板两种夹紧方式复合压紧刀片，夹紧可靠，能承受较大的切削负荷和冲击，适用于重负荷断续切削。图 3-23 所示为复合压紧式可转位外圆车刀的刀具型号及适用型面。

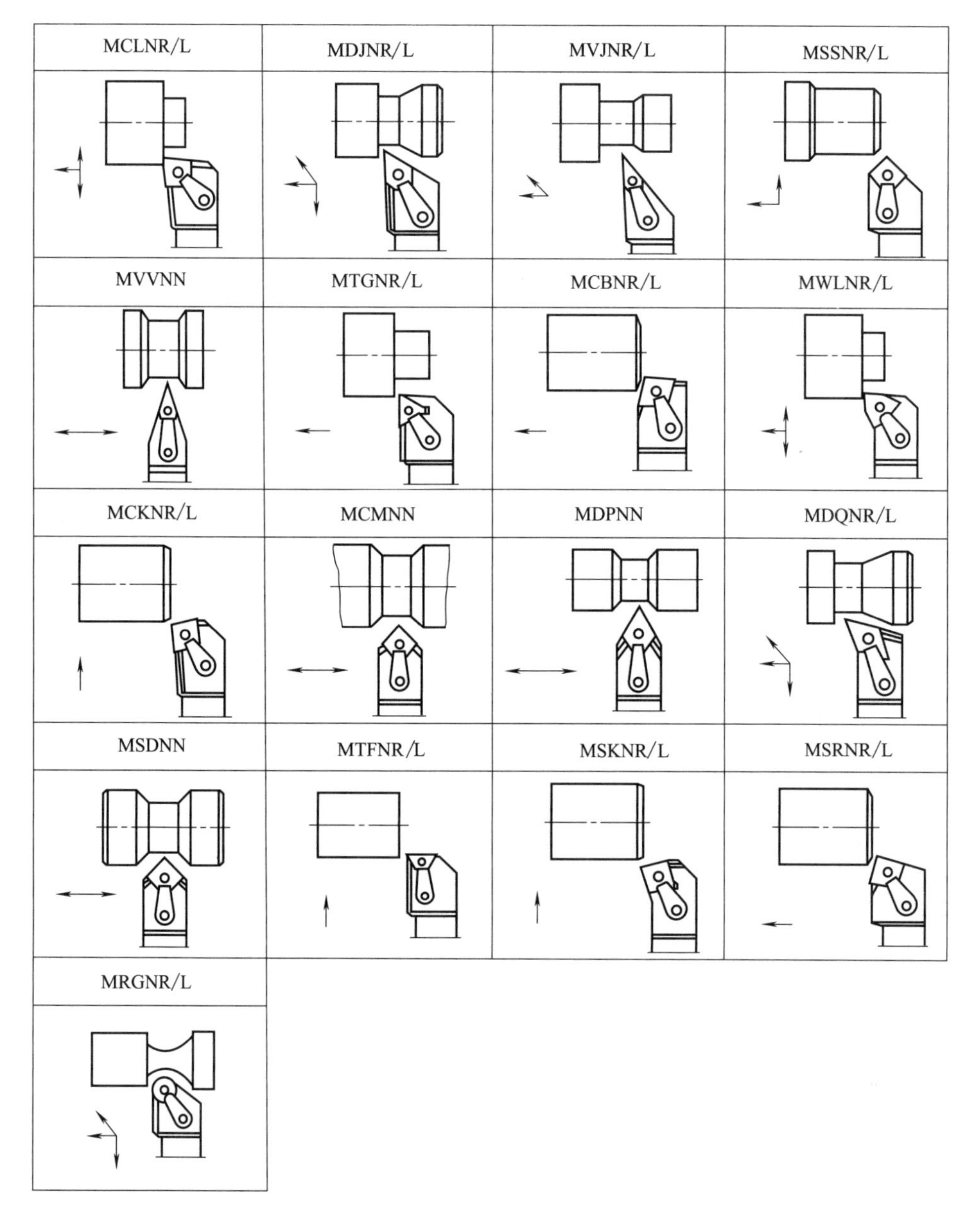

图 3-23 复合压紧式可转位外圆车刀的刀具型号及适用型面

注：1. 刀具型号中的第 5 位：R 为右手刀，L 为左手刀。

2. 图中所示刀具方向均为右手刀。

3.4.3 螺钉压紧式可转位外圆车刀

螺钉压紧式可转位外圆车刀采用螺钉直接压紧，结构简单，配件少，切屑流动比较通畅。采用 7°后角刀片时，适用于轻载切削加工的场合，其刀具型号及加工时切削方向如图 3-24 所示。需要特别指出的是：选择可转位外圆车刀的形式与主、副偏角时，除了要遵循主、副偏角的选择原则外，还要考虑工件轮廓的形状。而很多情况下，刀具的主、副偏角取决于工件轮廓的形状。例如车阶梯轴时，$\kappa_r \geqslant 90°$；车削轮廓时，要确保主后刀面和副后刀面不与工件轮廓发生干涉，否则无法得到所需要的工件轮廓。

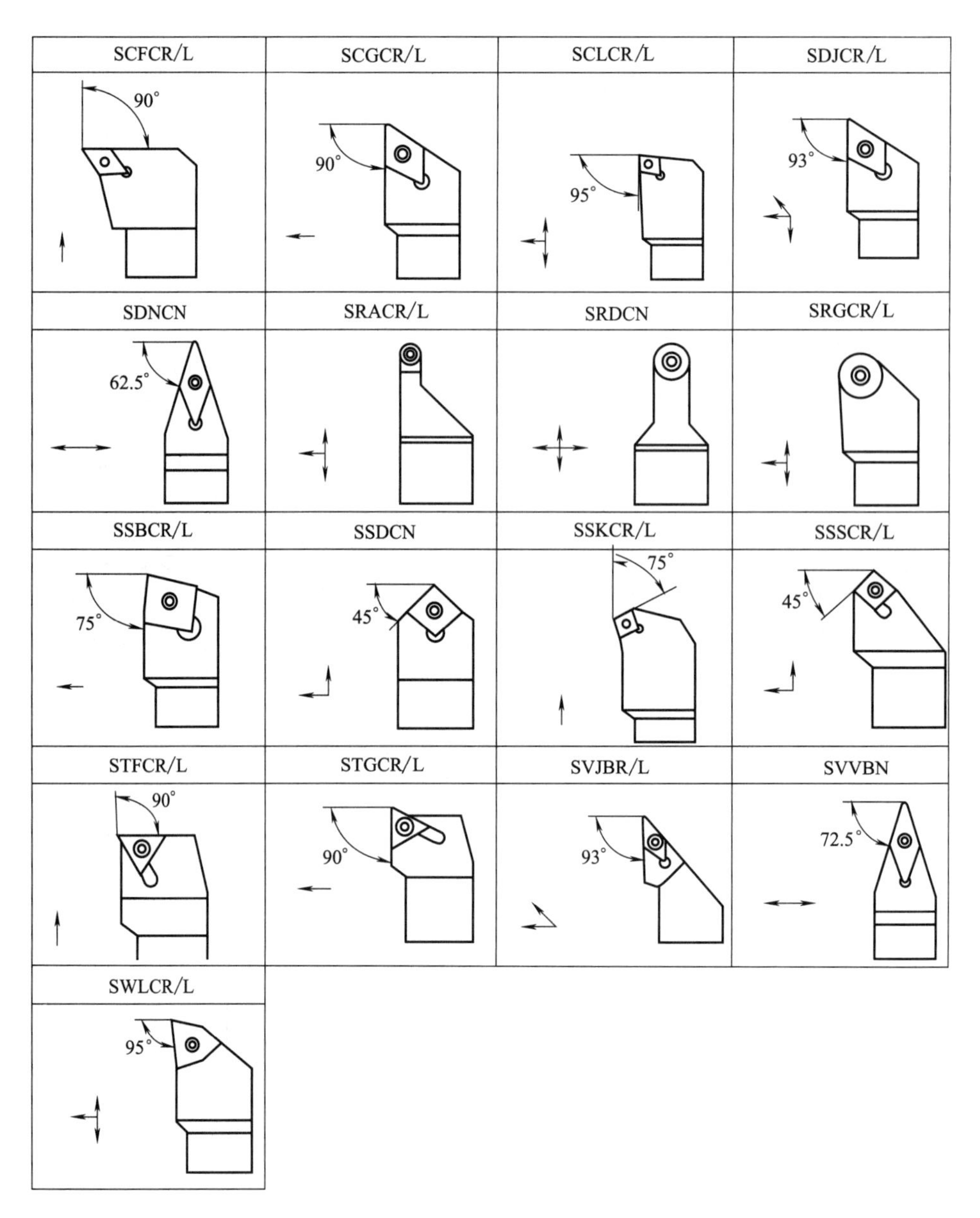

图 3-24　螺钉压紧式可转位外圆车刀型号（7° 后角刀片）及切削方向

注：1. 刀具型号第 5 位：L—左手刀，R—右手刀。

2. 图中刀具视图和切削方向为右手刀。

3.5　机夹可转位式内孔车刀（镗刀）

可转位内孔车刀的型号表示，国家尚未制定标准。目前，国内外的公司和厂商以 ISO 6261—2011《装可转位刀片的（圆柱柄刀杆）镗刀杆——代号》的规定，来表示圆形柄可转位内孔车刀的型号，如图 3-25 所示。

孔加工刀具主要以加工通孔和盲孔的刀具为主。在镗孔时，在保证刀具刀体与工件内孔不发生干涉的前提下，刀杆应尽量选得直径大些，这样既可以提高刀具的刚度，又可以保证工件表面的加工质量。不同刀片形状及角度的可转位刀片，适用于不同的加工场合。其中螺钉压紧式内孔车刀，结构简单，配件少，切屑流动比较通畅。为防止后刀面与内孔表面产生摩擦挤压，一般应采用带一定后角的刀片。表 3-14 所示为螺钉压紧式内孔车刀结构不同刀片形状适用场合。

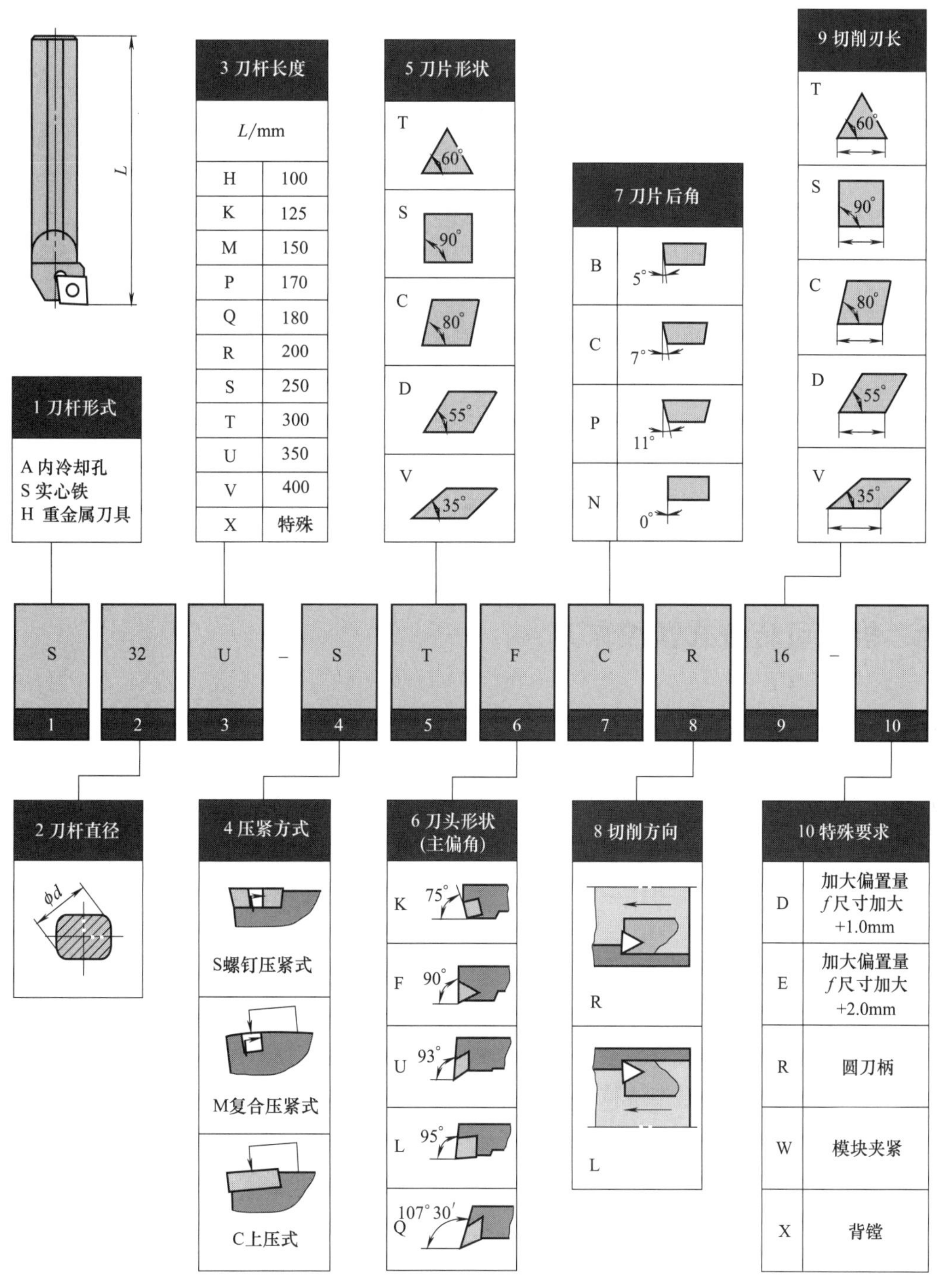

图 3-25　机夹可转位式内孔车刀（镗刀）的 ISO 代码

⊡ 表 3-14　螺钉压紧式内孔车刀结构不同刀片形状适用场合

切削外观						
刀片	80°				55°	
主偏角	90°	75°	95°	95°	107.5°	93°
车削	●	●	●	●	●	●
仿形加工					●	●
端面加工			●	●		
背车加工	●		●	●	●	●
切削外观						
刀片		60°		35°		80°
主偏角	75°	90°	60°	107.5°	93°	95°
车削	●	●	●	●	●	●
仿形加工				●	●	
端面加工						●
背车加工				●	●	●

注：●表示可选。

3.6 机夹可转位式螺纹车刀

3.6.1 螺纹车刀分类及应用范围

常见的螺纹车刀有焊接式硬质合金车刀、硬质合金单刃机夹式螺纹车刀、硬质合金机夹可转位式螺纹车刀及棱体螺纹车刀、圆体螺纹车刀等。

焊接式硬质合金车刀，具有制造简单、重磨方便等优点，但同时对机床操作者的螺纹刀具修磨水平要求较高，常用于小工厂或单件零件的加工。硬质合金单刃机夹式螺纹车刀与硬质合金机夹可转位式螺纹车刀，由于刀片装夹迅速可靠、重复定位精度高等特点，具有较高的切削速度及效率，广泛应用于机械加工企业，常用于车削各类不同的内外螺纹。

棱体螺纹车刀及圆体螺纹车刀，一般用于多齿螺纹加工，具有高效、高精度等特点，但该类螺纹车刀具有结构稍显复杂、制造及修磨较困难等缺点，仅应用于环套类零件的大螺孔加工，目前该类螺纹刀具渐渐被梳齿螺纹铣刀代替。

3.6.2 螺纹车刀结构形式及基本尺寸

(1) 单刃机夹式螺纹车刀的结构形式及基本尺寸

国家标准 GB/T 10954—2006 规定了机械夹固式硬质合金螺纹车刀的结构形式及基本尺寸。所用的刀片形式如图 3-26 所示。

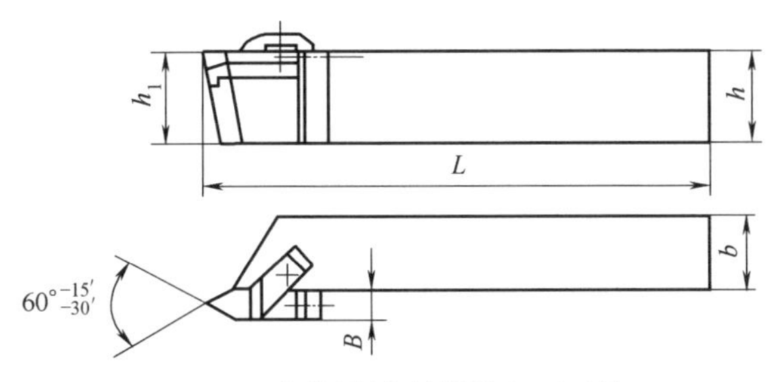

图 3-26 国标规定的螺纹车刀刀片

(2) 机夹可转位式螺纹车刀的结构形式及基本尺寸

机夹可转位式螺纹车刀目前尚无国家标准，其结构形式及基本尺寸可参考图 3-27，所用可转位刀片如图 3-28 所示。

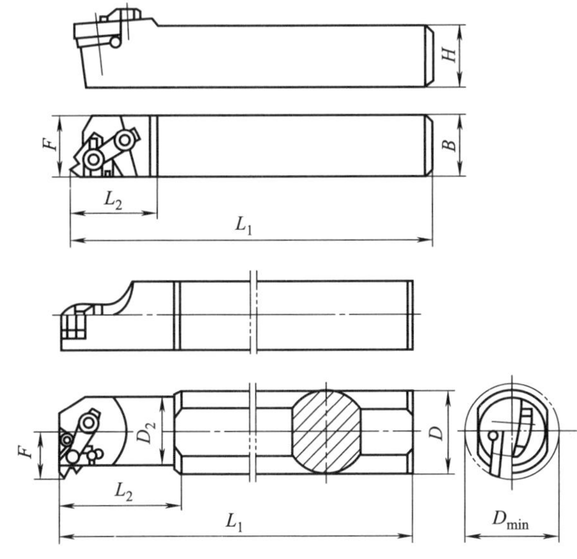

图 3-27 机夹可转位式螺纹车刀

典型机夹可转位螺纹车刀夹紧结构有螺钉式（见图 3-29）、楔块式（见图 3-30）和上压

图 3-28 机夹可转位式螺纹车刀用可转位刀片

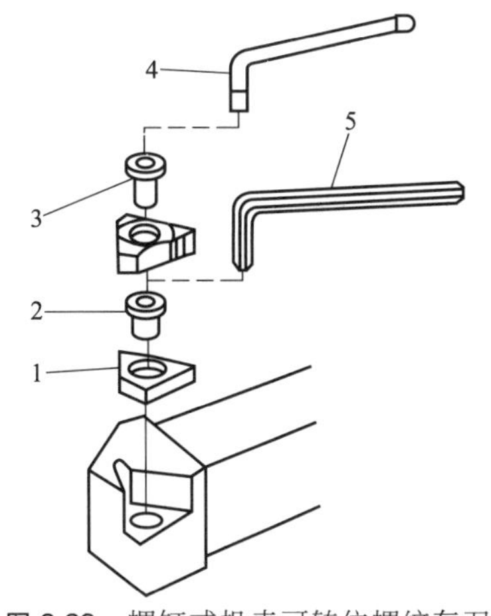

图 3-29 螺钉式机夹可转位螺纹车刀

1—刀垫；2—刀垫夹紧螺钉；3—刀片夹紧螺钉；4,5—扳手

式等，可根据具体情况自行选用。机夹可转位式螺纹车刀加工如图 3-31 所示。

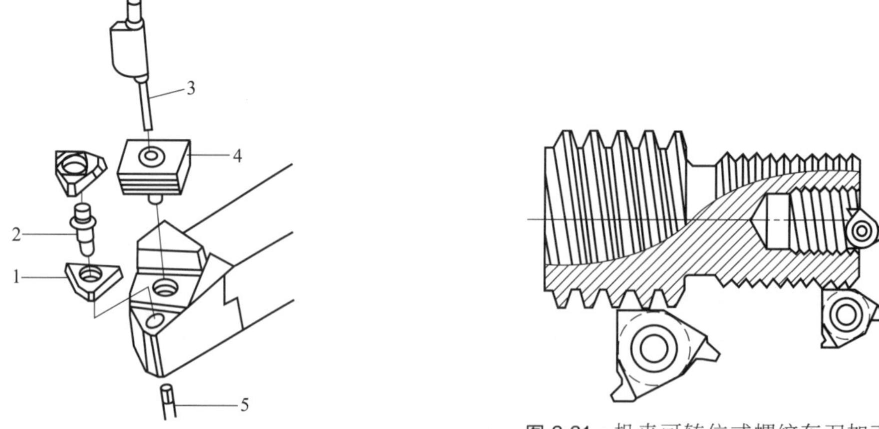

图 3-30 楔块式机夹可转位螺纹车刀

1—刀垫；2—中心销；3,5—扳手；4—楔块组件

图 3-31 机夹可转位式螺纹车刀加工

3.6.3 机夹可转位式螺纹车刀代码

目前，机夹可转位式螺纹车刀还没有统一的 ISO 代码，但不同刀具制造商采用的代码大同小异，主要包括刀片压紧方式、刀片切削角度、切削方向和刀具长度等。图 3-32 和图

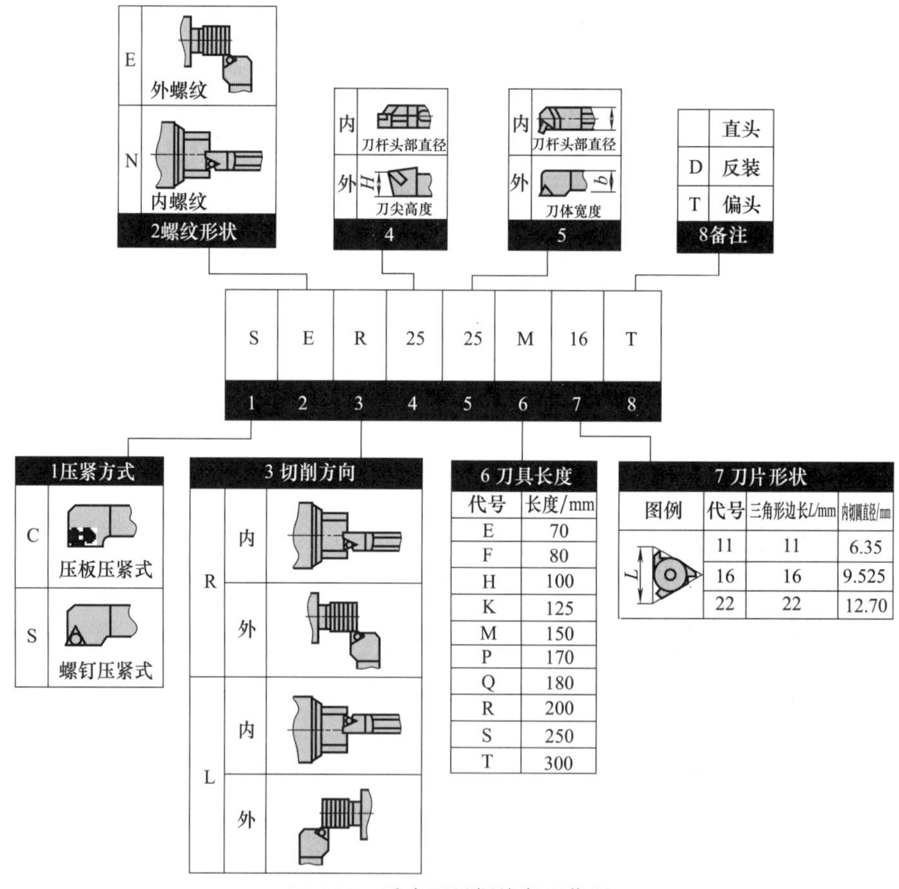

图 3-32 千木刀具螺纹车刀代码

3-33 所示分别为千木刀具螺纹车刀代码和刀片代码。图 3-34 所示为山高刀具螺纹车刀代码和刀片代码举例。

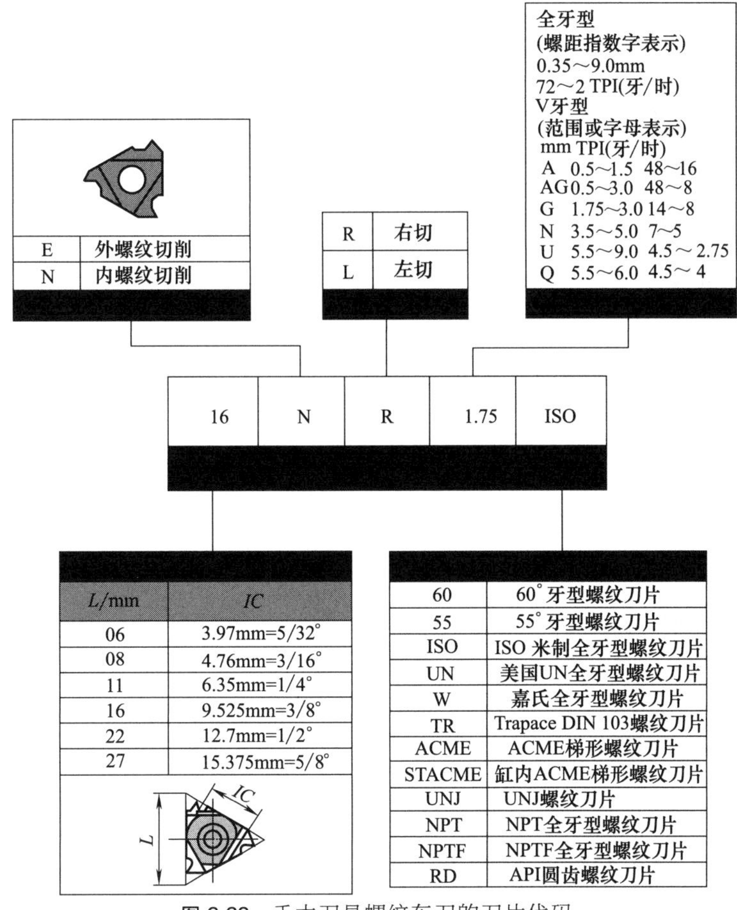

图 3-33 千木刀具螺纹车刀的刀片代码

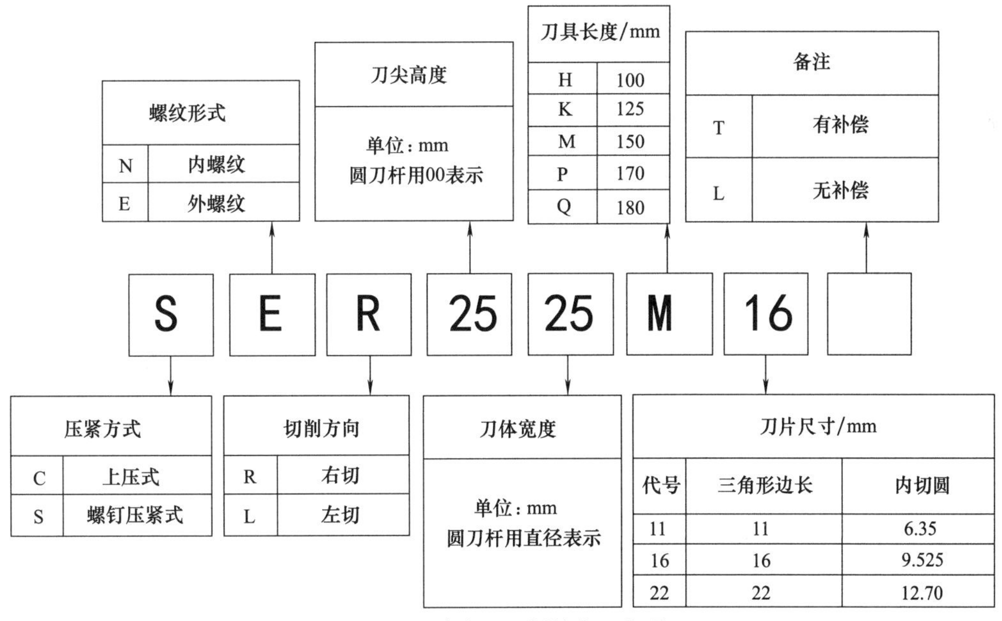

图 3-34 山高刀具螺纹车刀代码

在数控车床上车削螺纹时，螺纹车刀的选择除要考虑刀片类型、材质等因素外，还要注意加工螺纹是右手还是左手螺纹，是内螺纹还是外螺纹，采用左手刀杆还是右手刀杆加工等因素，表 3-15 所示为螺纹车削时各种加工方式，至于螺纹车削时进刀方式、进刀步数和深度、车削速度等因素请参考其他教材中介绍，在此不再一一说明。

⊡ **表 3-15 螺纹车削时各种加工方式**

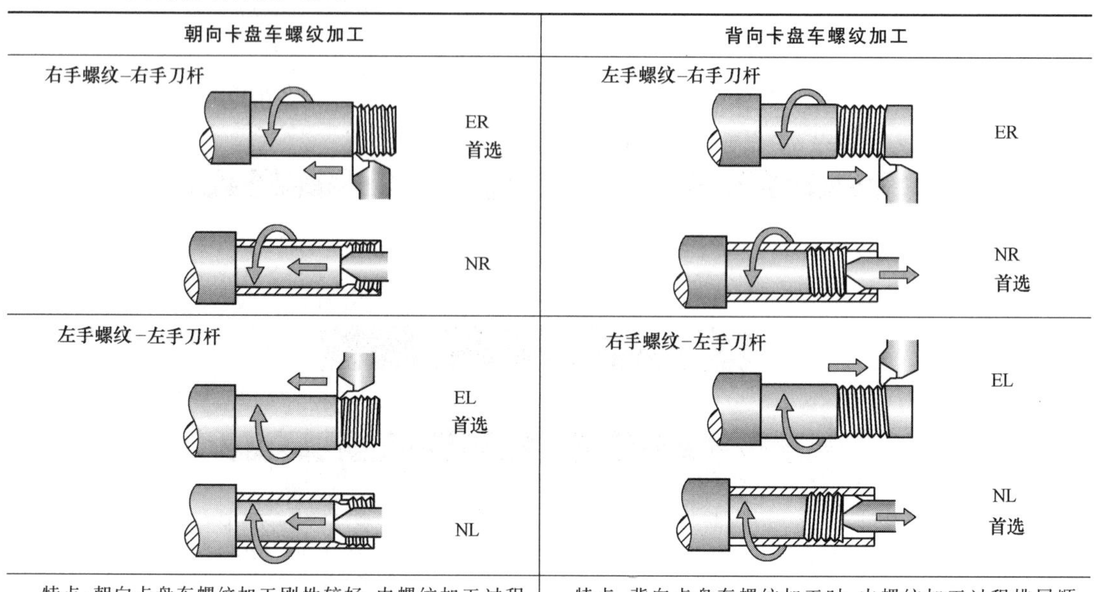

朝向卡盘车螺纹加工	背向卡盘车螺纹加工
特点：朝向卡盘车螺纹加工刚性较好，内螺纹加工过程可能产生切屑堵塞，尤其是当螺纹刀杆与被加工孔之间的间隙小的时候	特点：背向卡盘车螺纹加工时，内螺纹加工过程排屑顺畅，但只能使用 CNR/L 刀杆。刀片的锁紧和刀杆的安装必须牢靠

3.6.4 机夹式螺纹车刀切削用量的选用

(1) 进给量的大小和走刀次数的选择

对螺纹的加工质量和切削效率有决定性影响。在螺纹加工过程中，为了获得最佳刀具寿命，工件直径不得超过螺纹外径的 0.14mm，进给量应避免小于 0.05mm。加工方式一般采用进给量递减的方式，最后一刀的走刀可以是不进刀的空走刀，以消除切削过程中的弹性变形影响。实际进给量的大小和走刀次数应通过试验或根据实际情况而定，也可参照不同刀具厂商提供的切削参数进行选用。

(2) 进刀方式的选择

螺纹车削共有三种进刀方式：径向、侧向和交替式。在实际应用中，工件材料、刀片槽形和螺距决定了进刀方式的选择。

① 径向进刀　最常使用的进刀方式，切屑成形柔和、刀片磨损均匀，适用于小螺距螺纹。加工大螺距螺纹时，切屑控制不良，振动较大，是加工硬化材料（如不锈钢等）的首选。加工示意图如图 3-35 所示。

图 3-35 径向进刀

② 侧向进刀　该进刀方式可将切屑引向一个方向，可以较好地控制切屑，适用于切削大螺距螺纹和易发生排屑问题的内螺纹的加工。为了避免因后边缘摩擦而导致表面质量差或后刀面过度

磨损，进刀角应比螺纹角小1°～5°。侧向进刀的轴向进刀量可简单地按0.5×径向进刀量计算。侧向进刀方式如图3-36所示，切屑流向示意图见图3-37。

③ 交替式进刀 主要用于切削大牙型。这种方法刀具磨损均匀，刀具寿命长。交替式进刀示意图如图3-38所示。

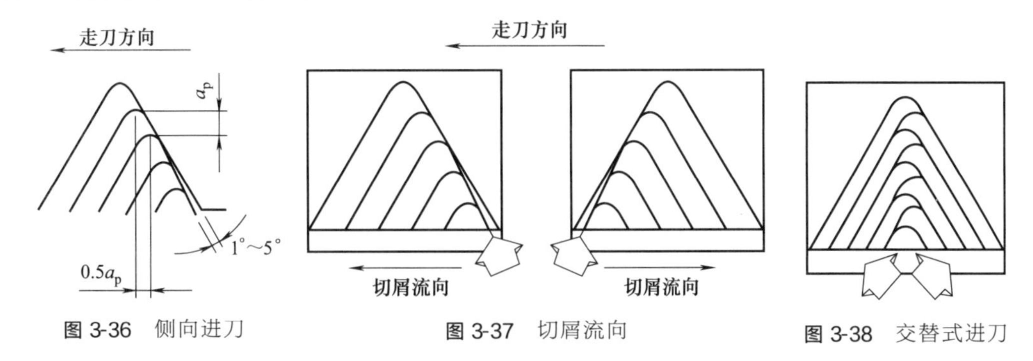

图3-36 侧向进刀　　图3-37 切屑流向　　图3-38 交替式进刀

螺纹走刀次数和径向进给量的关系可以通过查表来选取。表3-16、表3-17给出了ISO米制螺纹走刀次数与进刀量的推荐值。

表3-16 ISO米制外螺纹走刀次数与进刀量的推荐值

径向进给次数	螺距/mm												
	0.5	0.75	1.0	1.25	1.5	1.75	2.0	2.5	3.0	3.5	4.0	4.5	5.0
14											0.07	0.07	0.08
13											0.07	0.10	0.10
12									0.06	0.07	0.08	0.10	0.10
11									0.06	0.07	0.10	0.10	0.15
10								0.06	0.07	0.08	0.10	0.10	0.15
9								0.06	0.10	0.10	0.10	0.15	0.20
8						0.06	0.06	0.07	0.10	0.15	0.15	0.20	0.20
7						0.06	0.07	0.10	0.10	0.20	0.20	0.20	0.25
6				0.06	0.06	0.10	0.10	0.10	0.15	0.20	0.20	0.20	0.25
5			0.06	0.10	0.10	0.10	0.15	0.15	0.15	0.20	0.20	0.25	0.25
4	0.03	0.05	0.10	0.10	0.12	0.10	0.15	0.20	0.20	0.25	0.25	0.30	0.30
3	0.06	0.10	0.15	0.12	0.20	0.20	0.20	0.25	0.25	0.25	0.30	0.35	0.35
2	0.10	0.15	0.17	0.20	0.25	0.25	0.25	0.30	0.30	0.30	0.35	0.35	0.40
1	0.15	0.20	0.20	0.25	0.25	0.25	0.30	0.30	0.35	0.35	0.35	0.40	0.40
	径向进给/mm												

表3-17 ISO米制内螺纹走刀次数与进刀量的推荐值

径向进给次数	螺距/mm												
	0.5	0.75	1.0	1.25	1.5	1.75	2.0	2.5	3.0	3.5	4.0	4.5	5.0
14											0.06	0.06	0.06
13											0.06	0.07	0.09
12									0.06	0.06	0.07	0.07	0.10

续表

径向进给次数	螺距/mm												
	0.5	0.75	1.0	1.25	1.5	1.75	2.0	2.5	3.0	3.5	4.0	4.5	5.0
11									0.06	0.07	0.10	0.10	0.15
10								0.06	0.07	0.08	0.10	0.10	0.15
9								0.06	0.10	0.10	0.10	0.15	0.20
8						0.06	0.06	0.08	0.10	0.15	0.15	0.20	0.20
7						0.07	0.06	0.10	0.10	0.15	0.20	0.20	0.25
6				0.06	0.06	0.07	0.10	0.10	0.15	0.15	0.20	0.20	0.25
5			0.06	0.07	0.06	0.08	0.10	0.15	0.15	0.20	0.20	0.25	0.25
4	0.30	0.05	0.07	0.10	0.15	0.10	0.15	0.20	0.20	0.25	0.20	0.25	0.25
3	0.06	0.08	0.15	0.15	0.15	0.20	0.20	0.20	0.25	0.25	0.25	0.30	0.30
2	0.08	0.15	0.15	0.15	0.25	0.25	0.25	0.25	0.25	0.30	0.30	0.35	0.35
1	0.15	0.20	0.20	0.25	0.25	0.25	0.30	0.30	0.30	0.35	0.35	0.40	0.40
	径向进给/mm												

3.7 切断（槽）刀

3.7.1 切断（槽）刀的功能与分类

切断刀的主要功能是在切断工序中，尽可能有效且可靠地将工件的两部分分开。直线切削所能达到的深度等于工件的半径。在切槽工序中，除切削要浅且不能达到中心外，其原理与切断大致相同。切槽工序在某些方面的灵活性较低，这是因为切槽通常并不深，反而锋利，精度和表面质量经常有更高的要求。

在切断工序中，切断刀主偏角不同，切削效果也不尽相同。当切削刃与刀具的进给方向成直角，即切削刃的主偏角为0°时（采用中置型刀片），其切削力主要为径向切削力。其特点是切削稳定、切屑形成良好、刀具寿命较长，但当刀具还未切至零件轴心时（$X \neq 0$），被切零件已断开，此时在已切断的工件被切表面上会留下极小的突起（飞边）。造成该现象的原因是由于当刀具越接近工件回转中心时，刀具的工作后角会变得越小，从而导致后刀面挤压被切工件。

当切削刃的主偏角为一定的角度时（右手和左手型刀片），便可轻松地对切口末端进行精加工。图3-39所示为不同主偏角的刀片和切断飞边示意图。

当切削环形槽，而刀具不需要轴向进给时，切断刀与切槽刀无任何区别。当切削环形槽，而刀具需要轴向进给时，切断刀必须选择刀片的安装方式为螺钉夹紧型而不能选用弹簧装夹型刀片结构。图3-40所示为采用弹簧装夹型刀具和螺钉夹紧型刀具的外形示意图。

其中，弹簧装夹型刀具用于径向切削，螺钉夹紧型刀具用于径向切削和轴向切削。图3-41所示为螺钉夹紧型刀具切槽走刀路线示意图。

根据工件加工部位的不同，切槽刀可分为外径切槽刀、内径切槽刀、端面切槽刀和退刀

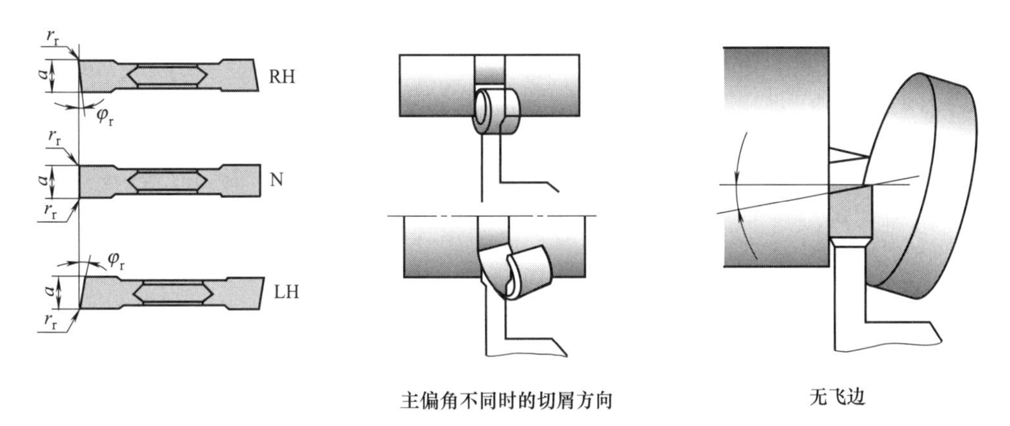

图 3-39　不同主偏角的刀片和切断飞边示意图

N—中置型刀片（主偏角=0）；RH—右手型刀片（主偏角≠0）；LH—左手型刀片（主偏角≠0）

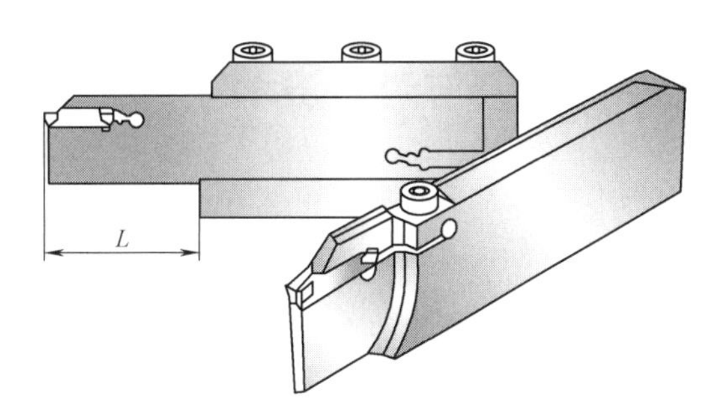

图 3-40　弹簧装夹型刀具和螺钉夹紧型刀具外形示意图

槽切槽刀等。图 3-42 所示为切槽刀的类型和应用。

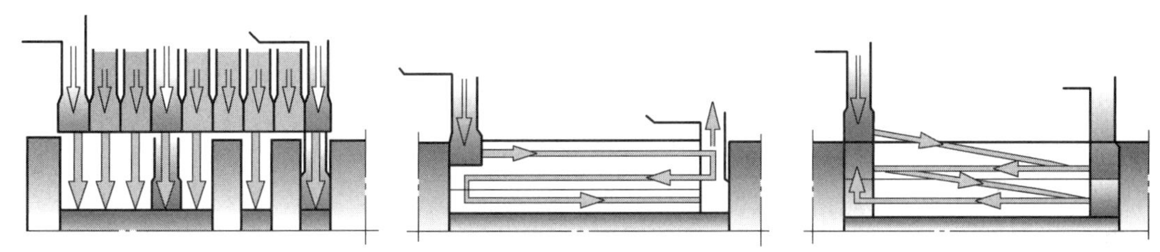

图 3-41　螺钉夹紧型刀具切槽走刀路线示意图

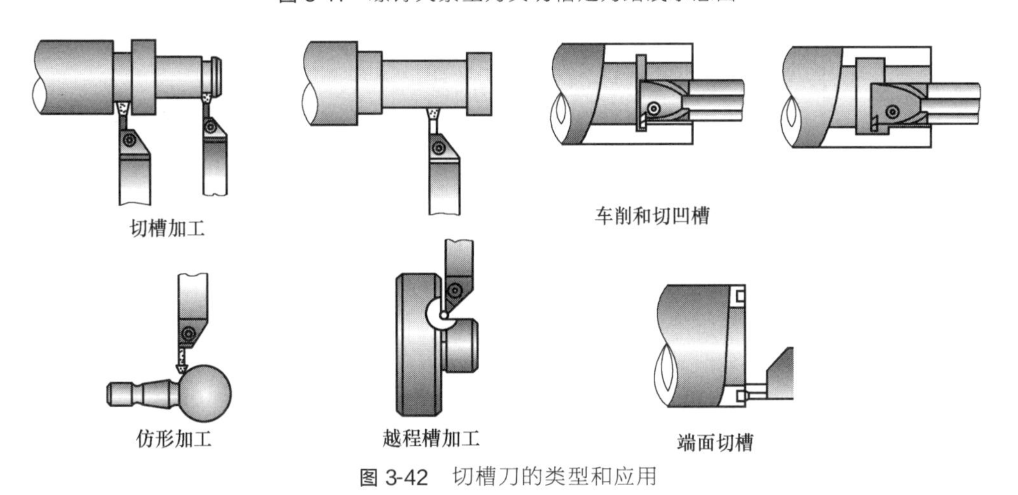

图 3-42　切槽刀的类型和应用

3.7.2 使用注意事项

在零件的加工中，切槽刀的实际切削后角和前角随着切削工件直径的变化而不断变化。因此，在实际加工中应注意以下几个问题。

① 刀杆安装必须与工件旋转中心垂直或平行（端面切槽）。

② 主切削刃高度尽可能接近工件中心，特别是加工直径较小的零件时，切断刀主切削刃不得高于工件中心线 0.2mm。

③ 在不影响加工性能的前提下，刀具伸出应尽可能短。

④ 刀具在工件槽底停留的时间不宜过长，一般为 1～3s。

⑤ 当切削接近槽底时，应降低切削速度。

⑥ 在端面切槽时，应根据端面环形槽的直径选择不同规格的端面切槽刀具。

3.8 数控车削加工中的装刀与对刀技术

刀具的安装是数控车床操作中非常重要的一项基本工作。装刀的精度将直接影响到加工零件的尺寸精度。车刀安装正确与否，将直接影响切削能否顺利进行和工件的加工质量。

3.8.1 车刀的装夹步骤和装夹要求（以外圆刀为例）

(1) 确定车刀的伸出长度

把车刀放在刀架装刀面上，车刀伸出刀架部分的长度约等于刀杆高度的 1.5 倍。伸出过长会使刀杆刚性变差，切削时易产生振动，影响工件的表面粗糙度。

(2) 车刀刀尖应与工件轴线等高

如图 3-43（a）所示，车刀刀尖应与工件轴线等高，否则会因基面和切削平面的位置发生变化而改变车刀工作时的前角和后角的数值。当车刀刀尖高于工件轴线时，如图 3-43（b）所示，使后角减小，增大了车刀后刀面与工件间的摩擦；当车刀刀尖低于工件轴线时，如图 3-43（c）所示，使前角减小，切削力增加，切削不顺利。

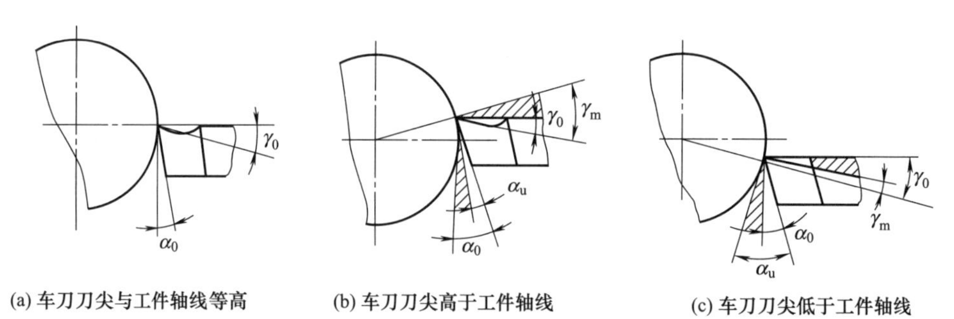

(a) 车刀刀尖与工件轴线等高　(b) 车刀刀尖高于工件轴线　(c) 车刀刀尖低于工件轴线

图 3-43　装刀高低对前后角的影响

车端面时，车刀刀尖高于或低于工件中心，车削后工件端面中心处留有凸头，如图 3-44（a）所示。使用硬质合金车刀时，如不注意这一点，车削到中心处会使刀尖崩碎，如图 3-44（b）所示。

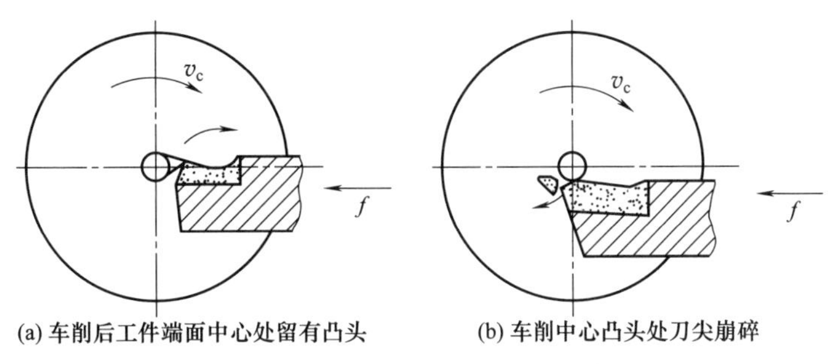

图 3-44　车刀刀尖不对准工件中心的后果

(3) 车刀刀杆的位置

车刀刀杆中心线应与进给方向垂直，否则会使主偏角和副偏角的数值发生变化，如图 3-45 所示。如螺纹车刀安装歪斜，会使螺纹牙型半角产生误差。

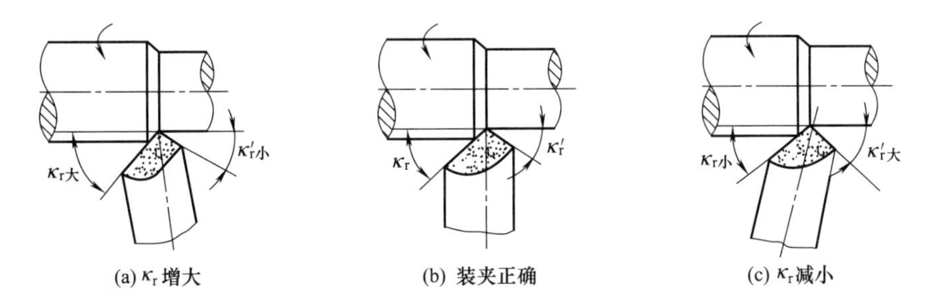

图 3-45　车刀装偏对主副偏角的影响

(4) 车刀刀尖对准工件中心的操作方法

① 目测法。移动床鞍和中滑板，使刀尖靠近工件，目测刀尖与工件中心的高度差，选用相应厚度的垫片垫在刀杆下面。注意：选用的垫片必须平整，数量尽可能少，垫片安放时要与刀架面齐平。车刀至少要用两个螺钉压紧在刀架上，并逐个轮流拧紧。

② 顶尖对准法。使车刀刀尖靠近尾座顶尖中心，根据刀尖与顶尖中心的高度差调整刀尖高度，刀尖应略高于顶尖中心 0.2～0.3mm，当螺钉紧固时，车刀会被压低，这样，刀尖的高度就基本上与顶尖的高度一致。

③ 测量刀尖高度法。用钢直尺将正确的刀尖高度量出，并记下读数，以后装刀时就以此读数来测量刀尖高度，进行装刀。另一种方法是将刀尖高度正确的车刀连同垫片一起卸下，用游标卡尺量出高度尺寸，记下读数，以后装刀时，只要测量车刀刀尖至垫片的高度，读数符合要求即可装刀。

上述三种装刀方法均有一定的误差，在一般情况下可以使用，但如果车削端面、圆锥面时，要求车刀必须严格对准工件中心，就要用车端面的方法进行精确找正。

(5) 车刀的紧固

车刀紧固前要目测检查刀杆中心与工件轴线是否垂直，如不符合要求，要转动车刀进行调整。位置正确后，先用手拧紧刀架螺钉，然后再使用专用刀架扳手将前、后两个螺钉轮流逐个拧紧。

3.8.2 数控车床常用的刀架

数控车床常用的刀架：如图 3-46 所示为数控车立式四工位刀架，如图 3-47 所示为数控车立式六工位刀架，如图 3-48 所示为数控车卧式十工位刀架，如图 3-49 所示为数控车排刀架。

图 3-46 数控车立式四工位刀架

图 3-47 数控车立式六工位刀架

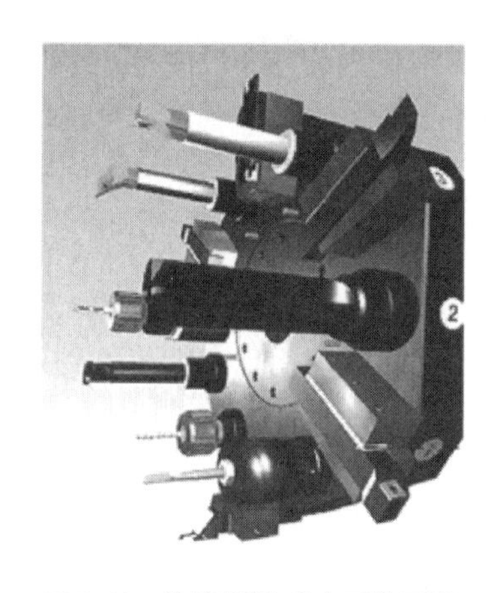

图 3-48 数控车卧式十工位刀架

图 3-49 数控车排刀架

3.8.3 机夹可转位车刀的安装

(1) 刀片安装和转换时应注意的问题

① 转位和更换刀片时应清理刀片、刀垫和刀杆各接触面，应保证接触面无铁屑和杂物，表面有凸起点应修平。已用过的刃口应转向切屑流向的定位面。

② 刀片转位时应使其稳当地靠向定位面，夹紧时用力适当，不宜过大（必要时可采用测力扳手）。

③ 夹紧时，有些结构的车刀需用手按住刀片，使刀片贴紧底面（如偏心式结构）。

④ 夹紧的刀片、刀垫和刀杆三者的接触面应贴合无缝隙，要注意刀尖部位的良好紧贴，不得有漏光现象，刀垫更不得松动。

(2) 刀杆安装时应注意的问题

① 车刀安装时其底面应清洁无黏着物。若使用垫片调整刀尖高度，垫片应平直，最多不能超过三块。如果内侧和外侧面也需作安装的定位面，则也应擦净。

② 刀杆伸出长度在满足加工要求下应尽可能短，一般伸出长度是刀杆高度的 1.5 倍。如确要伸出较长才能满足加工需要，也不能超过刀杆高度的 3 倍。

使用中应注意的问题如表 3-18 所示。

⊡ 表 3-18 车床刀具使用中应注意的问题

问 题	原 因	措 施
通常情况下刀具不好用	①刀具形式选择不当 ②刀具制造质量太差 ③切削用量选择不当	①重新选型 ②选择质量好的刀具 ③选择合理的切削用量
切削有振动	①刀片没夹紧 ②刀片尺寸误差太大 ③夹紧元件变形 ④刀具质量太差	①重新装夹刀片 ②更换符合要求的刀片 ③更换夹紧元件 ④更换刀具
刀尖打刀	①刀片刀尖底面与刀垫有间隙 ②刀片抗弯强度低 ③夹紧时造成刀片抬高	①重新装夹刀片，注意刀片底面贴紧 ②换抗弯强度高的刀片 ③更换刀片刀垫或刀杆
切削时有吱吱叫声	①刀片底面与刀垫或刀垫与刀体间接触不实，刀具装夹不牢固 ②刀具磨损严重 ③刀杆伸出过长，刚性不足 ④工件细长或薄壁件刚性不足，以及夹具刚件不足，夹固不牢	①重新装刀具或刀片 ②更换磨钝的切削刃 ③缩短刀杆伸出长度 ④增加工艺系统刚性
刀尖处冒火花	①刀尖或切削刃工作部分有缺口 ②刀具磨损严重 ③切削速度过高	①更换磨钝的切削刃或用金刚石修整切削刃 ②更换切削刃或刀片 ③选择合理的切削速度
前刀面有积屑瘤	①几何角度不合理 ②槽型不合理 ③切削速度太低	①加大前角 ②选择合理的槽型 ③提高切削速度
切削黏刀	刀片材质不合理	更换为 M 或 K 类刀片
切屑飞溅	①进给量过大 ②工件材料过脆	①调整切削用量 ②增加导屑器或挡屑器

3.8.4 对刀方法

同类型的数控车床采用的对刀形式可以有所不同，这里介绍常用的几种方法。

(1) 采用 G50 指令建立工件坐标系时的对刀

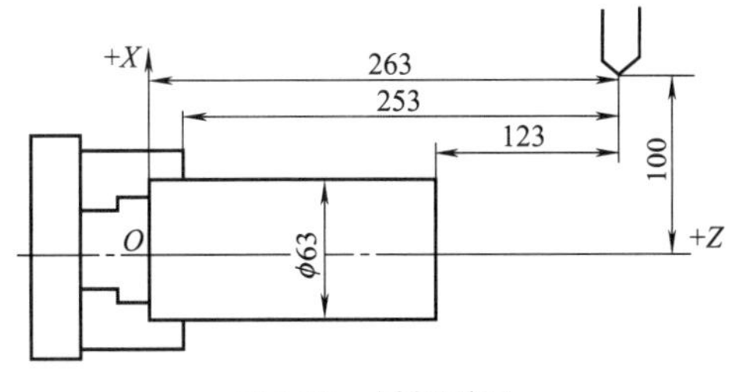

图 3-50 试切对刀

该指令指定了刀具起点在工件坐标系中的坐标值。工件装夹后，工件坐标系原点在机床上的位置即已确定，对刀就是使刀具的刀位点在程序运行前准确位于 G50 要求的坐标位置上，从而建立工件坐标系。如图 3-50 所示，当以工件左端面为编程原点时，指令为 G50 X200 Z263；当以工件右端面为编程原点时，指令为 G50 X200 Z123。执行 G50 指令前必须先对刀，将刀位点置于程序要求的起刀点处。刀具每加工完一件后，必须回到 G50 指定的起刀点。

若加工时用到多把刀具，这种方法必须有一基准刀。对刀时先对基准刀，其他刀具相对于基准刀来设置偏差补偿值。对刀时设卡盘前端面为对刀基准，程序原点为图中 O 点，建立工件坐标系指令为：G50 X200 Z263。

设程序中用到1号刀具和2号刀具，1号刀为基准刀具，对刀过程如下。

① 基准刀对刀

a. 手动执行机床回参考点。

b. 试切端面，沿 X 轴正方向退刀，保持 Z 坐标不变，测得工件右端面距卡盘前端面的距离 $L=131$，此时屏幕显示 Z 坐标值：Z297.421。

c. 试切外圆，沿 Z 轴正方向退刀，保持 X 坐标不变，测得工件直径为63，此时屏幕显示的 X 坐标值：X265.763。

d. 为了将刀位点移动到起刀点位置（200，263）上，将屏幕显示的 X 坐标值增加 $200-63=137$，Z 轴坐标增加 $263-131=132$ 即可。移动刀具使屏幕显示的 X 坐标值为 $265.763+137=402.763$，Z 坐标值为 $297.421+132=429.421$ 即可。

e. 执行程序段 G50 X200 Z263，刀架不移动，屏幕上显示的坐标值则变为X200、Z263。至此，刀尖的实际位置与屏幕上显示的坐标值一致了，即统一到工件坐标系下。

② 非基准刀具对刀

a. 调2号刀具，使2号刀具转动到当前位置。

b. 沿 Z 轴方向对刀。手动将2号刀具刀尖轻轻靠上零件端面，此时屏幕上 W 坐标处数值即为2号刀与基准刀刀尖在 Z 轴方向的安装位置偏差；输入 Z 轴方向的安装位置偏差。

c. 沿 X 轴方向对刀。手动将2号刀具刀尖轻轻靠上 $\phi63$ 外圆，此时屏幕上 U 位置处的数值即为2号刀具与基准刀具刀尖在 X 轴方向的安装位置偏差；输入 X 轴方向的安装位置偏差。

若加工中用到多把刀，非基准刀具的对刀与2号刀相同。

(2) 采用G54～G59零点偏置建立工件坐标系时的对刀

在选择G54～G59工件坐标系时，对刀后得到的工件原点在机床坐标系中的坐标值要输入到数控系统的零点偏置寄存器中，使用时直接在程序中指定G54～G59之一，便建立了工件坐标系。仍以图3-50为例，对刀过程如下。

① 基准刀对刀

a.～c. 过程与G50设定工件坐标系时的基准刀对刀过程相同。

d. 计算 X 坐标值：$265.763-63=202.763$；Z 坐标值：$297.421-131-(263-253)=156.421$。

e. 将计算得到的X202.763、Z156.421输入到数控系统零点偏置寄存器G54中。在建立工件坐标系时直接执行G54指令即可。

② 非基准刀具对刀　2号刀具对刀过程与G50设定工件坐标系时2号刀的对刀方法完全相同。

(3) 直接用刀具试切对刀

前面所述对刀过程中的坐标计算较为烦琐，目前很多数控装置允许使用操作面板上的相关按钮（如FANUC 0i系统中的“测量”按钮）直接把对刀测量得到的数据输入到数控系统中，由系统完成有关的计算，大大简化了对刀操作。该方法在加工前无需定义基准刀，可以对全部刀具直接试切对刀。将每把刀具试切时测得的 X、Z 值在刀具调整屏幕菜单下直接输入，系统会自动计算出每把刀具的偏移量。仍以图3-50为例，对刀过程如下。

① 手动执行机床回参考点。

② 试切端面，沿 X 轴正方向退刀，保持 Z 坐标不变，主轴停止，测得工件右端面距卡盘前端面的距离 $L=131$，此时调出刀具偏置设置界面，把光标移动到刀号（如 T01）处，在几何形状参数中输入 $Z141$，然后按“测量”软键。

③ 试切外圆，沿 Z 轴正方向退刀，保持 X 坐标不变，主轴停止，测得工件直径为 63，此时调出刀具偏置设置界面，把光标移动到刀号（如 T01）处，在几何形状参数中输入 X63，然后按“测量”软键。

(4) 机内对刀装置对刀

图 3-51 所示为在数控车床上使用的一种机内人工对刀光学对刀仪，使用时把对刀仪固定安装在车床床身的某一位置，然后将基准刀安装在刀架上，调整对刀仪的镜头位置或移动刀架，使显微镜内的十字线交点对准基准刀的刀尖点，以此作为其他刀具安装或测量的基准。

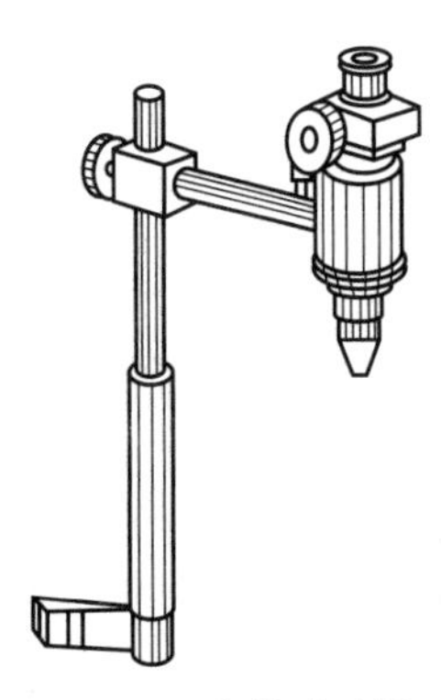

图 3-51 光学对刀仪

(5) 机外对刀仪对刀

当加工零件复杂、使用刀具数量较多时，消耗在对刀上的辅助时间比例就会增加。这种情况下，如果有一定的机床数量，可以考虑采用机外对刀仪。使用机外对刀仪的最大优点是对刀过程不占用机床的时间，从而可提高数控车床的利用率。这种对刀方法的缺点是刀具必须连同刀夹配套使用。

3.9 加工不同材料工件车刀的选择

3.9.1 淬火钢的车削

(1) 淬火钢的切削加工特点

淬火钢的硬度高、强度大，属于难加工材料。其切削加工性很差，主要特点表现在以下几方面。

① 切削力大　由于马氏体组织强度大，其屈服强度接近抗拉强度，塑性变形抗力增大。切削加工时，切削层单位面积切削力（单位切削力）达 2649N/mm^2，比正火状态（187HB）下的单位切削力（1962N/mm^2）高 35%。特别是加工片状马氏体时，切削刃所受应力更大。

② 刀具磨损快　由于马氏体组织硬度高，且有弥散的细小碳化物硬质点，对刀具的磨损作用很大，加之马氏体的热导率小，切削温度高，更加剧刀具磨损，使刀具寿命缩短，很难用普通刀具材料进行顺利切削。

③ 能获得较小的已加工表面粗糙度值　由于钢在淬火后塑性大大降低，切削时塑性变形小，虽然切屑呈带状，但较脆容易折断，不易黏刀和产生积屑瘤，能获得较小的已加工表面粗糙度值。当刀具材料和切削条件选择适宜时，能达到以车代磨的效果。

(2) 车削淬火钢的常用刀具材料及切削用量的选择

① 刀具材料的选择　由淬火钢的切削加工性可知，加工淬火钢时，切削刃负荷重、磨损快。因此应选择红硬性高、耐磨性高、强度及抗冲击能力好的刀具材料。当淬火钢的硬度

(45～65HRC）较高时，若用普通硬质合金刀具加工，只能在很低的切削速度下切削，且刀具寿命很短。这时，应选用 YT726、YT758、YG610、YT05、YN10、YC12、YM052、YG8N 等牌号的硬质合金。

金属陶瓷和立方氮化硼也是切削淬火钢的有效刀具材料。由于立方氮化硼刀具价格几乎是陶瓷刀具的 10 倍，加工淬火钢时，一般情况下采用金属陶瓷更经济合理。

② 切削用量选择　由于淬火钢硬度高，切削力大，且通常是工件毛坯粗加工后才进行淬火，加工余量不大，故宜采用较小的背吃刀量和进给量，以减轻切削刃负荷。一般，背吃刀量 a_p=0.1～2mm，进给速度 f=0.05～0.5mm/r，硬度高者取小值。

切削速度可根据最佳切削温度的概念来选取。当温度超过 400℃以上时，由于回火马氏体组织发生分解，钢的强度和硬度将大幅度下降，而硬质合金刀具材料的硬度却下降很少。因此，用硬质合金切削淬火钢时，切削速度在满足刀具寿命要求时，可适当高些。所选切削用量最好使刀刃处的切屑颜色呈红色或暗红色较为合适，在背吃刀量 a_p≈1mm、进给速度 f=0.2mm/r、硬度为 38～60HRC 时，切削速度在 30～85m/min 范围内。硬度对速度的选取起决定性作用，硬度高者速度取小值，当淬火钢硬度增至 65HRC 时，切削速度将降至 0.16m/s(10m/min) 以下。若采用金属陶瓷和立方氮化硼车刀进行精车，其切削速度可提高到 100～300m/min。

此外，由于切削淬火钢时，切削层单位面积切削力大，加之刀具通常采用负前角、负刃倾角和较小的主偏角，使背向力 F_p 较大。因此，要求机床的工艺系统刚性要好，以避免产生振动。车削淬火钢的刀具材料及切削用量选择如表 3-19 所示。

表 3-19　车削淬火钢的刀具材料及切削用量选择

工件材料	刀具材料	刀具几何参数		切削用量		
		γ_o	α_o	v_c/(m/min)	a_p/mm	f/(mm/r)
淬火钢	YG,YS	−10°～0°	−10°～8°	30～75	0.1～2	0.05～0.3
	T	−10°～8°	−10°～8°	60～120		
	PCBN	0°	−10°～8°	100～200		

（3）车削淬火钢的典型车刀

图 3-52 所示是车削淬火钢的机夹陶瓷外圆车刀。刀片采用 AG2 陶瓷刀片，上压式装夹，适合车削 GCr15 淬火钢（60～65HRC）。其中，切削速度 v_c=75～140m/min，进给量 f=0.23～0.25mm/r，背吃刀量 a_p=0.5～0.71mm，已加工表面粗糙度 Ra0.8μm，效率比磨削提高 3 倍。

前角和副前角都采用较小的负值，使切削力不致过大。为提高刀刃强度，负倒棱 b_{r1}=(0.5～1)f，γ_{o1}=15°。较小的主偏角，使得刀尖角比较大。

3.9.2　不锈钢的车削

（1）不锈钢材料的车削特性

不锈钢按其化学成分可分为铬不锈钢和铬镍不锈钢两类。常用的铬不锈钢，铬的质量分数为 12%、17%和 27%等，其抗腐蚀性能随着含铬量的增加而增加。常用的铬镍不锈钢铬的质量分数为 17%～20%，镍的质量分数为 8%～11%。铬镍不锈钢的抗腐蚀性能及力学性能都比铬不锈钢高。不锈钢切削加工性较差，主要表现在以下几个方面。

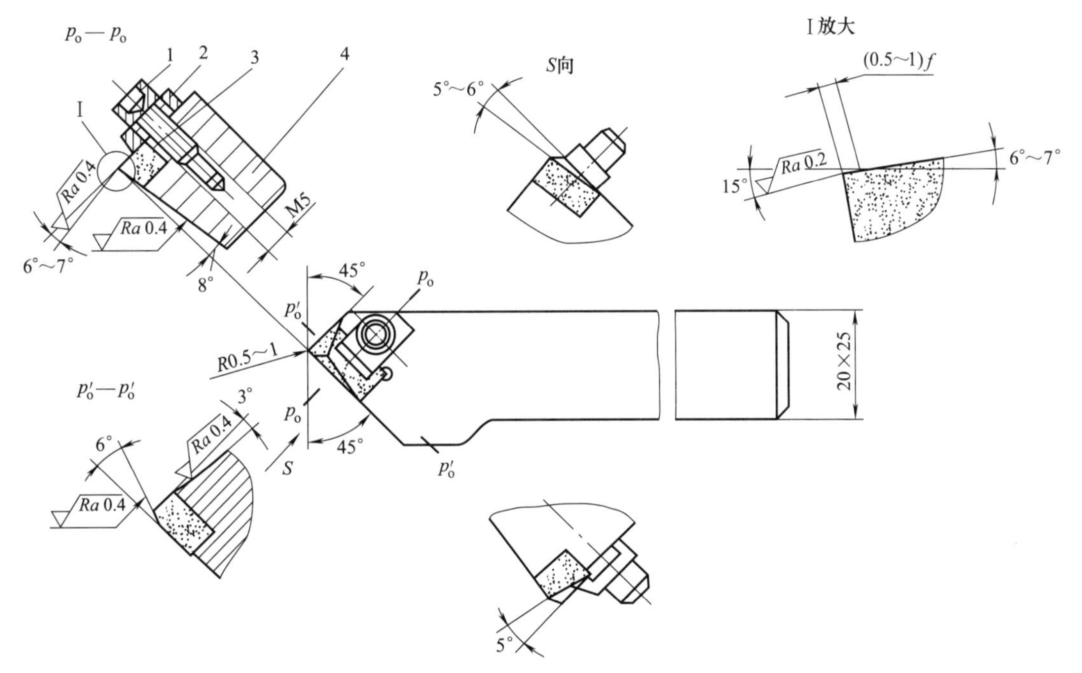

图 3-52　车削淬火钢的机夹陶瓷外圆车刀

① 塑性高　加工硬化严重，切削抗力增大。例如，奥氏体不锈钢 1Cr18Ni9Ti，其强度和硬度虽与中碳钢相近，但由于塑性大，其延伸率超过 45 钢 1.5 倍以上，切削加工时塑性变形大。由于加工硬化，剪切滑移区金属材料的切应力增大，使总的切削抗力增大，其单位切削力比正火状态 45 钢约高 25%。

② 切削温度高，刀具容易磨损　切削不锈钢时，其切削温度比切削 45 钢高 200～300℃。磨损主要原因：一是由于切削抗力大，消耗功率多；二是不锈钢导热性差，如 1Cr18Ni9Ti 的热导率［16.33～22.2W/(m・K)］只有 45 钢的 1/3，切削热导出较慢使切削区和刀面上的温度升高；三是不锈钢材料中的高硬度碳化物（如 TiC 等）形成的硬质点对刀面的摩擦以及加工硬化等原因，使刀具容易磨损。

③ 容易黏刀和生成积屑瘤　因为不锈钢的塑性大，黏附性强，特别是切削含碳量较低的不锈钢，如奥氏体不锈钢 1Cr18Ni9Ti、马氏体不锈钢 1Cr13 等更容易生成积屑瘤，影响已加工表面质量，难以得到光洁的表面。

④ 切屑不易卷曲和折断　由于不锈钢塑性高、韧性大，且高温强度高，故切削时切屑不易折断。解决断屑和排屑问题，也是切削不锈钢的难点之一。

⑤ 热变形大　不锈钢的线胀系数（1Cr18Ni9Ti 的线胀系数为 16.6×10^{-6}/℃）比铸铁、碳钢的［(10.6～12.4)$\times10^{-6}$/℃］都大，所以精加工时要特别注意热膨胀和热变形对零件尺寸和形位精度的影响。

(2) 车削不锈钢的刀具

① 刀具材料　常用的刀具材料有硬质合金和高速钢两大类。在硬质合金材料中，YG6 和 YG8 用于粗车、半精车及切断，其切削速度 v_c＝50～70m/min，若充分冷却，可以提高刀具的耐用度；YT5、YT15 和 YG6X 用于半精车和精车，其切削速度 v_c＝120～150m/min，当车削薄壁零件时，为减少热变形，要充分冷却；YW1 和 YW2 用于粗车和精车，切

削速度可提高10%～20%，且刀具寿命较高。若高速钢W12Cr4V4Mo和W2Mo9Cr4VCo8用于具有较高精度螺纹、特形面及沟槽等的精车，其切削速度v_c=25m/min，在车削时，使用切削液进行冷却，以减小零件的表面粗糙度和刀具磨损；W18Cr4V用于车削螺纹、成形面、沟槽及切断等，其切削速度v_c=20m/min。

② 刀具几何参数　刀具切削部分的几何角度，对于不锈钢切削加工的生产率、刀具的寿命、被加工表面的粗糙度、切削力，以及加工硬化等方面都有很大的影响。

a. 前角γ_0。前角过小时，切削力增大、振动增大，工件表面起波纹，切屑不易排出，在切削温度较高的情况下，容易产生积屑瘤；当前角过大时，刀具强度降低，刀具磨损加快，而且易打刀。因此用硬质合金车刀车削不锈钢材料时，若工件为轧制锻坯，则可取$\gamma_0=12°\sim20°$；若工件为铸件，则可取$\gamma_0=10°\sim15°$。

b. 后角α_0。因不锈钢的弹性和塑性都比普通碳钢大，所以后角过小时，其切削表面与车刀后面接触面积增大，摩擦产生的高温区集中于车刀后面，使车刀磨损加快，被加工表面的粗糙度值增大。因此，车刀后角要比车削普通钢材的后角稍大，但过大时又会降低切削刃强度，影响车刀寿命，一般取$\alpha_0=8°\sim10°$。

c. 主偏角κ_r。主偏角小，切削刃工作长度增加，刀尖角增大，散热性好，刀具寿命相对提高，但切削时容易产生振动。因此在工艺系统刚性足够的情况下，可以使用较小的主偏角（$\kappa_r=45°$）。用硬质合金车刀加工不锈钢，一般情况下粗车时主偏角取75°，精车时为90°。

d. 刃倾角λ_s。刃倾角影响切屑的形成和排屑方向以及刀头强度。通常，取$\lambda_s=-5°\sim0°$；当断续车削不锈钢工件时，可取$\lambda_s=-10°\sim-5°$。

e. 排屑槽圆弧半径R。由于车削不锈钢时不易断屑，如果排屑不好，切屑飞溅容易伤人和损坏工件已加工表面。因此，应在前刀面上磨出圆弧形排屑槽，使切屑沿一定方向排出。其排屑槽的圆弧半径和槽的宽度随着被加工直径、背吃刀量、进给量的增大而增大，圆弧半径一般取2～7mm，槽宽取3.0～6.5mm。

f. 负倒棱。刃磨负倒棱的目的在于提高切削刃强度，并将切削热量分散到车刀前面和后面，以减轻切削刃磨损，提高刀具寿命。负倒棱的大小，应根据被切削材料的强度、硬度以及刀具材料抗弯强度、进给量决定。倒棱宽度和负角值均不宜过大。一般当工作材料强度和硬度越高、刀具材料抗弯强度越低、进给量越大时，倒棱的宽度和负角值应越大。当背吃刀量a_p=2mm，进给量f=0.3mm/r时，取倒棱宽度等于进给量的0.3～0.5倍，倒棱负角等于−10°～−5°；当背吃刀量a_p=2mm，进给量f=0.7mm/r时，取倒棱宽度等于进给量的0.5～0.8倍，倒棱负角等于−25°。

（3）切削用量的选择

不锈钢因含铬和镍的量不同，其力学性能有明显差异，切削加工时选用的切削用量也随之不同。一般可根据不锈钢材料的硬度、刀具材料、刀具的几何形状和几何角度及切削条件来选择切削用量。例如，车削1Cr18Ni9Ti不锈钢，切削用量选择如下：

粗车时，a_p=2～7mm，f=0.2～0.6mm/r，v_c=50～70m/min；

精车时，a_p=0.2～0.8mm，f=0.08～0.3mm/r，v_c=120～150m/min。

（4）车削不锈钢的几种典型刀具

图3-53所示是车削奥氏体不锈钢机夹式外圆车刀，刀具材料采用YG831、YW3或YG8N。前刀面有槽宽w_n=2～3mm、槽深h=1～1.5mm的圆弧断屑槽，既可得到较大前

角，又使刀尖强度较好，切屑容易卷曲和折断。选较大的前角（$\gamma_0=18°\sim20°$）和较小的负倒棱（$\gamma_{o1}=0°\sim-3°$，$b_{o1}=0.1\sim0.2$mm）的窄倒棱，以保持刀刃锋利，减少塑形变形和加工硬化，提高刀具寿命。后角取较大的值（$\alpha_0=8°\sim10°$），以减小刀具后面与工件表面的摩擦和加工硬化。为加强刀尖强度，取负刃倾角 $\lambda_s=3°\sim8°$，并取切削速度 $v_c=60\sim105$m/min，进给量 $f=0.2\sim0.3$mm/r ，$a_p=2\sim4$mm。

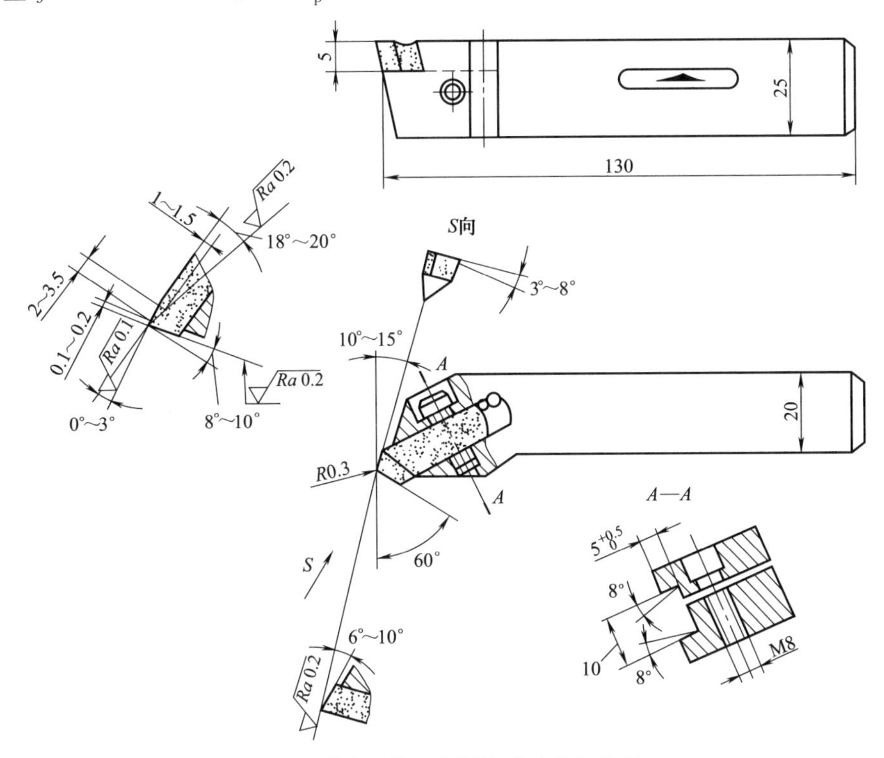

图 3-53 车削奥氏体不锈钢机夹式外圆车刀

3.10 数控车床刀具补偿的应用

3.10.1 刀具位置补偿

刀具位置补偿用来补偿实际刀具与编程中的假想刀具（基准刀具）的偏差。如图 3-54 所示为 X 轴偏置量和 Z 轴偏置量。

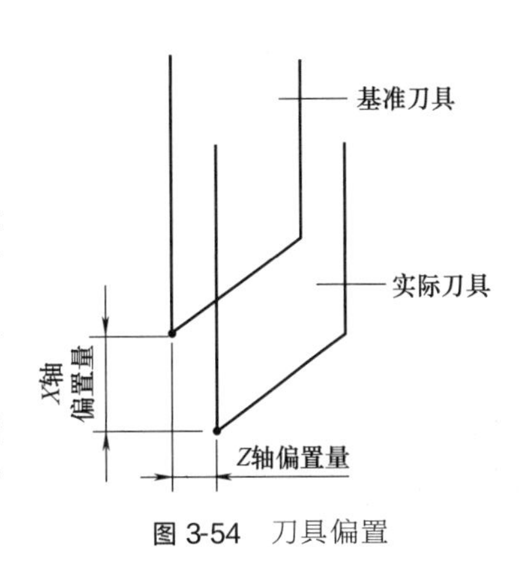

图 3-54 刀具偏置

在 FANUC 0i 系统中，刀具偏移由 T 代码指定，程序格式为：T 加四位数字。其中前两位是刀具号，后两位是补偿号。刀具偏移可分为刀具几何偏移和刀具磨损偏移，后者用于补偿刀尖磨损，如图 3-55 所示。

刀具补偿号由两位数字组成，用于存储刀具位置偏移补偿值，存储界面如图 3-56 所示，该界面上的 X、Z 地址用于存储刀具位置偏移补偿值。

程序上的点
假想的工具
X轴几何偏移值
X轴磨损偏移值
实际刀具
Z轴几何偏移值
Z轴磨损偏移值

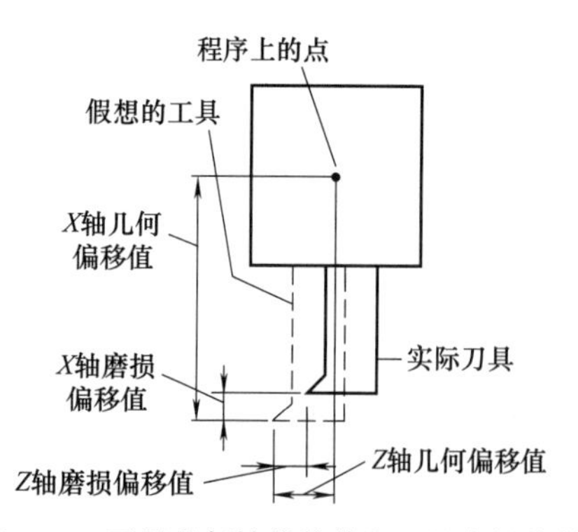

图 3-55 刀具几何补偿偏移和刀具磨损偏移

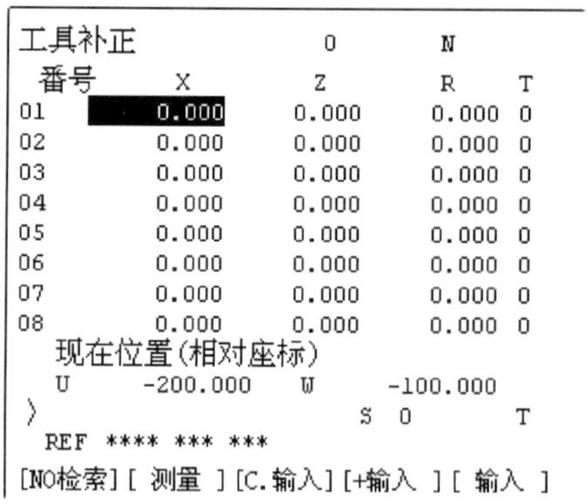

工具补正 O N
番号 X Z R T
01 0.000 0.000 0.000 0
02 0.000 0.000 0.000 0
03 0.000 0.000 0.000 0
04 0.000 0.000 0.000 0
05 0.000 0.000 0.000 0
06 0.000 0.000 0.000 0
07 0.000 0.000 0.000 0
08 0.000 0.000 0.000 0
现在位置(相对座标)
U -200.000 W -100.000
〉 S 0 T
REF **** *** ***
[NO检索][测量][C.输入][+输入][输入]

图 3-56 数控车床的刀具补偿设置界面

3.10.2 刀尖圆弧半径补偿

编程时，常用车刀的刀尖代表刀具的位置，称刀尖为刀位点。实际上，刀尖不是一个点，而是由刀尖圆弧构成的，如图 3-57 中的刀尖圆弧半径为 r。车刀的刀尖点并不存在，称为假想刀尖。为方便操作，采用假想刀尖对刀，用假想刀尖确定刀具位置，程序中的刀具轨迹就是假想刀尖的轨迹。

如图 3-57 所示的假想刀尖的编程轨迹，在加工工件的圆锥面和圆弧面时，由于刀尖圆弧的影响，导致切削深度不够（见图中画剖面线部分），而程序中的刀尖圆弧半径补偿指令可以改变刀尖圆弧中心的轨迹（见图中虚线部分），补偿相应误差。

没有刀具半径补偿加工轮廓
没有半径补偿切削深度不够
F
车刀
r
有刀具半径补偿加工轮廓(编程路线)
工件
实际刀尖
假想刀尖

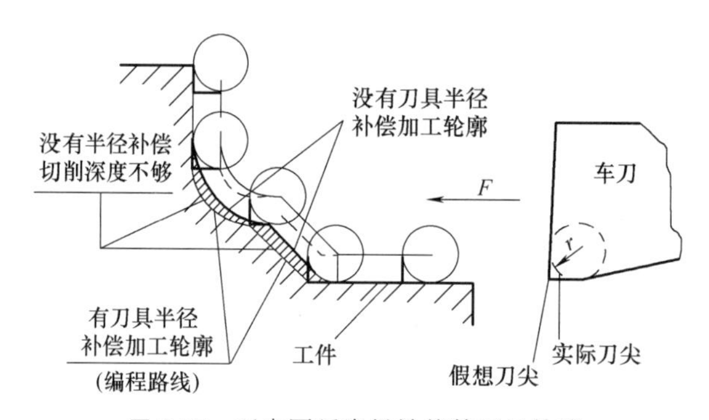

图 3-57 刀尖圆弧半径补偿的刀具轨迹

3.10.3 刀尖圆弧半径补偿指令

G41——刀尖圆弧半径左补偿，刀尖圆弧圆心偏在进给方向的左侧，如图 3-58（a）所示。

F
F

(a) G41左补偿 (b) G42右补偿

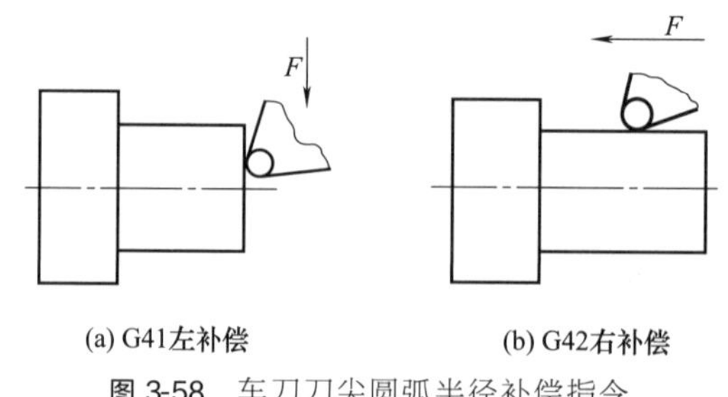

图 3-58 车刀刀尖圆弧半径补偿指令

G42——刀尖圆弧半径右补偿，刀尖圆弧圆心偏在进给方向的右侧，如图 3-58（b）所示。

G40——取消刀尖圆弧半径补偿。

3.10.4 刀尖圆弧半径补偿值、刀尖方位号

刀尖圆弧半径补偿值存储于刀具补偿号中，如图 3-56 所示。该界面上的 R 地址用于存储刀尖圆弧半径补偿值，界面上的 T 地址用于存储刀尖方位号。

车刀刀尖方位用 0～9 十个数字表示，如图 3-59 所示，其中 1～8 表示在 XZ 面上车刀刀尖的位置；0、9 表示在 XY 面上车刀刀尖的位置。

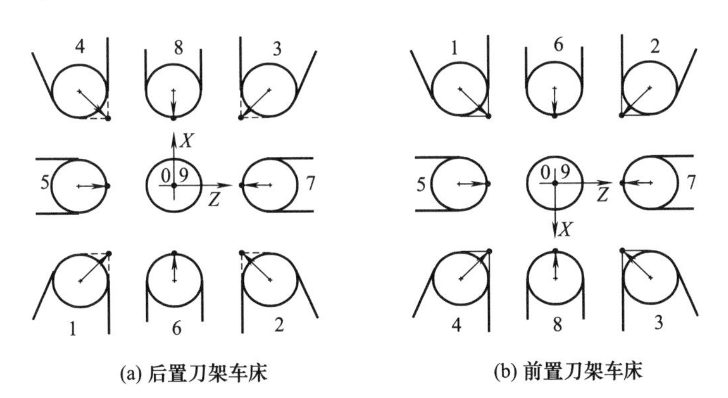

(a) 后置刀架车床　　(b) 前置刀架车床

图 3-59　车刀刀尖方位号

3.10.5 刀尖圆弧半径补偿指令的使用要求

用于建立刀尖圆弧半径补偿的程序段，必须是使刀具直线运动的程序段，也就是说 G41、G42 指令必须与 G00 或 G01 直线运动指令组合，不允许在圆弧程序段中建立半径补偿。在程序中应用 G41、G42 补偿后，必须用 G40 取消补偿。

如图 3-60 所示的零件，已经粗车外圆，试应用刀尖圆弧半径补偿功能编写精车外圆程序。

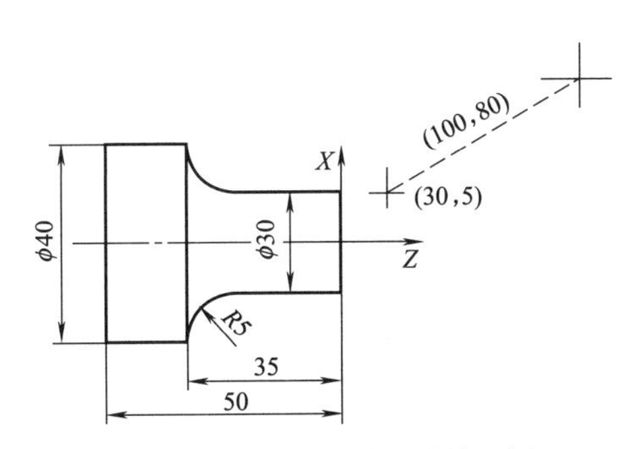

图 3-60　刀尖圆弧半径补偿示例

O1234；	
G50 X100.0 Z80.0；	设定工件坐标系,以零件右端面与轴线的交点作为工件坐标系原点
M03 S1000；	
T0202；	选 2 号精车刀,刀补表中设有刀尖圆弧半径

```
G00 G42 X30.0 Z5.0;              建立刀尖圆弧半径右补偿
G01 Z-30.0 F0.1;                 精车φ20外圆
G02 X40.0 Z-35.0 R5.0;           精车R5圆弧面
G01 Z-50.0;                      精车φ40外圆
G00 G40 X100.0 Z80.0;            取消刀尖圆弧半径补偿,退刀
M05;
M30;
```

数控加工中孔加工刀具

孔加工刀具是切削加工中使用最早的刀具之一，也是目前应用很广泛的一种刀具。孔加工在金属切削加工中占有重要地位，一般约占机械加工量的1/3。其中钻孔占22%～25%，其余孔加工占11%～13%。由于孔加工条件苛刻的缘故，孔加工刀具的技术发展要比车刀和铣刀迟缓一些，许多机械加工部门至今仍采用高速钢麻花钻。近些年来，中、小批量生产越来越要求生产的高效率、自动化以及加工中心的飞跃发展与普及，促进了孔加工刀具技术的发展。

4.1 钻削过程及其基本原理

钻削是在实体材料上加工孔的最常用的方法，其加工尺寸精度可达IT12～IT11，表面粗糙度可达Ra12.5～6.3μm，它可作为攻螺纹、铰孔、镗孔和扩孔等的预备加工。

(1) 钻削运动

钻削时的切削运动同车削一样，也是由主运动和进给运动所组成的。其中，钻头（在钻床上加工时）或工件（在车床上加工时）的旋转运动为主运动；钻头的轴向运动为进给运动。

(2) 钻削用量

① 钻削速度　钻削速度v_c是指切削刃上选定点m相对于工件的主运动的瞬时速度，即

$$v_c=\frac{\pi dn}{1000} \tag{4-1}$$

式中，d为钻头直径，mm；n为钻头或工件的转速，r/min。

② 进给量和每齿进给量　钻头或工件转一转时，钻头相对于工件的轴向位移（或在进给方向的位移量）称为进给量，用符号f表示，单位为mm/r。由于麻花钻有两个切削刃，故每齿进给量为

$$f_z=\frac{f}{2} \tag{4-2}$$

③ 背吃刀量　背吃刀量a_p是在基面上垂直于进给运动方向度量的尺寸，它是钻头的半径，即$a_p=d/2$。当孔径较大时，可采用钻-扩加工，这时钻头直径约为孔径的70%。

(3) **钻削的工艺特点**

钻削属于内表面加工，钻头的切削部分始终处于一种半封闭状态，切屑难以排出，而加工产生的热量又不能及时散发，导致切削区温度很高。浇注切削液虽然可以使切削条件有所改善，但由于切削区是在内部，切削液最先接触的是正在排出的热切屑，待其到达切削区时，温度已显著升高，冷却作用已不明显。钻头直径受被加工工件的孔径限制，为了便于排屑，一般在其上面开出两条较宽的螺旋槽，因而导致钻头本身的强度及刚度均较差，而横刃的存在，使钻头定心性差，易引偏，使孔径容易扩大，且加工后的表面质量差，生产效率低。因此，在钻削加工中，冷却、排屑和导向定心是三大突出而又必须重视的问题。尤其在深孔加工中，这些问题更为突出。下面针对钻削加工中存在的问题，介绍常采取的工艺措施。

① 导向定心问题

a. 预钻锥形定心孔。应先用小顶角、大直径麻花钻或中心钻钻一个锥形坑，再用所需尺寸的钻头钻孔。

b. 对于大直径孔（直径大于30mm），常采用在钻床上分两次钻孔的方法，即第一次按小于工件孔径钻孔，第二次再按要求尺寸钻孔。第二次钻孔时由于横刃未参加工作，因而钻头不会出现由此引起的弯曲。对于小孔和深孔，为避免孔的轴线偏斜，应尽可能在车床上加工。而钻通孔时，当横刃切出瞬间轴向力突然下降，其结果犹如突然加大进给量一样，易引起振动，甚至导致钻头折断，所以在孔将钻通时，须减少进给量，非自动控制机床应改机动为手动缓慢进给。

c. 刃磨钻头时，尽可能使两切削刃对称，使径向力互相抵消，减少径向引偏。

② 冷却问题　在实际生产中，可根据具体的加工条件，采用大流量冷却或压力冷却的方法保证冷却效果。在普通钻削加工中，常采用分段钻削、定时退出的方法对钻头和钻削区进行冷却。

③ 排屑问题　在普通钻削加工中，常采用定时退出的方法把切屑排出；在深孔加工中，要将钻头结构和其冷却措施相结合，以便压力切削液把切屑强制排出。

4.2 孔加工刀具的分类和用途

4.2.1 在实体工件上加工出孔的刀具

在实体工件上加工出孔的刀具一般包括麻花钻、扁钻、深孔钻和中心钻。

(1) **麻花钻**

麻花钻是使用最广泛的一种孔加工刀具，不仅可以在一般材料上钻孔，经过修磨后还可在一些难加工材料上钻孔。

麻花钻呈细长状属于粗加工刀具。两个对称的、较深的螺旋槽用来形成切削刃和前角，起着排屑和输送切削液的作用。沿螺旋槽边缘的两条棱边用于减小钻头与孔壁的摩擦面积。

麻花钻是一种形状复杂的孔加工刀具，它的应用较为广泛，常用来钻精度较低和表面较粗糙的孔。高速钢麻花钻的孔加工精度可达IT13～IT11，表面粗糙度可达 Ra25～6.3μm；硬质合金麻花钻的孔加工精度可达IT11～IT4，表面粗糙度可达 Ra12.5～3.2μm。

（2）扁钻

扁钻是使用最早的孔加工刀具。它就是把切削部分磨成一个扁平体，将主切削刃磨出锋角与后角一同形成横刃；将副切削刃磨出后角与副偏角一同控制钻孔直径。

扁钻具有制造简单、成本低的特点，因此，在仪表和钟表工业中直径 1mm 以下的小孔加工得到了广泛的应用。但由于其前角小，没有螺旋槽，因而排屑困难。近年来，由于结构上有较大改进，因此，在自动线和数控机床上加工直径 35mm 以上孔时也使用扁钻。

扁钻有整体式扁钻和装配式扁钻两种，如图 4-1 所示。整体式扁钻常用于在数控机床上对较小直径（<ϕ12mm）的孔进行加工，装配式扁钻常用于在数控机床和组合机床上钻、扩较大直径（ϕ25～125mm）的孔。

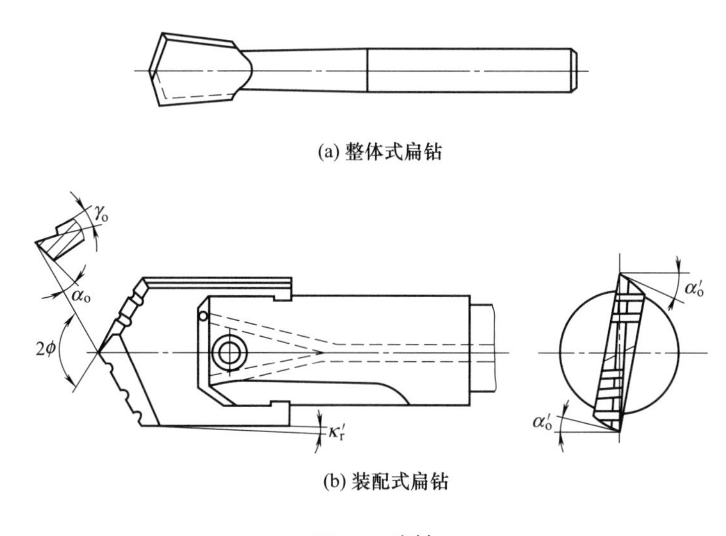

(a) 整体式扁钻

(b) 装配式扁钻

图 4-1　扁钻

（3）深孔钻

深孔钻是专门用于加工深孔的孔加工刀具。在机械加工中通常把孔深与孔径之比大于 6 的孔称为深孔。深孔钻钻削时，散热和排屑困难，且因钻杆细长而刚性差，易产生弯曲和振动，一般都要借助压力冷却系统解决冷却和排屑问题。深孔钻的结构及其工作原理将在后续内容中作详细介绍。

（4）中心钻

中心钻是用来加工轴类零件中心孔的孔加工刀具。钻孔前，应先打中心孔，以有利于钻头的导向，防止孔的偏斜。中心钻的结构主要有带护锥中心钻、无护锥中心钻和弧形中心钻三种形式，如图 4-2 所示。

4.2.2　对工件上已有孔进行再加工的刀具

（1）铰刀

铰刀属于精加工刀具，也可用于高精度孔的半精加工。由于铰刀齿数多，槽底直径大，其导向性及刚度好，而且铰刀的加工余量小，制造精度高，结构完善，因而铰刀的加工精度较高，一般可达 IT8～IT6，表面粗糙度可达 Ra1.6～0.2μm。其一般加工中小孔，铰孔操作方便，生产率高，且容易获得高质量的孔，因此在生产中应用极为广泛。

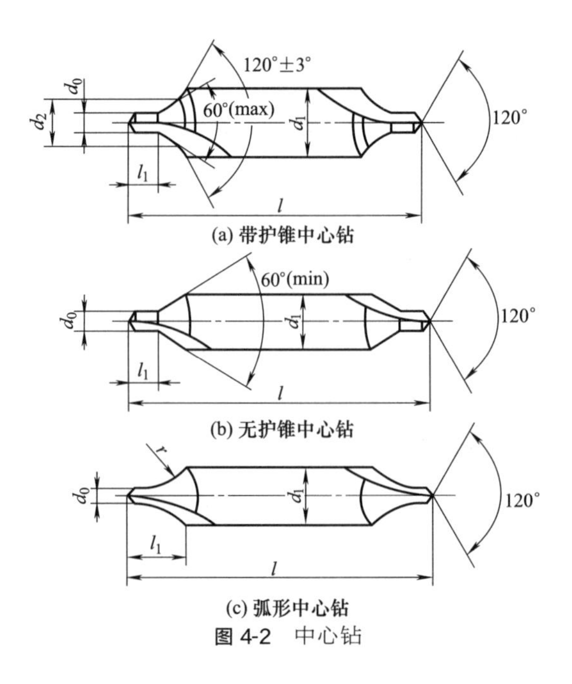

(a) 带护锥中心钻

(b) 无护锥中心钻

(c) 弧形中心钻

图 4-2 中心钻

(2) 镗刀

镗刀是一种很常见的扩孔用刀具，在许多机床上都可以用镗刀镗孔（如车床、铣床、镗床及组合机床等）。镗刀的加工精度可达 IT8～IT6，表面粗糙度可达 Ra6.3～0.8μm。镗刀常用于较大直径孔的粗加工、半精加工和精加工。

(3) 扩孔钻

扩孔钻通常用于铰或磨前的预加工或毛坯孔的扩大，其外形与麻花钻类似。扩孔钻通常有三或四个刃带，没有横刃，前角和后角沿切削刃的变化小，故加工时导向效果好，轴向抗力小。此外，由于扩孔钻主切削刃较短，容屑槽浅，刀齿数目多，钻心粗壮，刚度强，切削过程平稳，再加上扩孔加工余量小，因而扩孔时应采用较大的切削用量。扩孔钻的加工质量比麻花钻好，一般扩孔钻的加工精度可达 IT11～IT4，表面粗糙度可达 Ra6.3～3.2μm。常见扩孔钻的结构形式包括高速钢整体式扩孔钻、镶齿套式扩孔钻和硬质合金可转位式扩孔钻，如图 4-3 所示。

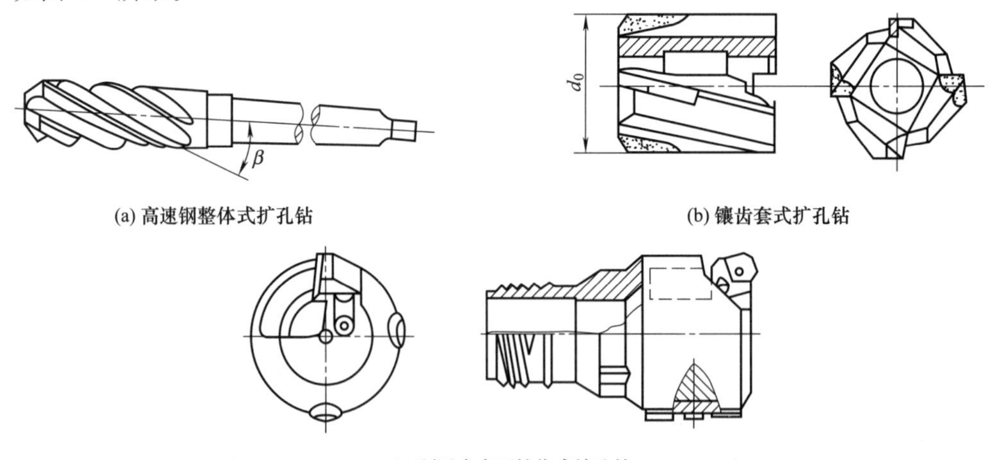

(a) 高速钢整体式扩孔钻

(b) 镶齿套式扩孔钻

(c) 硬质合金可转位式扩孔钻

图 4-3 扩孔钻

(4) 锪钻

锪钻用于在孔的端面上加工圆柱形沉头孔、加工锥形沉头孔或加工凸台表面，如图 4-4 所示。锪钻上的定位导向柱用来保证锪孔或端面与原来的孔有一定的同轴度和垂直度，导向柱可以拆卸，以便制造锪钻的端面齿。锪钻可制成高速钢整体结构或硬质合金镶齿结构。

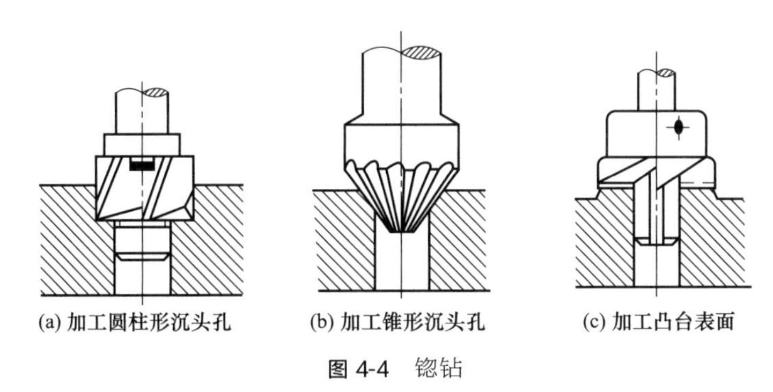

图 4-4 锪钻

4.3 麻花钻

麻花钻为钻削加工时最常见的刀具，用于孔的粗加工，其常用的规格为 ϕ0.1～80mm。按柄部形状可分为直柄麻花钻和锥柄麻花钻；按制造材料分为高速钢麻花钻和硬质合金麻花钻。硬质合金麻花钻一般制成镶片焊接式，直径 5mm 以下的硬质合金麻花钻通常制成整体式。

4.3.1 麻花钻的结构

麻花钻通常用高速钢材料制成，结构为整体式。标准锥柄麻花钻由柄部、颈部和工作部分组成，其结构如图 4-5 所示。

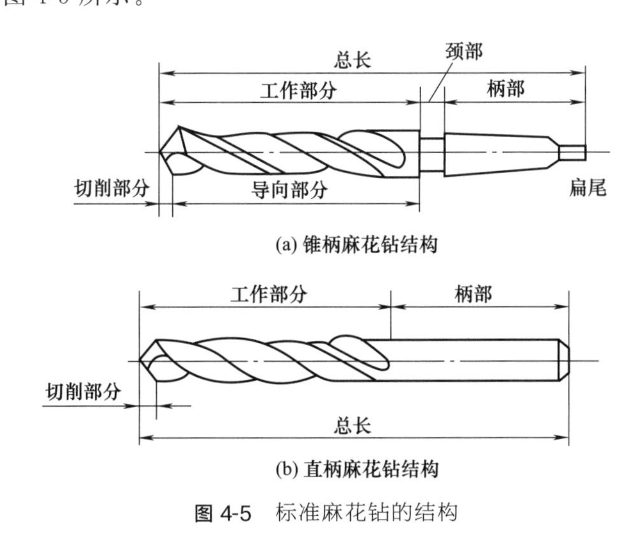

图 4-5 标准麻花钻的结构

(1) 柄部

柄部是钻头的夹持部分，用于与机床连接，并在钻孔时传递转矩和轴向力。麻花钻的柄部有锥柄和直柄两种。直径较大的麻花钻的柄部用锥柄，它能直接插入主轴锥孔或通过锥套插入主轴锥孔中，如图 4-5（a）所示，锥柄钻头的扁尾用于传递转矩，可通过它方便地拆卸钻头。直径小于 12mm 的小麻花钻的柄部用直柄，如图 4-5（b）所示。

(2) 颈部

麻花钻的颈部凹槽是磨削钻头柄部时的砂轮越程槽，槽底通常刻有钻头的规格及厂标。直柄钻头多无颈部。

(3) 工作部分

麻花钻的工作部分有两条螺旋槽，其外形很像麻花，因此而得名。它是钻头的主要部分，由切削部分和导向部分组成。

① 切削部分　切削部分担负着切削工作，由两个前面、两个主后刀面、两个副后刀面、两个主切削刃、两个副切削刃及一个横刃组成。横刃为两个主后刀面相交形成的刃，副后刀面是钻头的两条刃带，工作时与工件孔壁（即已加工表面）相对，如图 4-6 所示。

② 导向部分　导向部分是当切削部分切入工件后起导向作用的部分，也是切削部分的备磨部分。它包含刃沟、刃瓣和刃带。刃带是其外圆柱面上两条螺旋形的棱边，由它们控制孔的廓形和直径，保持钻头的进给方向。为减少导向部分与孔壁的摩擦，其外径（即两条刃带上）磨有（0.03～0.12)/40 的倒锥。钻心圆是一个假想的圆，它与钻头的两个主切削刃相切。钻心直径 d_c 约为钻头直径 d 的 0.15 倍，为了提高钻头的刚度，钻头的钻心由前端向后端逐渐加大（即正锥），递增量为（1.4～2.0)/40mm，如图 4-7 所示。

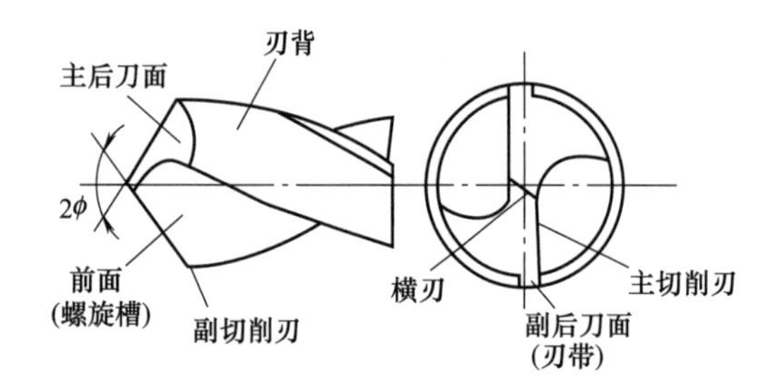

图 4-6　麻花钻切削部分的结构

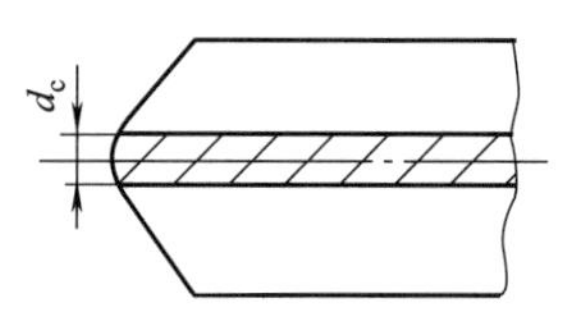

图 4-7　麻花钻钻心结构

4.3.2　麻花钻的几何参数

(1) 螺旋角

钻头的外缘表面与螺旋槽的交线为螺旋线，该外缘螺旋线展开成直线后与钻头轴线的夹角称为钻头的螺旋角，用符号 β 表示，如图 4-8 所示。

麻花钻的主切削刃在螺旋槽的表面上，主切削刃上任意点 m 的螺旋角 β_m 是指 m 点所在圆柱螺旋线的螺旋角，其计算公式为

$$\tan\beta_m=\frac{2\pi r_m}{P_h}=\tan\beta\frac{r_m}{R} \tag{4-3}$$

式中，r_m 为麻花钻主切削刃上选定点 m 的半径，mm；P_h 为螺旋槽导程，mm。

由此可见，麻花钻不同直径处的螺旋角 β 不同，外径处螺旋角最大，越接近中心螺旋角越小。螺旋角 β 实际上是钻头的进给前角。因此，螺旋角越大，钻头的进给前角越大，钻头越锋利，越有利于排屑。但是螺旋角过大，会削弱钻头的强度和散热条件，使钻头的磨损加剧。标准高速钢麻花钻的螺旋角 $\beta=18°\sim30°$。对于小直径的麻花钻，螺旋角应取较小值，

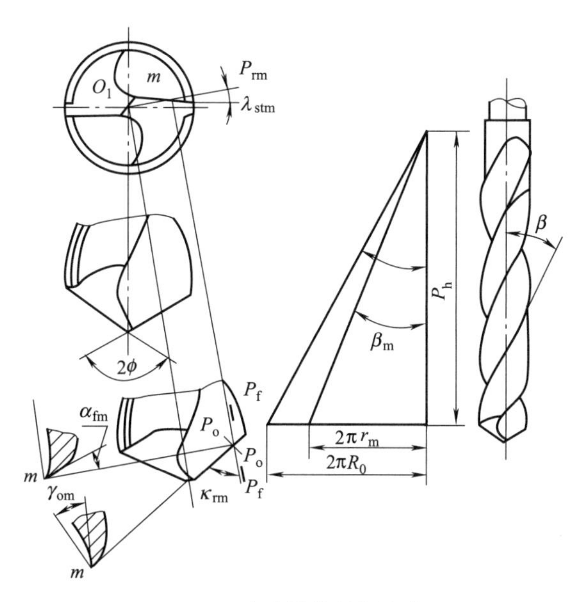

图 4-8　麻花钻的几何参数

以保证其刚度。

(2) 顶角、主偏角和端面刃倾角

麻花钻的顶角 2ϕ 为两主切削刃在与其平行的平面上的投影之间的夹角，标准麻花钻的顶角 2ϕ 一般为 118°，对于不同加工材料，麻花钻顶角的推荐值见表 4-1。

表 4-1　麻花钻顶角的推荐值

工件材料	顶角 2ϕ	工件材料	顶角 2ϕ
钢、铸铁、硬青铜	116°～120°	紫铜	125°
不锈钢、高强度钢、耐热合金	125°～150°	锌合金、镁合金	90°～100°
青铜、软青铜	130°	硬橡胶、硬塑料、胶木	50°～90°
铝合金、巴氏合金	140°		

主偏角 κ_{rm} 是在主切削刃上选定点 m 的基面内度量的假定进给平面与切削平面之间的夹角，也可说是主切削刃在基面内的投影与进给方向之间的夹角。由于主切削刃上各点的基面不同，因此，主切削刃上各点的主偏角也是变化的，越接近钻心，主偏角越小。主偏角与顶角的关系为：

$$\tan\kappa_{rm}=\tan\phi\cos\lambda_{stm} \tag{4-4}$$

式中，κ_{rm} 为主切削刃上选定点 m 的主偏角，(°)；λ_{stm} 为主切削刃上选定点 m 的端面刃倾角，(°)。

端面刃倾角计算公式为

$$\sin\lambda_{stm}=-\frac{d_0}{d_m} \tag{4-5}$$

式中，d_m 为主切削刃上选定点 m 所在位置圆的直径。

由式 (4-5) 可知，端面刃倾角为负值。这有利于切屑沿螺旋槽向后排出，但是常会挤伤孔壁，影响孔的加工质量。

(3) 前角

麻花钻的前角 γ_o 是在正交平面 P_o 内度量的前面与基面 P_r 之间的夹角。主切削刃上选定点 m 处的前角 γ_{om} 可用下式计算

$$\tan\gamma_{om}=\frac{\tan\beta_m}{\sin\kappa_{rm}}+\tan\lambda_{stm}\cos\kappa_{rm} \tag{4-6}$$

经计算可知：标准麻花钻的前角由外缘至钻心沿主切削刃逐渐减小，外缘处前角最大，而靠近钻心处其为绝对值很大的负值。

(4) 后角

麻花钻主切削刃上选定点 m 的后角 α_{fm} 是在假定进给平面内表示的切削平面与主后刀面之间的夹角。麻花钻主切削刃上各点的后角在外缘处最小，沿主切削刃往里逐渐增大。为了保证主切削刃上各点的后角相差不至于太大，因此，刃磨时常将麻花钻的后面刃磨成锥面或螺旋面，也有的刃磨成平面，其原则都是外小里大。麻花钻外缘处后角一般为 8°～28°，钻头直径越小后角越大。当直径为 9～18mm 时，后角一般取 12°。

(5) 副偏角和副后角

为了减少导向部分与孔壁的摩擦，除了国家标准中规定钻心直径 d_0＞0.75mm 的麻花钻在导向部分上有两条窄的刃带外，还应在钻心直径 d_0＞1mm 的麻花钻上磨有向柄部方向减小的直径倒锥量，从而形成副偏角。副偏角一般很小（$\kappa_r'=30''\sim2'4''$），而刃带可以看成圆柱面的一部分，由此可知副后角 $\alpha_o'=0°$。

(6) 横刃角度

横刃是两个主后刀面的交线，如图 4-9 所示。横刃角度包括横刃斜角、横刃前角和横刃后角。在端面投影上，横刃与主切削刃之间的夹角称为横刃斜角，用符号 ψ 表示，它是刃磨后刀面时形成的。标准高速钢麻花钻的横刃斜角 $\psi=50°\sim55°$。当后角磨得偏大时，横刃斜角减小，横刃长度增大。因此，在刃磨麻花钻时，可以观察横刃斜角的大小来判断后角磨得是否合适。

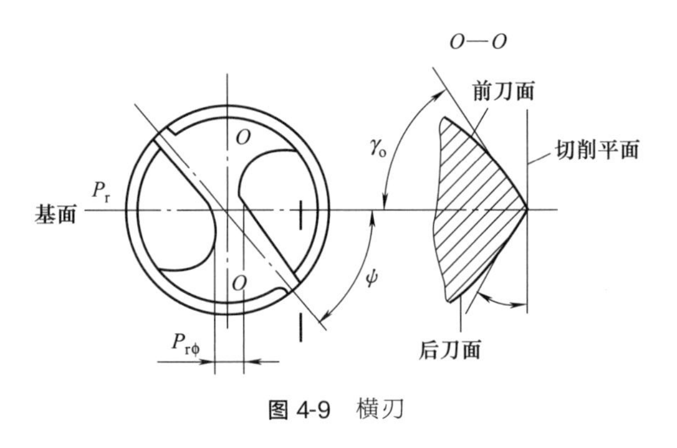

图 4-9　横刃

4.3.3 麻花钻的修磨

(1) 刃磨双重顶角

标准麻花钻的外缘是主、副切削刃的交点，此处磨损最快。可将该处修磨成双重顶角，第二顶角约为 70°～80°。当直径大于 50mm 时，还可磨出三重顶角，也可磨出圆弧刃（相当于多重顶角），如图 4-10 所示。其好处是使刀尖角 ε_r 增大，主切削刃工作长度增加，切削厚

度减薄，刀具特别是刀尖的强度和散热条件改善。但另一方面，由于切削厚度变薄，切削变形和单位面积切削力加大，所以对于塑性大的金属此类修磨办法不宜采用。

(2) 修磨横刃

麻花钻的横刃切削条件很差，可将横刃修磨缩短到原来长度的1/5～1/3，修磨后的横刃前角 $\gamma_{o\phi}$ 为 $-15°\sim0°$，有利于钻头的定心和减小轴向力，如图4-11所示。

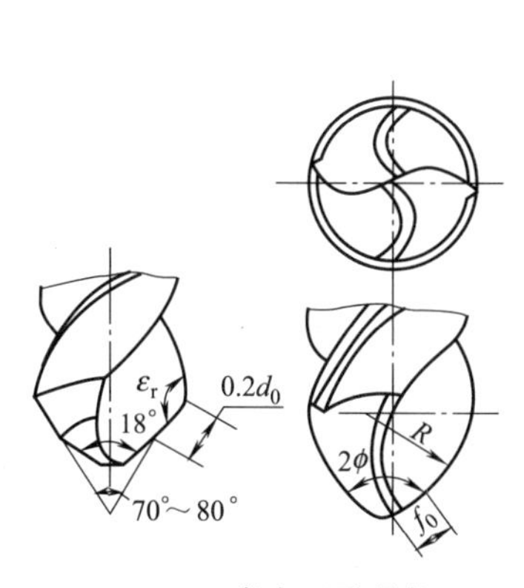

图4-10 磨出双重顶角

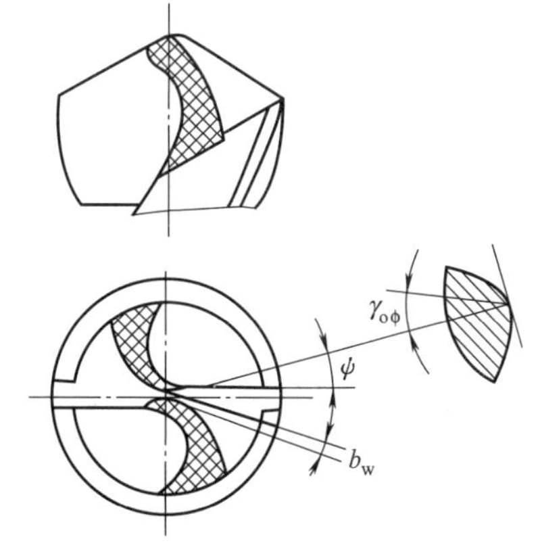

图4-11 修磨横刃

(3) 修磨前刀面

如图4-12所示，这种修磨是改变前角的大小和前刀面形式，以适应不同材料的加工。加工硬脆材料时，为保证切削刃的强度，可将靠近外缘处的前刀面磨平一些以减小前角，如图4-12(a)所示。加工强度很低的材料时，为了减小切削变形，可在前刀面上磨出卷屑槽，以增大前角，如图4-12(b)所示，使钻头切削轻快，改善已加工表面质量。

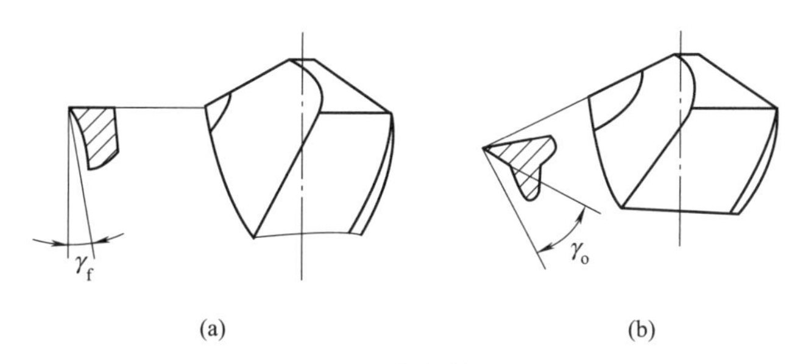

图4-12 修磨前刀面

(4) 修磨分屑槽

在钻削塑性材料或尺寸较大的孔时，为了便于排屑，可在两主切削刃的后刀面上交错磨出分屑槽，如图4-13所示。也可在前刀面上轧制出分屑槽，使切屑分割成窄条，以便于排屑。开分屑槽时，首先要保证槽深大于进给量，其次要使两个主切削刃后面上的分屑槽径向位置错开，再次分屑槽侧面应呈圆喇叭形，以保证侧刃(开分屑槽形成的)有一定的后角，否则挤压严重，效果反而更差。孔径越大、越深，开分屑槽的效果越好。

(5) 修磨刃带

加工软材料时，为了减小刃带与孔壁的摩擦，对于直径大于12mm的钻头，可根据图4-14所示对刃带进行修磨。修磨后钻头的耐用度可提高一倍以上，并能显著减小表面粗糙度。

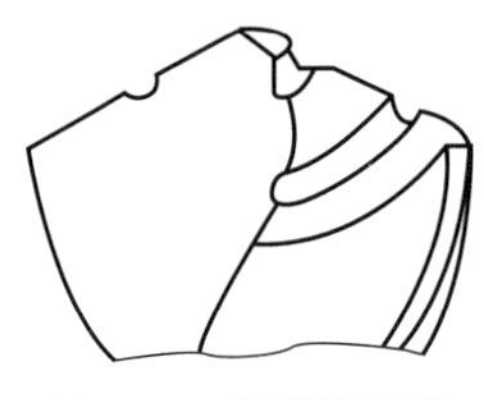

图 4-13　修磨分屑槽

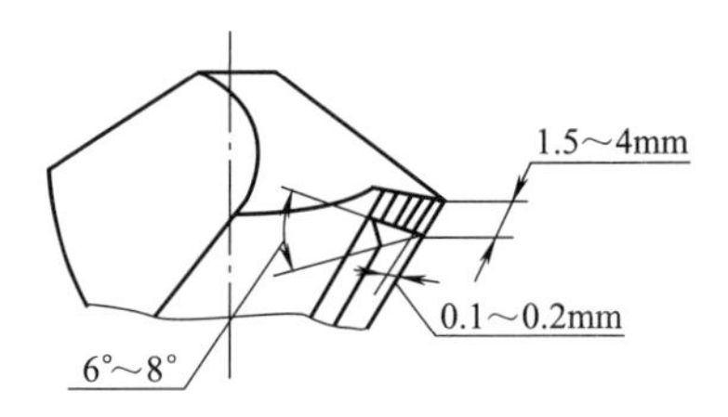

图 4-14　修磨刃带

以上是常见且简单易行的单项修磨措施，可根据具体的加工条件进行单项应用或组合应用，一般都是在先磨好的标准麻花钻的基础上进行修磨。麻花钻属于多刃刀具，除分屑槽外，其他均应注意两个刃瓣的对称，如果对称性不好，不仅单边出屑，而且会切削力不平衡，造成孔的歪斜、呈多边形或振动，刀具寿命也会缩短。

4.3.4 群钻

标准麻花钻的切削部分由两个主切削刃和一个横刃构成，最主要的缺点是横刃和钻心处的负前角大，切削条件不利。群钻是把标准麻花钻的切削部分磨出两条对称的月牙槽，形成圆弧刃，并在横刃和钻心处修磨形成两个内直刃。这样，加上横刃和原来的两个外直刃，就将标准麻花钻的“一尖三刃”磨成了“三尖七刃”，如图 4-15 所示。修磨后钻尖高度降低，横刃长度缩短，圆弧刃、内直刃和横刃处的前角均比标准麻花钻相应处大。因此，用群钻钻削钢件时，轴向力和转矩分别比标准麻花钻降低 30%～50%和 10%～30%，切削时产生的热量显著减少。标准麻花钻钻削钢件时，形成较宽的螺旋形带状切屑，不利于排屑和冷却。群钻由于有月牙槽，有利于断屑、排屑和切削液进入切削区，进一步减小了切削力和降低了切削热。由于以上原因，刀具寿命可比标准麻花钻提高 2～3 倍，或生产率提高 2 倍以上。群钻的三个尖顶，可改善钻削时的定心性，提高钻孔精度。为了钻削铸铁、紫铜、黄铜、不锈钢、铝合金和钛合金等各种不同性质的材料，群钻又有多种变形，但“月牙槽”和“窄横刃”仍是各种群钻的基本特点。

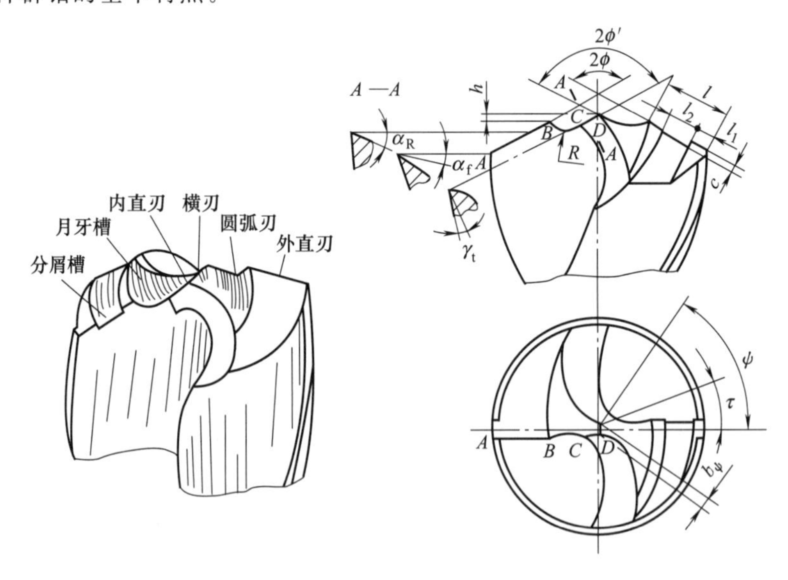

图 4-15　群钻

4.3.5 可转位浅孔钻

可转位浅孔钻是指钻孔深度小于 3 倍孔径的硬质合金可转位钻头。图 4-16 为可转位浅孔钻，它装有交错的两个可转位刀片，切屑排出通畅，切削背向力相互抵消，合力集中在轴向。可转位浅孔钻适用于在车床上加工中等直径的浅孔，如齿轮坯孔等。也可用于镗孔及车端面。由于这种钻头刚度很好，可进行高速、大进给量的切削，其切削效率比高速钢钻头高约 10 倍。

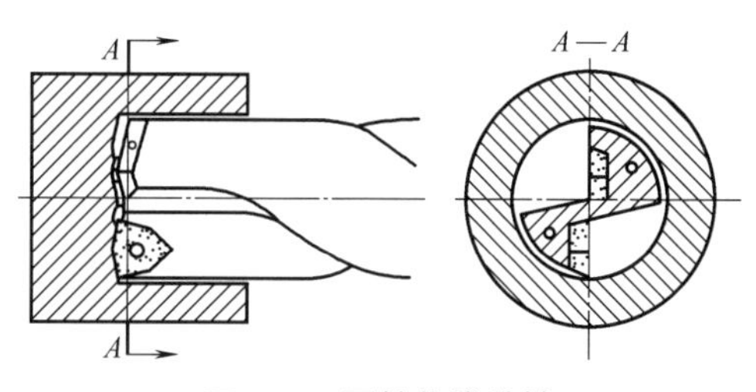

图 4-16 可转位浅孔钻

4.3.6 硬质合金麻花钻

加工脆性材料如铸铁、绝缘材料、玻璃等，采用硬质合金钻头，如图 4-17 所示，可显著提高切削效率。ϕ5mm 以下的硬质合金麻花钻都做成整体的；ϕ6～12mm 的可做成直柄镶片硬质合金麻花钻；ϕ6～30mm 的可做成锥柄镶片硬质合金麻花钻。它与高速钢麻花钻相比，钻心直径较大（d_c=(0.25～0.3)d），螺旋角 β 较小（β=20°），工作部分长度较短。刀体常采用 9SiCr 合金钢，并淬火到 50～62HRC，以提高钻头的刚度和强度，从而减少钻削时因振动而引起的刀片碎裂现象。

图 4-17 硬质合金麻花钻

使用硬质合金钻头，可比普通钻头选择更高的切削速度和进给量，所以要求刀具的夹持系统具有足够的刚度。一般，应避免使用普通钻夹头和夹套，因为它们无法提供足够的切削力，也无法保证精确的同心度。而采用液压刀柄可提供足够的同心度，可确保转矩的安全传递，如图 4-18（a）所示。另外，硬质合金钻头的刚度比高速钢钻头高 5 倍以上，所以应选用足够刚度的钻床。

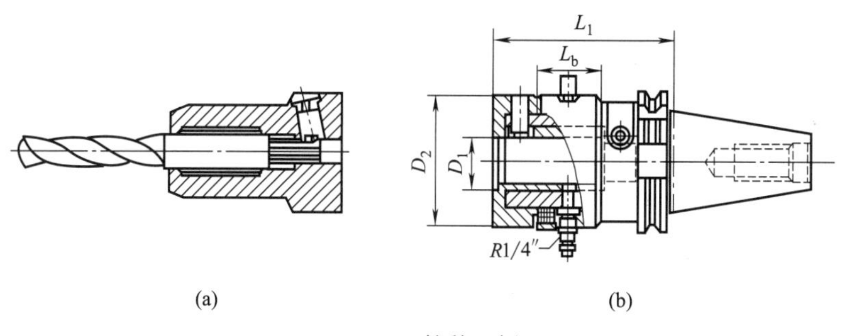

图 4-18 特种刀柄

可转位硬质合金钻头采用坚固的刀座设计，只需一把简单的扳手即可拆卸刀片，适合用来加工浅孔。选用CVD复合涂层刀片和先进的PVD涂层刀片，可提高刀具的耐用度。采用不同槽型标准的刀片可保证切削性能和出色的切屑控制。在车床上，配合带偏心调整机构的刀柄，如图4-18（b）所示，使钻体沿径向偏心，以加工出更大的孔径，从而避免在许多应用中使用非标刀具。

4.4 深孔钻

4.4.1 深孔加工的特点

深孔加工是一种难度较大的技术，到目前为止，仍处于不断改进、提高的阶段，这是因为深孔加工有其特殊性。

① 孔的深度与直径之比较大（一般≥5），钻杆细长，刚度差，工作时容易产生偏斜和振动，因此，孔的精度及表面质量难以控制。

② 切屑多且排屑通道长，若断屑不好，排屑不畅，则可能由于切屑堵塞而导致钻头损坏，无法保证孔的加工质量。

③ 深孔钻是在近似封闭的状况下工作的，由于时间较长，热量大且不易散出，因而其钻头极易磨损。

深孔加工对深孔钻的要求如下：

① 断屑要好，排屑要通畅。要有平滑的排屑通道，这样才能借助一定压力的切削液的作用促使切屑强制排出。

② 良好的导向性，防止钻头偏斜。为了防止钻头工作时产生偏斜和振动，除了钻头本身需要有良好的导向装置外，还应采取工件回转时钻头只做直线进给运动的工艺方法，来减少钻削时钻头的偏斜。

③ 充分地冷却。切削液在深孔加工时同时起着冷却、润滑、排屑、减振与消声等作用，因此，深孔钻必须具有良好的切削液通道，以利于切削液快速流动和冲刷切屑。

实际生产中，对于加工直径不大且孔深与孔径比在5～20内的普通深孔，可采用普通加长高速钢麻花钻加工，若采用带有冷却孔的麻花钻则更好。有时也使用大螺旋角加长的麻花钻，该钻头可在铸铁上加工孔深与孔径比不超过30～40的深孔，也可在钢上加工较深的孔。但是，真正按照深孔加工的技术特点和对深孔钻的要求，加长高速麻花钻、带有冷却孔的麻花钻及大螺旋角加长的麻花钻都不是理想的深孔钻。

4.4.2 深孔钻的分类及其结构特点

深孔钻按其结构特点可分为外排屑深孔钻、内排屑深孔钻、喷吸钻和套料钻。

（1）外排屑深孔钻

① 外排屑深孔钻的结构　外排屑深孔钻以单面刃的应用较多。单面刃外排屑深孔钻最早用于加工枪管，故又称为枪钻。外排屑深孔钻的结构如图4-19所示。它由钻头、钻杆和钻柄三部分组成。整个外排屑深孔钻内部制有前后相通的孔，钻头部分由高速钢或硬质合金制成。其切削部分仅在钻头轴线的一侧制有切削刃，无横刃。钻尖相对钻头轴线偏移距离

e，并将切削刃分成外刃和内刃。外刃和内刃的偏角分别为 ψ_{r1}、ψ_{r2}。此外，切削刃的前面偏离钻头中心有一个距离 H。通常取 $e=\frac{d}{4}$，$H=(0.01\sim0.025)d$。钻杆直接用无缝钢管制成，在靠近钻头处滚压出 120°的排屑槽。钻杆直径比钻头直径小 0.5～1mm，用焊接方法将两者连接在一起，焊接时使排屑槽对齐。

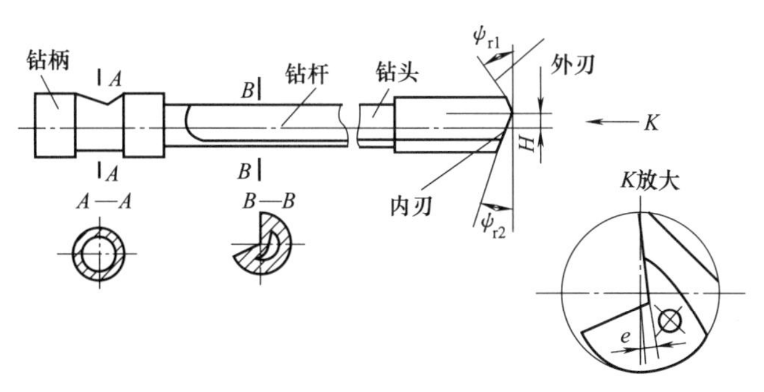

图 4-19　外排屑深孔钻的结构

② 外排屑深孔钻的工作原理　外排屑深孔钻的工作原理如图 4-20 所示，工作时高压切削液（一般压力为 3.5～4MPa）从钻柄后部注入，经过钻杆内腔由钻头前面的口喷向切削区。切削液对切削区实现冷却润滑作用，同时以高压力将切屑经钻头的 V 形槽强制排出。由于切屑是从钻头体外排出的，故称为外排屑。这种排屑方法无需专门辅具，且排屑空间较大，但钻头刚度和加工质量会受到一定的影响，因而适合于加工孔径为 2～20mm，长径比大于 40 的深孔。其加工精度等级为 IT4～IT8，表面粗糙度 Ra 为 3.2～0.8μm。

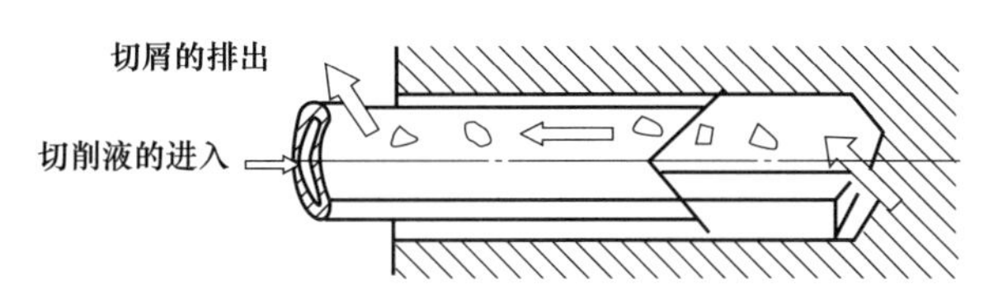

图 4-20　外排屑深孔钻的工作原理

③ 外排屑深孔钻的特点　外排屑深孔钻的特点包括以下三点：

a. 由于外排屑深孔钻的外刃偏角略大于内刃偏角，因而使外刃所受的径向力略大于内刃所受的径向力，这样使钻头的支承面始终紧贴于孔壁。再加上钻头前面及切削刃不通过中心，避免了切削速度为零的不利情况。同时在孔底形成一直径为 $2H$ 的芯柱，此芯柱在切削过程中具有抵抗径向振动的作用，并使钻头有可靠的导向，有效地解决了深孔钻的导向问题，而且可以防止孔径扩大（在切削力的作用下，芯柱达到一定长度后会自行折断）。

b. 由于切削液进出路分开，使切削液在高压下不受干扰，容易到达切削区，较好地解决了钻深孔时的冷却、润滑问题。

c. 刀尖具有偏心量 e，切削时可起分屑作用，使得切屑变窄，切削液可将切屑冲出，便于排屑。

(2) 内排屑深孔钻

① 内排屑深孔钻的结构　内排屑深孔钻一般由钻头和钻杆采用螺纹连接而成，错齿结构较为典型。

② 内排屑深孔钻的工作原理　工作时，高压切削液（约 2～6MPa）由钻杆外圆和工件孔壁间的空隙注入，切屑随同切削液由钻杆的中心孔排出，故称为内排屑，如图 4-21 所示。内排屑深孔钻一般用于加工孔径为 5～120mm，长径比小于 40 的深孔。其加工精度等级为 IT11～IT4，表面粗糙度 *Ra* 为 3.2～1.6μm。由于其钻杆为圆形，刚性较好，且切屑不与工件孔壁产生摩擦，故生产率和加工质量均较外排屑深孔钻有所提高。

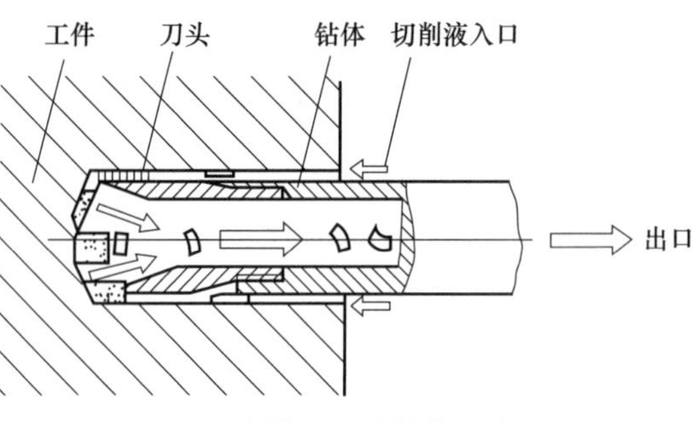

图 4-21　内排屑深孔钻的工作原理

③ 内排屑深孔钻的特点　内排屑深孔钻共有 3 个刀齿，排列在不同的圆周上，因而没有横刃，降低了轴向力。不平衡的圆周力和径向力由圆周上的导向块承受。由于刀齿交错排列，可使切屑分段，因而排屑方便。不同位置的刀齿可根据切削条件的不同，选用不同牌号的硬质合金，以适应对刀片强度和耐磨性等的要求。切削刃的切削角度可以通过刀齿在刀体上的适当安装而获得。钻杆外圆上的导向块可用耐磨性较好的 YW2 制造。为了提高钻杆的强度和刚度，以及尽可能增大钻杆的内孔直径以便于排屑，钻杆和钻头的连接一般采用细牙矩形螺纹连接。钻杆材料应选用强度较高的合金钢管或结构钢管，且要安排合适的热处理工艺。

(3) 喷吸钻

喷吸钻是一种新型的高效、高质量加工的内排屑深孔钻，用于加工孔径为 16～65mm，长径比小于 40 的深孔。其加工精度等级为 IT11～IT4，表面粗糙度 *Ra* 为 3.2～0.8μm，孔的直线度为 1000∶0.1。喷吸钻的结构与工作原理如图 4-22 所示。

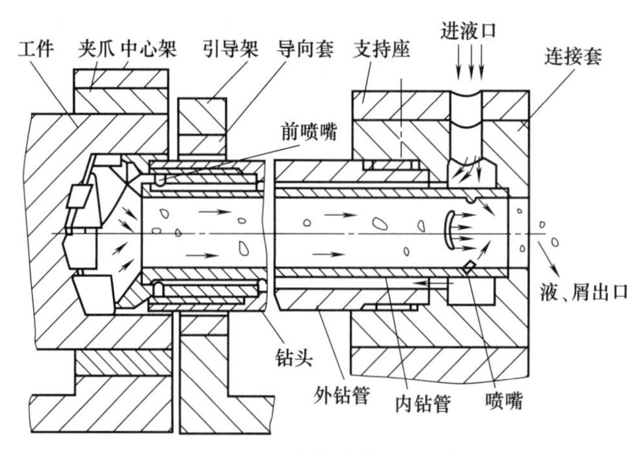

图 4-22　喷吸钻的结构和工作原理

① 喷吸钻的结构　喷吸钻的切削部分与错齿内排屑钻头基本相同。它的钻杆由内钻管及外钻管组成，内、外钻管之间留有环形空隙。外钻管前端有方牙螺纹及定位面与钻头连接。后端有较大的倒角，以便顺利地装入连接器。内、外钻管之间的环形面积应大于钻头小孔的面积之和（一般小孔数目为 6 个），而钻头小孔的面积之和又大于反压缝隙的环形面积，这样切削区的切削液在流动的过程中，由于面积逐渐变小，使得流速加快，形成雾状喷出，因而有利于钻头的冷却和润滑。

② 喷吸钻的工作原理　喷吸钻的工作原理见图 4-22。它利用了流体的喷吸效应原理，即当高压流体经过一个狭小的通道（喷嘴）高速喷射时，在这个射流的周围便形成低压区，使切削液排出的管道产生压力差而形成一定的吸力，从而加速切削液和切屑的排出。喷吸钻工作时，压力切削液由进液口流入连接装置后分两路流动，其中 2/3 经过内、外钻管的间隙并通过钻头的小孔喷向切削区，对切削部分和导向部分进行冷却、润滑并冲刷切屑；另外 1/3 切削液则通过内钻管上月牙形的喷嘴高速向后喷出，因此，在喷嘴附近形成低压区，从而对切削区形成较强的吸力，并将喷入切削区的切削液连同切屑吸向内钻管的后部并排回集屑液箱。这种喷吸效应有效地改善了排屑条件。

(4) 套料钻

套料钻又称为环孔钻，可用来加工孔径大于 60mm 的深孔。采用套料钻加工时，只切出一个环形孔，在中心部位留下料芯。由于它切下的金属少，不但节省金属材料，还可节省刀具和动力的消耗，并且生产率高，加工精度高，因此，在重型机械的深孔加工中应用较多。套料钻的刀齿分布在圆形的刀体上，如图 4-23 所示，图中有四个刀齿，且在刀体上装有分布均匀的导向块。

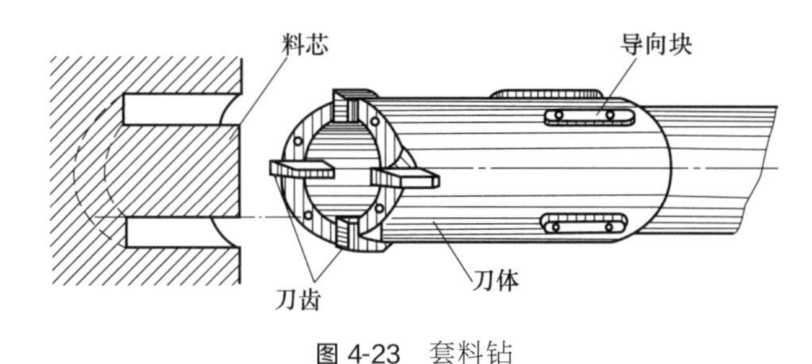

图 4-23　套料钻

4.5 铰刀

铰削常用于钻孔或扩孔等工序之后。为了提高铰孔精度，铰孔时，工件做旋转运动，铰刀只做进给运动。但也可采用铰刀既做旋转运动又做进给运动，工件固定不动的办法。

4.5.1 铰刀的分类

铰刀按使用方式可分为手用铰刀及机用铰刀两种。手用铰刀柄部为直柄，工作部分较长，导向作用较好。手用铰刀又分为整体式铰刀和可调式铰刀两种。机用铰刀又可分为带柄式铰刀和成套式铰刀。如图 4-24 所示为几种常见的铰刀。

此外，铰刀按加工类型可分为圆柱形铰刀和锥度铰刀，按制造材料的不同可分为高速钢铰刀和硬质合金铰刀。

4.5.2 铰削特点

铰削的加工余量一般小于 0.1mm，铰刀的主偏角一般小于 45°，因此，铰削时切削厚度很小，仅为 0.01～0.03mm。铰削过程除主切削刃正常的切削作用外，还对工件产生挤刮作用，因此，它是个复杂的切削和挤压摩擦过程。

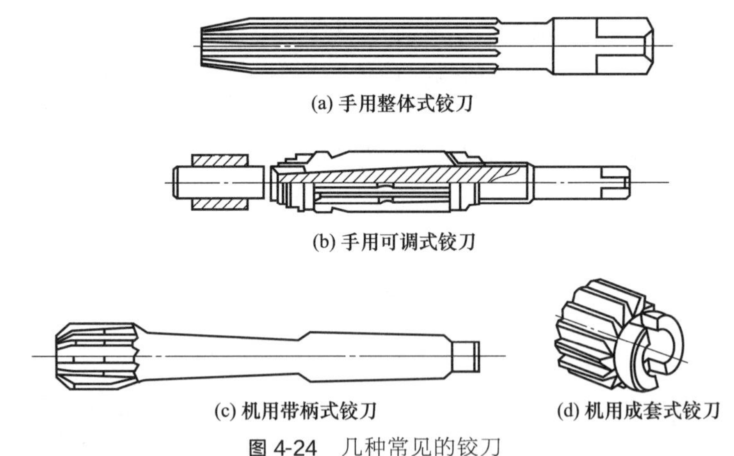

图 4-24　几种常见的铰刀

(1) 铰削精度高

铰刀齿数较多，芯部直径大，导向性及刚度好。铰削加工余量小，切削速度低，且综合了切削和修光的作用，能获得较高的加工精度和表面质量。

(2) 铰削效率高

铰刀属于多齿刀具，虽然切削速度低，但其进给量比较大，所以加工效率要高于其他精加工方法。

(3) 适应性差

铰刀是定直径的精加工刀具，一种铰刀只能用于加工一种尺寸的普通孔、台阶孔和盲孔。此外，铰削对孔径大小也有限制，一般应小于 80mm。

4.5.3　高速钢铰刀

(1) 高速钢铰刀的结构

如图 4-25 所示，铰刀由工作部分、颈部和柄部组成，工作部分包括切削部分和校准部分。切削部分呈锥形，担负主要的切削工作；校准部分用于校准孔径、修光孔壁和导向。为减小校准部分与已加工孔壁的摩擦，并为防止孔径扩大，校准部分的后端应加工成倒锥形状，其倒锥量为（0.005～0.006)/100。铰刀的柄部为夹持和传递转矩的部分，手用铰刀一般为直柄，机用铰刀多为锥柄。

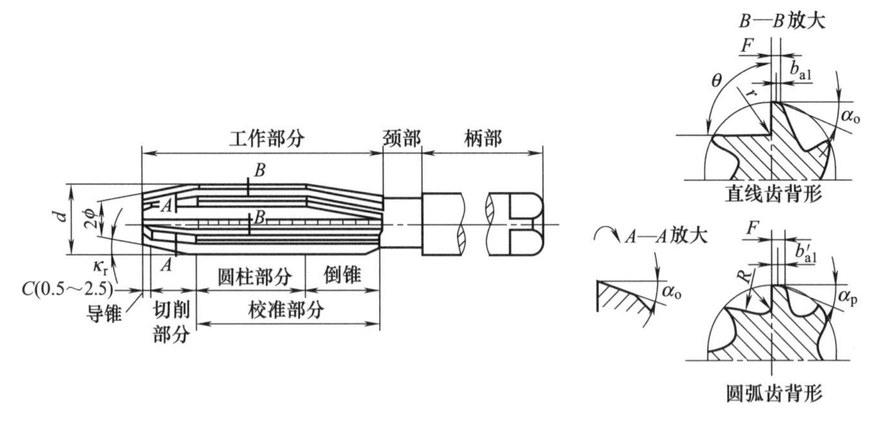

图 4-25　高速钢铰刀的结构和几何参数

(2) 高速钢铰刀的几何参数

① 前角　由于铰孔加工余量很小，切屑很薄，切屑与前面接触长度很短，因此，前角对切削过程产生的作用很小。为了便于制造，一般取 $\gamma_o=0°$。当粗铰塑性材料时，为了减少变形及抑制积屑瘤的产生，可取 $\gamma_o=4°\sim5°$；当采用硬质合金铰刀时，为了防止崩刃，可取 $\gamma_o=0°\sim5°$。

② 后角　为使铰刀重磨后直径尺寸变化不致太大，应取较小的后角（一般取 $\alpha_o=6°\sim8°$）。高速钢铰刀切削部分的刀齿刃磨后应锋利不留刃带，校准部分刀齿则必须留有 0.05～0.3mm 宽的刃带，以起修光和导向作用，从而便于铰刀的制造和检验。

③ 切削锥角　切削锥角主要影响进给抗力的大小、孔的加工精度和表面粗糙度以及刀具寿命。切削锥角取得小时，进给力小，切入时的导向性好，但由于切削厚度过小产生了较大的变形，同时由于切削宽度增大使卷屑、排屑产生困难，并且使切入切出时间变长。为了减轻劳动强度，减小进给力及改善切入时的导向性，手用铰刀应取较小的 2ϕ 值，通常 $2\phi=1°\sim3°$。对于机用铰刀，工作时的导向由机床及夹具来保证，故可选用较大的 2ϕ 值，以减小切削长度和机动时间。加工钢料时 $2\phi=30°$；加工脆性材料时 $2\phi=4°\sim6°$；加工盲孔时 $2\phi=90°$。

④ 刃倾角　在铰削塑性材料时，高速钢直槽铰刀切削部分的切削刃，沿轴线倾斜 15°～20°形成刃倾角 λ_s，如图 4-26 所示，它适用于加工较大的孔。对于硬质合金铰刀，为便于制造一般取 $\lambda_s=0°$。但铰削盲孔时仍使用带刃倾角的铰刀，不过需要在铰刀端部开一沉头孔以容纳切屑。

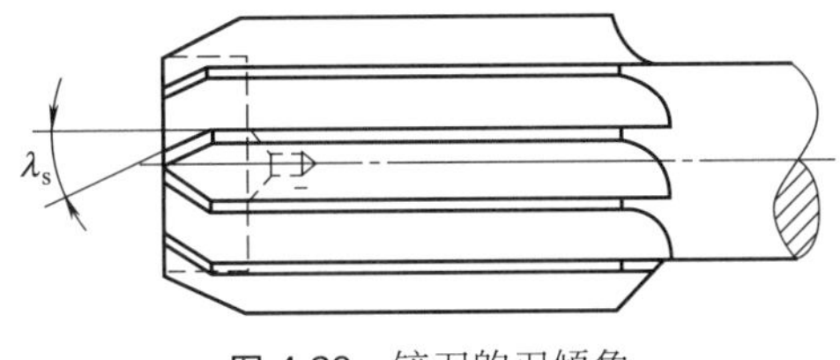

图 4-26　铰刀的刃倾角

(3) 高速钢铰刀的结构参数

① 铰刀直径及其公差　铰刀是定尺寸刀具，直径及其公差的选取主要取决于被加工孔的直径及其精度，同时，也要考虑铰刀的使用寿命和制造成本。铰刀的公称直径 d 是指校准部分中圆柱部分的直径，它应等于被加工孔的基本尺寸 d_w。铰刀的公差则与被铰削孔的公差、铰刀的制造公差、铰刀的磨损储备量 N 和铰削过程中孔径的变形性质有关。铰刀直径及其公差如图 4-27 所示。

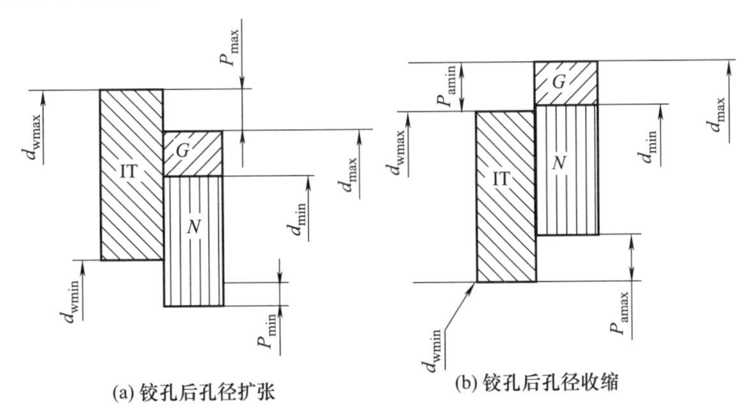

图 4-27　铰刀直径及其公差

d_w—孔的基本尺寸；d—铰刀公称直径；P—扩大量；P_a—缩小量；

G—铰刀的制造公差；N—铰刀的磨损储备量

根据加工中孔径的变形性质不同，铰刀直径的确定方法如下：

a. 铰孔后孔径扩张，见图 4-27（a）。铰孔时，由于机床主轴间隙产生的径向圆跳动、铰刀刀齿的径向圆跳动、铰孔余量的不均匀而引起的颤动、铰刀的安装偏差、切削液和积屑瘤等因素的影响，会使铰出的孔径大于铰刀校准部分的外径，即使孔径扩张。这时，铰刀直径的极限尺寸可按下式计算

$$d_{max}=d_{wmax}-P_{max} \tag{4-7}$$

$$d_{min}=d_{wmax}-P_{max}-G \tag{4-8}$$

式中，d_{max} 为铰刀的最大极限尺寸，mm；d_{min} 为铰刀的最小极限尺寸，mm；P_{max} 为铰孔后孔径的最大扩张量，mm。

b. 铰孔后孔径收缩，见图 4-27（b）。铰削力较大或工件孔壁较薄时，由于工件的弹性变形或热变形的恢复，铰孔后孔径常会缩小。这时，铰刀直径的极限尺寸可按下式计算

$$d_{max}=d_{wmax}+P_{amin} \tag{4-9}$$

$$d_{min}=d_{wmax}+P_{amin}-G \tag{4-10}$$

式中，P_{amin} 为铰孔后孔径的最小收缩量，mm。

通常规定，铰刀的制造公差 G 为 0.35 倍 IT。根据一般经验数据，高速钢铰刀可取 P_{max} 为 0.15 倍 IT；硬质合金铰刀铰孔后的收缩量往往因工件材料不同而不同，故常取 $P_{amin}=0$，或取 P_{amin} 为 0.1 倍 IT。P_{max} 及 P_{amin} 的可靠确定办法是由实验测定。

② 铰刀齿数及齿槽形式

a. 齿数。铰刀齿数一般为 4～12 个。在铰削进给量一定时，若增加铰刀齿数，则每齿的切削厚度减小，导向性好，刀齿负荷轻，铰孔质量高。但铰刀齿数过多，也会使刀齿强度降低，容屑空间减小。通常是在保证刀齿强度和容屑空间的条件下，选取较多的铰刀齿数。铰刀齿数一般根据铰刀直径及加工材料的性质选取，加工韧性材料时选取较小的铰刀齿数，加工脆性材料时选取较多的铰刀齿数。为了便于测量直径，铰刀齿数一般取偶数。刀齿在圆周上一般为等齿距分布。在某些情况下，为避免周期性切削载荷对孔表面的影响，也可选用不等齿距结构。

b. 齿槽形式。铰刀的齿槽形式有直线形、折线形和圆弧形三种。

• 直线形。直线形齿槽如图 4-28（a）所示。它形状简单，齿槽可用单角铣刀一次铣出，制造容易，一般用于直径 $d=1$～20mm 的铰刀。

• 圆弧形。圆弧形齿槽如图 4-28（b）所示。它具有较大的容屑空间和较好的刀齿强度，齿槽用成形铣刀铣出，一般用于直径 $d>20$mm 的铰刀。

• 折线形。折线形齿槽如图 4-28（c）所示。它常用于硬质合金铰刀，以保证硬质合金刀片有足够的刚性支撑面和刀齿强度。

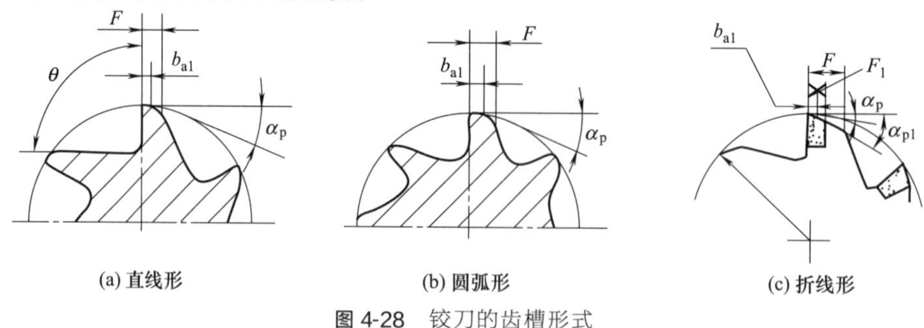

图 4-28　铰刀的齿槽形式

铰刀齿槽方向有直槽和螺旋槽两种。由于直槽铰刀切削、刃磨、检验都比较方便，因而在生产中经常使用。螺旋槽铰刀切削过程较平稳。螺旋槽的旋向有左旋和右旋两种，右旋槽铰刀在切削时切屑向后排出，适用于加工盲孔；左旋槽铰刀在切削时切屑向前排出，适用于加工通孔。螺旋槽铰刀的螺旋角根据被加工材料选取，加工铸铁时取 7°～8°，加工钢时取 12°～20°，加工铝等轻金属时取 35°～45°。

4.5.4 硬质合金铰刀

采用硬质合金铰刀可提高切削速度、生产率和增加刀具寿命，特别是加工淬火钢、高强度钢及耐热钢等难加工材料时，其效果更显著。

(1) 无刃硬质合金铰刀

无刃硬质合金铰刀实际不是切削刀具，它是采用冷挤压的方式工作，以减小工件孔的表面粗糙度值和提高孔壁硬度，从而使孔有较好的耐磨性，这种铰刀只适用于铰削铸铁件。图 4-29 所示为无刃硬质合金铰刀，其特点 $\gamma_o=60°$，$\alpha_o=4°\sim6°$，刃带 $b_{\alpha1}=0.25\sim0.5$mm。由于铰削是挤压过程，故余量很小，$\alpha_p=0.03\sim0.05$mm。铰孔前，孔的公差等级要达到 IT7，表面粗糙度值也应达 Ra3.2μm。铰后可获得 Ra0.63～1.25μm 的表面粗糙度值。铰孔完毕应使刀具反转退出，以免划伤工件表面。无刃硬质合金铰刀的制造精度要求很高，柄部与工作部分外圆同轴度误差应小于 0.01mm，挤压刃处表面粗糙度值应达 Ra0.1μm。锥面与校准部分要用油石背光，且注意保养，刃口不能起毛。

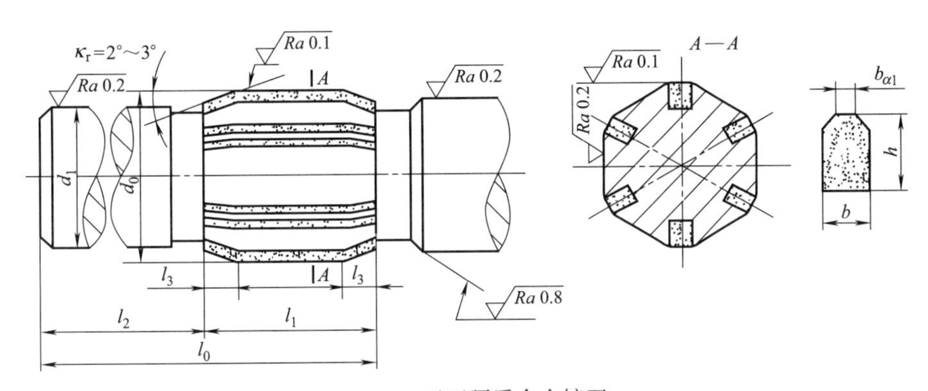

图 4-29　无刃硬质合金铰刀

(2) 可转位单刃铰刀

可转位单刃铰刀如图 4-30 所示，刀片 3 通过双头螺栓 1 和压板 4 固定在刀体 5 上，用两只调节螺钉 6 和顶销 7 调节铰刀的尺寸，8 为刀片轴向限位销，导向块 2 焊接在刀体槽内。刀具切削部分为两段，主偏角 $\kappa_r=15°\sim45°$，刃长为 1～2mm 的切削刃切去大部分余量；$\kappa_r=3°$的斜刃及圆柱校准部分做精铰。导向块起导向、支撑和挤压作用。两块导向块相对刀齿位置角为 84°、180°；三块时为 84°、180°、276°。导向块尖端相对于切削刃尖端沿轴向滞后 0.3～0.6mm，以保证有充分挤压量，导向块直径应与铰刀直径有一差值。可转位单刃铰刀不但可调整直径尺寸，也可调整其锥度。刀片可转位一次，刀体可重复使用。它不仅能获得高的加工精度，小的表面粗糙度值，更主要的是能消除孔的多边形，提高孔的质量。铰孔的圆度为 0.003～0.008mm，圆柱度为 0.005/100。

目前可转位单刃铰刀加工直径范围为 5～80mm。加工 45 钢时，$\alpha_p=0.15$mm，$f=$

0.1～0.4mm/r，v_c=12m/min，采用1∶9乳化切削液进行冷却。可转位单刃铰刀结构复杂，制造困难，价格昂贵。

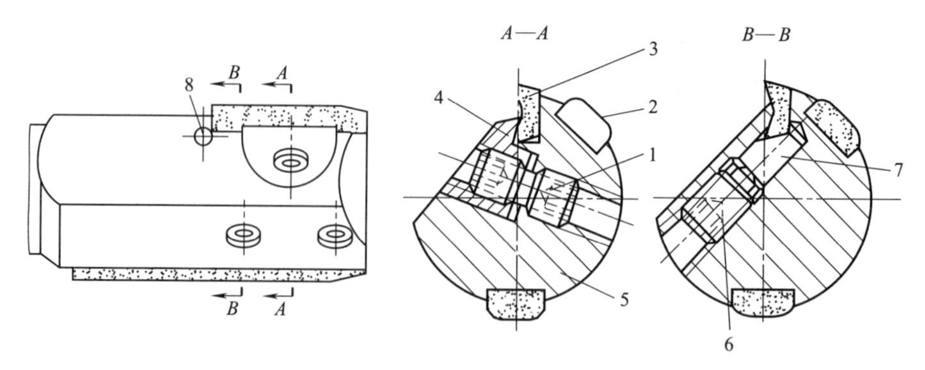

图4-30　可转位单刃铰刀

1—双头螺栓；2—导向块；3—刀片；4—压板；5—刀体；6—调节螺钉；7—顶销；8—限位销

4.5.5　铰刀的使用技术

(1) 合理选择铰刀的直径

铰孔时，由于铰刀径向跳动等因素会使铰出的孔径大于铰刀直径，这种现象称为铰孔扩张；由于刀刃钝圆半径挤压孔壁，则会使孔产生弹性恢复而缩小，这种现象称为铰孔收缩。扩张与收缩的因素一般同时存在，最后结果由实验确定。经验表明，用高速钢铰刀铰孔容易产生扩张，用硬质合金铰刀铰孔一般发生收缩。

新的铰刀需要经过研磨才能使用。研磨时，铰刀上、下偏差的确定则要考虑最大、最小扩张量 P_{max} 和 P_{min} 或最大、最小收缩量 P_{amax} 和 P_{amin}，并且留出必要的磨损储备量 N。

(2) 铰刀的装夹要合理

铰孔时，要求铰刀与机床主轴有很好的同轴度。采用刚性装夹并不理想，若同轴度误差大，则会出现孔不圆、喇叭口和扩张量大等现象，最好采用浮动装夹装置。机床或夹具只传递运动和动力，并依靠铰刀的校准部分来自我导向。

(3) 选择合适的切削用量

一般，用高速钢刀具铰削钢材时，v_c=1.5～5m/min，f=0.3～2mm/r；铰削铸铁件时，v_c=8～10m/min，f=0.5～3mm/r。

铰削余量要适中。余量过大，会因切削热多而导致铰刀直径增大，孔径扩大；余量过小，会留下底孔的刀痕，使表面粗糙度达不到要求。高速钢铰刀的铰孔余量一般为0.08～0.12mm；硬质合金铰刀的铰孔余量一般为0.15～0.2mm。

铰孔能提高孔的尺寸精度和表面质量，但不能修正孔的直线和位置误差。如果孔径较大，铰孔前必须先车孔，车孔的表面粗糙度要小于 $Ra3.2\mu m$。如果孔径较小，车孔有困难，应先用中心钻定位，然后钻孔和扩孔，最后铰孔，这样才能保证孔的直线度和同轴度。

(4) 合理选用切削液

铰孔时，切削液对孔的扩缩与孔的表面粗糙度有一定的影响。实践证明，在干切削和用油类切削液铰削的情况下，铰出的孔径比铰刀的实际直径稍大一些，干切削最大。而用水溶性切削液（如乳化液），铰出的孔稍微小一些。因此，当使用新铰刀铰削钢件时，可选用10%～15%的乳化液作切削液，这样孔不容易扩大。铰刀磨损到一定的限度，可用油类切削液，使孔稍微扩大一些。

铰削钢件时，用硫化油或浓度较高的乳化液作切削液，可获得较小的表面粗糙度，不比干切削差；铰削铸件时，可采用煤油作切削液；铰削青铜或铝合金时，可用2号锭子油或煤油作切削液。

4.6 镗刀

镗刀用于各类直径较大的孔加工，特别是位置精度要求较高的孔和孔系。镗刀的类型按功能可分为粗镗刀、精镗刀；按切削刃数量可分为单刃镗刀、双刃镗刀和多刃镗刀；按照工件加工表面特征可分为通孔镗刀、盲孔镗刀、阶梯孔镗刀和端面镗刀；按刀具结构可分为整体式和模块式等。

4.6.1 单刃镗刀

一般单刃镗刀（图4-31所示为不同形式的单刃镗刀）刀头结构与车刀相似，只有一个主切削刃，结构简单、制造方便、通用性很强。但是这种刀具刚度较差，易引起振动，镗孔尺寸调节不方便，生产效率低，对工人技术要求较高，一般只适用于单件小批生产。加工小直径孔的镗刀通常做成整体式，加工大直径孔的镗刀可做成机夹式或机夹可转位式。为了使镗刀头在镗杆内有较大的安装长度，并具有足够的位置压紧螺钉和调节螺钉，在镗盲孔或阶梯孔时，镗刀头在刀杆上的安装斜角一般取45°，通孔时取0°，以便于镗杆的制造。通常通孔镗刀从镗杆的端面来压紧镗刀头，盲孔镗刀则从侧面压紧镗刀头。

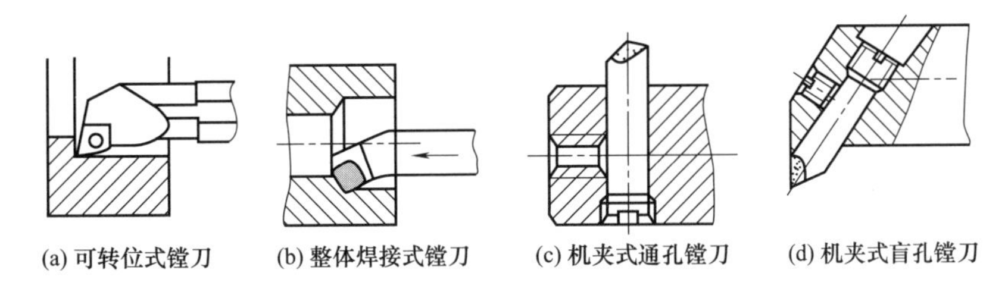

图4-31 不同结构的单刃镗刀

如图4-32所示为新型的单刃微调镗刀，它调节方便、调节精度高，其读数值可达

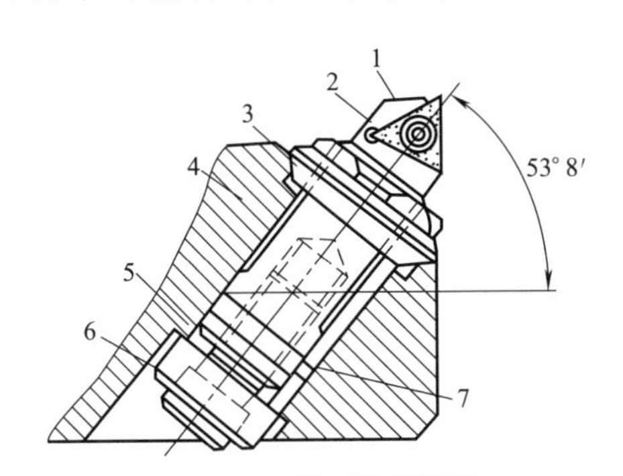

图4-32 单刃微调镗刀

1—镗刀头；2—刀片；3—调整螺母；4—镗刀；5—拉紧螺钉；6—垫圈；7—导向键

0.01mm。调整微调镗刀时，先松开拉紧螺钉5，然后转动带刻度盘的调整螺母3，待刀头调至所需尺寸，再拧紧拉紧螺钉5。这种刀具适用于坐标镗床、自动线和数控机床。

4.6.2 双刃镗刀

双刃镗刀是定尺寸的镗孔刀具，通过改变两切削刃之间的距离，实现对不同直径孔的加工。常用的双刃镗刀有固定式镗刀和浮动式镗刀两种。固定式镗刀主要用于粗镗或半精镗直径大于40mm的孔，如图4-33所示。刀块由高速钢制成整体式，也可由硬质合金制成焊接式或可转位式。工作时，刀块通过斜楔或在两个方向上倾斜的螺钉夹紧在刀杆上。安装后，刀块相对刀杆的位置误差会造成孔径扩大，所以刀块与刀杆上的方孔的配合精度要求较高，且方孔对刀杆轴线的垂直度与对称度误差应小于0.01mm。

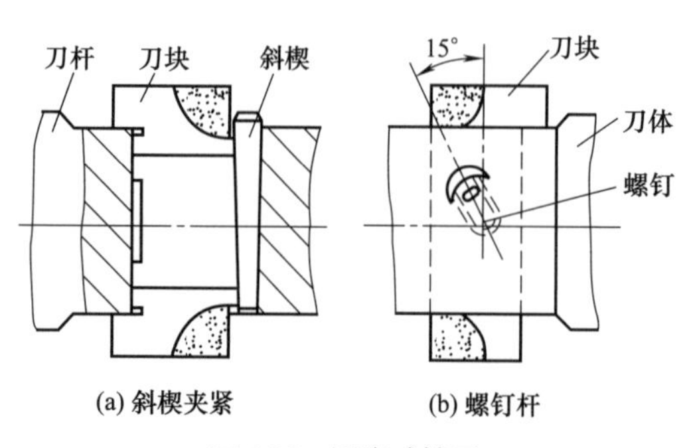

图4-33 固定式镗刀

镗刀的刚度差，切削时易引起振动，所以镗刀的主偏角选得较大，以减小径向力 F_P。镗铸件孔或精镗时，一般取 $\kappa_r=90°$；粗镗钢件孔时，取 $\kappa_r=60°\sim75°$，以提高刀具的耐用度。为避免工件材质不均等原因造成扎刀现象以及使刀头底面有足够支承面积，往往需要使镗刀刀尖高于工件中心 Δh 值，一般取 $\Delta h=(1/20)D$（工件孔径）或更大一些，使切削时镗刀的工作前角减小，工作后角增大，所以在选择镗刀头的前、后角时，要相应地增大前角，减小后角。

4.6.3 多刃镗刀

多刃镗刀的加工效率比单刃镗刀高。在多刃镗刀中应用较多的是多刃复合镗刀，即在一个刀体或刀杆上设置两个或两个以上的刀头，每个刀头都可以单独调整。如图4-34所示为用于粗、精镗双孔的多刃复合镗刀。

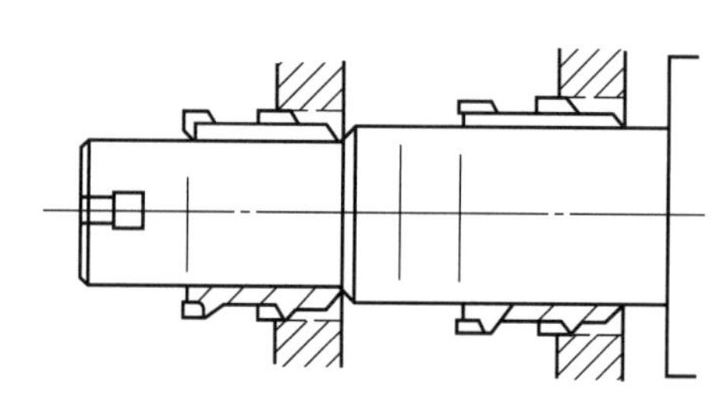

图4-34 多刃复合镗刀

数控铣削刀具

铣削是被广泛使用的一种切削加工方法，它用于加工平面、台阶面、沟槽、成形表面以及切断等。铣刀是多刃刀具，它的每一个刀齿相当于一把车刀，铣削加工时有多个刀齿参加切削，就其中一个刀齿而言，其切削加工特点与车削基本相同。但就整体刀具的切削过程而言，铣削过程又具有一些特殊规律。本章以圆柱形铣刀和立铣刀为例，讲述铣刀的几何参数及铣削用量的选择，分析铣削过程特点、常用铣刀的结构特点及其应用范围，介绍可转位铣刀的夹紧方式及铣刀刀片的ISO代码，从而为正确选用、使用及设计铣刀建立初步基础。

5.1 概述

铣削是一种通过运动对金属进行分级切除的加工方法。刀具做旋转运动，通常工件与刀具做相对的直线进给（多数情况下是工件随工作台进给）。在某些情况下，工件保持固定，而旋转的刀具做横向直线进给。铣削刀具有几个能连续切除一定量材料的切削刃。当两个或更多的切削刃同时切入材料，刀具就在工件上将材料切到一定的深度。图5-1是各种铣刀的加工示意图。

图5-1 各种铣刀的加工

铣削分为粗铣和精铣。粗铣主要考虑切削量，采用大进给和尽可能大的切削深度，以便在较短的时间内切除尽可能多的材料。粗加工对工件表面质量的要求不高。精铣时最主要考虑的是工件的表面质量而不是金属切削量，通常采用小的切削深度，刀具的副切削刃可能有专门的形状。根据所使用的机床、切削方式、材料以及所采用的标准铣刀可使表面粗糙度达到$Ra1.6\mu m$，在极好的条件下甚至可以达到$Ra0.4\mu m$。

5.1.1 数控铣削加工的主要对象

数控铣削是机械加工中最常用和最主要的数控加工方法之一，它除了能铣削普通铣床所能铣削的各种零件表面外，还能铣削普通铣床不能铣削的需要二～五坐标联动的各种平面轮廓和立体轮廓。根据数控铣床的特点，适合数控铣削的主要加工对象如表 5-1 所示。

⊡ 表 5-1　数控铣削的主要加工对象

<table>
<tr><th colspan="2">加工对象分类</th><th>加工对象的结构和工艺特点</th></tr>
<tr><td rowspan="4">箱体类零件</td><td rowspan="4"></td><td>具有一个以上孔系，内部有一定型腔，在长、宽、高方向有一定比例的零件</td></tr>
<tr><td>此类零件在机械、汽车、飞机等行业较多，如汽车的发动机缸体、变速器箱体、机床的床头箱、主轴箱、柴油机缸体、齿轮泵壳体等</td></tr>
<tr><td>箱体类零件一般都需要进行多工位孔系及平面加工，形位公差要求较为严格，通常要经过钻、扩、铰、锪、镗、攻螺纹、铣等工序，不仅需要的刀具多，而且需多次装夹和找正，手工测量次数多。因此，导致工艺复杂、加工周期长、成本高，更重要的是精度难以保证</td></tr>
<tr><td>此类零件在铣削中心上加工，零件各项精度一致性好，质量稳定，同时可缩短生产周期，降低成本。对于加工工位较多，工作台须多次旋转才能完成加工的零件来说，一般选用卧式铣削中心；当加工的工位较少，且跨距不大时，可选立式铣削中心，从一端进行加工</td></tr>
<tr><td rowspan="3">复杂曲面</td><td rowspan="3"></td><td>在航空航天、汽车、船舶、国防等领域的产品中，复杂曲面类零件占有较大的比重，如叶轮、螺旋桨、各种曲面成形模具等。复杂曲面加工采用普通机床是难以胜任甚至是无法完成的，此类零件适宜利用铣削中心加工</td></tr>
<tr><td>就加工的可能性而言，在不出现加工干涉区或加工盲区时，复杂曲面一般可以采用球头铣刀进行三坐标联动加工。这种加工方法加工精度较高，但效率较低。如果工件存在加工干涉区或加工盲区，就必须考虑采用四坐标或五坐标联动的机床</td></tr>
<tr><td>加工复杂曲面时并不能发挥铣削中心自动换刀的优势，因为复杂曲面的加工一般经过粗铣→(半)精铣→光整加工等步骤，所用的刀具较少，特别是像模具这样的单件加工</td></tr>
<tr><td>异形零件</td><td>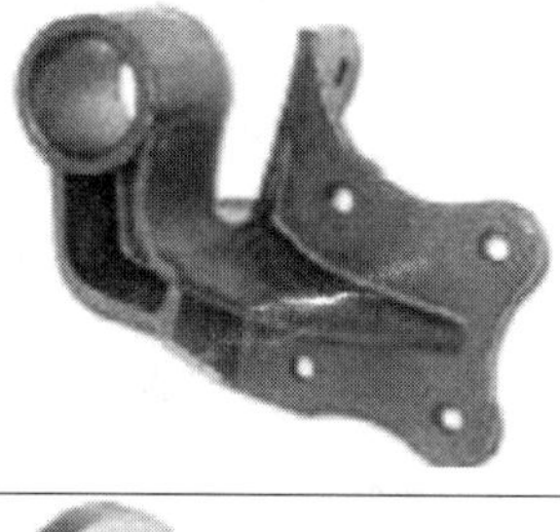</td><td>异形零件是外形不规则的零件，大多需要点、线、面多工位混合加工，如支架、基座、样板、靠模等，异形零件的刚度一般较差，夹压及切削变形难以控制，加工精度也难以保证。这时可充分发挥铣削中心工序集中的特点，采用合理的工艺措施，通过一次或两次装夹，完成多道工序或全部的加工内容。实践证明，利用铣削中心加工异形零件时，形状越复杂，精度要求越高，越能显示其优越性</td></tr>
<tr><td>盘、套或轴类零件</td><td></td><td>带有键槽、径向孔或端面有分布的孔系、曲面的盘、套或轴类零件，以及具有较多孔的板类零件，适宜采用铣削中心加工。端面有分布的孔系、曲面的零件宜选用立式铣削中心，有径向孔的可选卧式铣削中心</td></tr>
<tr><td>特殊加工</td><td colspan="2">熟悉掌握了铣削中心的功能之后，配合一定的工装和专用的工具，利用铣削中心可完成一些特殊的工艺内容，例如在金属表面上刻字、刻线、刻图案等。在铣削中心的主轴上装上高频电火花电源，可对金属表面进行线扫描、表面淬火；在铣削中心上装上高速磨头，可进行各种曲线、曲面的磨削等</td></tr>
</table>

5.1.2 铣刀的种类及用途

(1) 铣刀的种类

铣刀的种类很多，一般按安装方式或用途分类。

① 按安装方式分类

a. 套式铣刀　套式铣刀在铣刀的轴线上有一个贯通的圆柱孔，可通过铣刀端面的端面键槽来驱动铣刀旋转，如图 5-2 所示。

图 5-2　套式铣刀

图 5-3　片式铣刀

b. 片式铣刀　片式铣刀在铣刀的轴线上有一个贯通的圆柱孔，可通过在孔壁上的键槽或者刀盘上的圆孔来驱动旋转，如图 5-3 所示。

c. 直柄铣刀　直柄铣刀的柄部的基本形状为圆柱形，其中包括完整的圆柱形和带压力面的削平型（按直径分为单压力面和双压力面）两种形式，如图 5-4 所示。

d. 锥柄铣刀　锥柄铣刀柄部的基本形状为圆锥形，包括莫氏锥、7∶24 锥、HSK 锥等，还包括一些非圆锥的异形锥，如 CAPTO。典型的锥柄铣刀如图 5-5 所示。

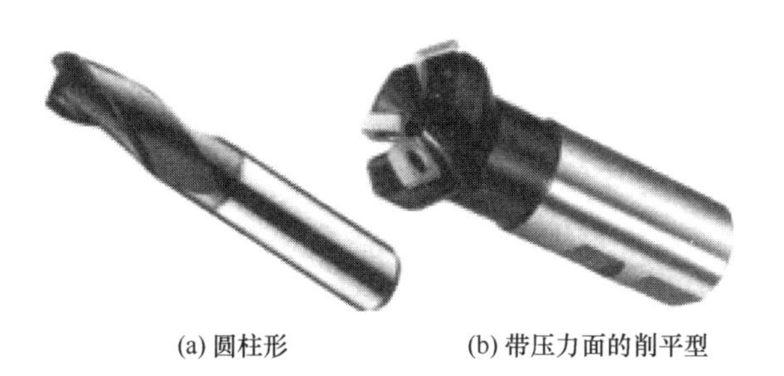

(a) 圆柱形　(b) 带压力面的削平型

图 5-4　圆柱形和带压力面的削平型直柄铣刀

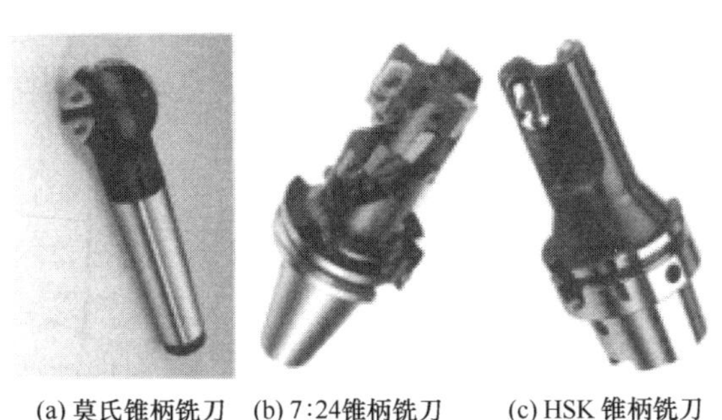

(a) 莫氏锥柄铣刀　(b) 7∶24锥柄铣刀　(c) HSK 锥柄铣刀

图 5-5　锥柄铣刀

② 按用途分类

a. 面铣刀　如图 5-6 所示，面铣刀圆周方向切削刃为主切削刃，端部切削刃为副切削刃，可用于立式铣床或卧式铣床上加工台阶面和平面，生产效率较高。面铣刀多制成套式镶齿结构，刀齿为高速钢或硬质合金，刀体为 40Cr。高速钢面铣刀按国家标准规定，直径 $d=80\sim250\text{mm}$，螺旋角 $\beta=10°$，刀齿数 $z=10\sim26$。

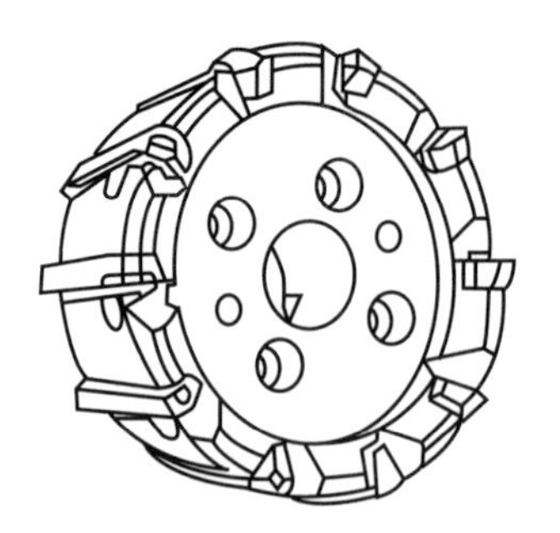
图 5-6　面铣刀

硬质合金面铣刀的铣削速度、加工效率和工件表面质量均高于高速钢铣刀，并可加工带有硬皮和淬硬层的工件，因而在数控加工中得到了广泛的应用。如图 5-7 所示为各种常用的硬质合金面铣刀，由于整体焊接式和机夹焊接式面铣刀难以保证焊接质量，刀具寿命短，重磨较费时，目前已被可转位式面铣刀所取代。

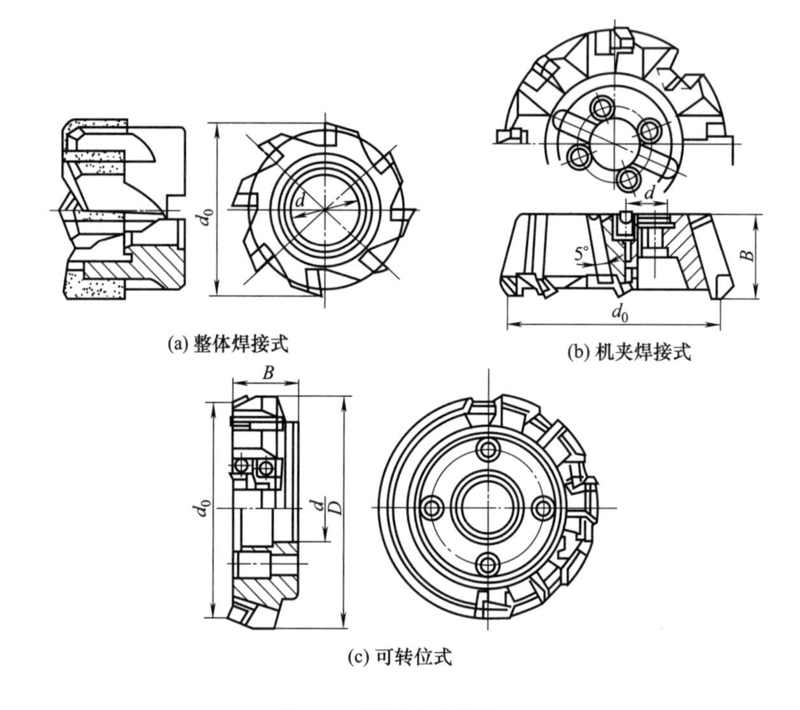

图 5-7　硬质合金面铣刀

b. 立铣刀　立铣刀是数控机床上用得最多的一种铣刀，其结构如图 5-8 所示。立铣刀的圆柱表面和端面上都有切削刃，它们可同时进行切削，也可单独进行切削。它主要用于加工凹槽、台阶面和小的平面。

立铣刀圆柱表面的切削刃为主切削刃，端面上的切削刃为副切削刃。主切削刃一般为螺旋齿，这样可以增加切削平稳性，提高加工精度。由于普通立铣刀端面中心处无切削刃，因此立铣刀不能做轴向进给，端面刃主要用来加工与侧面相垂直的底平面。

为了能加工较深的沟槽，并保证有足够的备磨量，立铣刀的轴向长度一般较长。为改善切屑卷曲情况，增大容屑空间，防止切屑堵塞，其刀齿数比较少，容屑槽圆弧半径则较大。一般粗齿立铣刀齿数 $z=3\sim4$，细齿立铣刀齿数 $z=5\sim8$，套式结构立铣刀齿数 $z=10\sim20$，

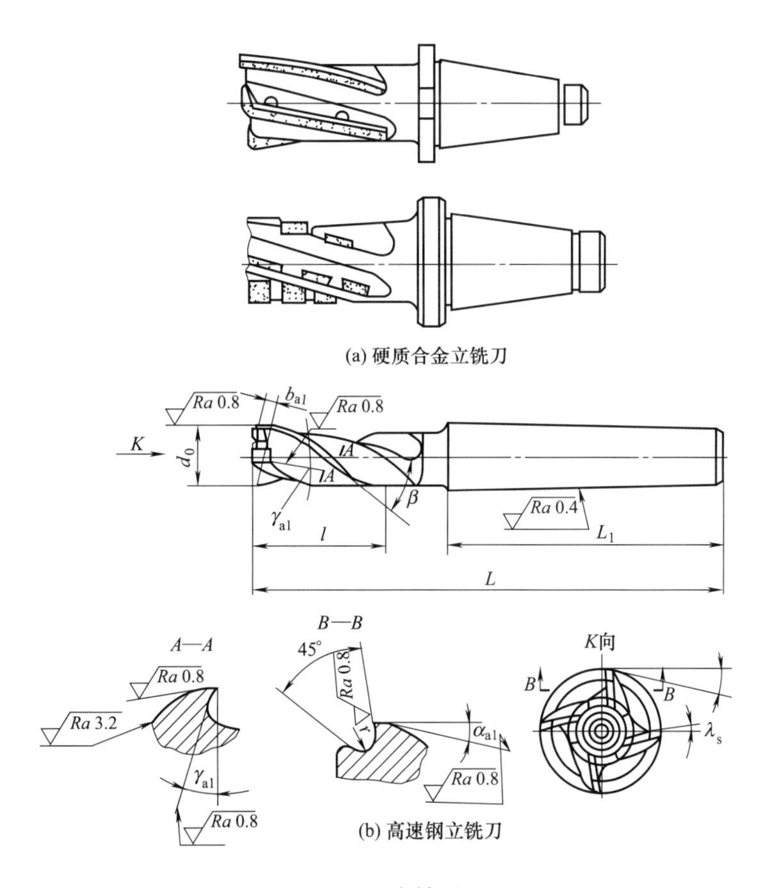

图 5-8　立铣刀

容屑槽圆弧半径 $r=2\sim5$mm。当立铣刀直径较大时，可制成不等齿距结构，以增强抗振作用，使切削过程平稳。

标准立铣刀的螺旋角 β 为 40°～45°（粗齿）和 30°～35°（细齿），套式结构立铣刀的 β 为 15°～25°。直径较小的立铣刀，一般制成带柄形式。$\phi2\sim71$mm 的立铣刀制成直柄；$\phi6\sim63$mm 的立铣刀制成莫氏锥柄；$\phi25\sim80$mm 立铣刀制成 7∶24 锥柄，内有螺孔用来拉紧刀具。由于数控机床要求铣刀能快速自动装卸，故立铣刀柄部形式也有很大不同，一般是由专业厂家按照一定的规范设计制造成统一形式、统一尺寸的刀柄。直径大于 $\phi40\sim60$mm 的立铣刀可制成套式结构。

c. 模具铣刀　模具铣刀由立铣刀演变而成，主要用于加工模具型腔和模具成形表面。按工作部分外形可分为圆锥形平头立铣刀（圆锥半角 $\frac{\alpha}{2}=3°,\ 5°,\ 7°$）、圆柱形球头立铣刀和圆锥形球头立铣刀三种，其柄部有直柄、削平型直柄和莫氏锥柄三种形式。

模具铣刀的结构特点是球头或端面上布满了切削刃，圆周刃与球头刃以圆弧连接，可以做径向和轴向进给。铣刀上部用高速钢或硬质合金制造，国家标准规定直径 $d=4\sim63$mm。如图 5-9 所示为高速钢制造的模具铣刀，如图 5-10 所示为用硬质合金制造的模具铣刀。小规格的硬质合金模具铣刀多制成整体结构，$\phi16$mm 以上直径的制成焊接或机夹可转位刀片结构。硬质合金模具铣刀可取代金刚石锉刀和磨头来加工淬火后硬度小于 65HRC 的各种模具，切削效率可提高几十倍。

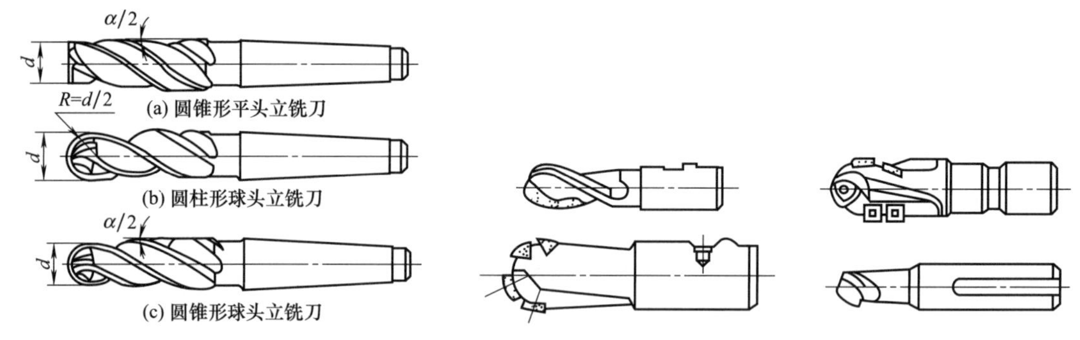

图 5-9　高速钢模具铣刀　　　　图 5-10　硬质合金模具铣刀

d. 键槽铣刀　键槽铣刀如图 5-11 所示，它有两个刀齿，圆柱面和端面都有切削刃，端面切削刃是主切削刃，圆周切削刃是副切削刃。端面刃延至中心，既像立铣刀，又像钻头。加工时，先轴向进给达到槽深，然后沿键槽方向铣出键槽全长。

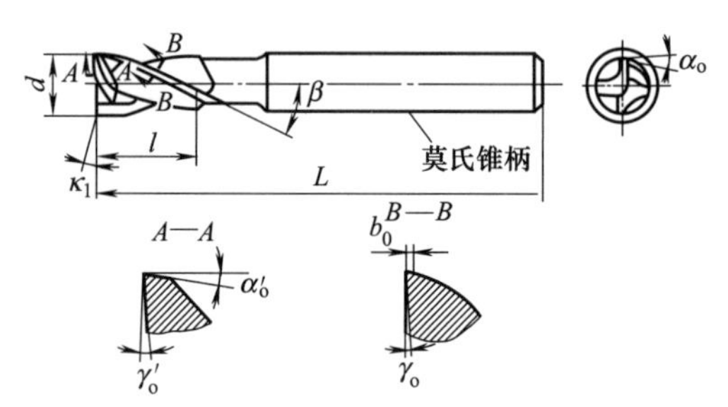

图 5-11　键槽铣刀

按国家标准规定，直柄键槽铣刀直径 $d=$ 22mm，锥柄键槽铣刀直径 $d=14\sim50$mm，键槽铣刀直径的偏差有 e8 和 d8 两种。键槽铣刀的圆周切削刃仅在靠近端面的一小段长度内发生磨损，重磨时，只需刃磨端面切削刃，因此，重磨后铣刀直径不变。

e. 鼓形铣刀　如图 5-12 所示为一种典型的鼓形铣刀，它的切削刃分布在半径为 R 的圆弧面上，端面无切削刃。加工时控制刀具上下位置，相应改变刀刃的切削部位（见图 5-13），可在工件上切出从负到正的不同斜角。R 越小，鼓形铣刀所能加工的任意角范围越广，但所获得的表面质量也越差。这种刀具的特点是刃磨困难，切削条件差，而且不适于加工有底的轮廓表面。

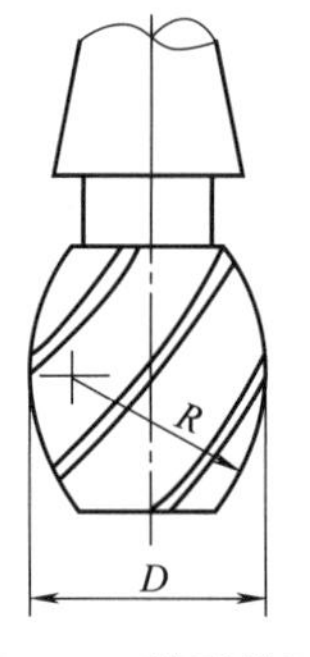

图 5-12　鼓形铣刀

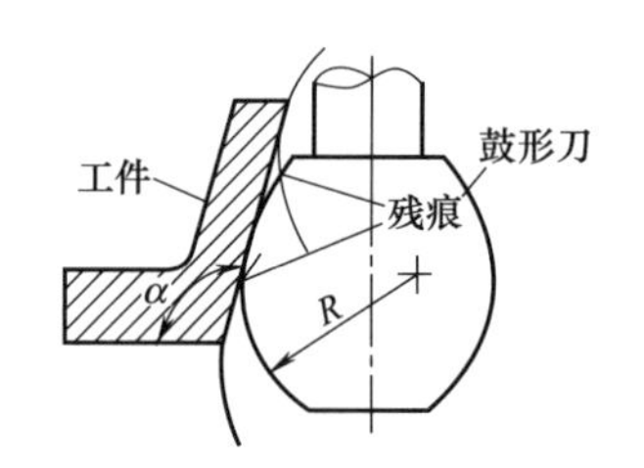

图 5-13　用鼓形铣刀分层铣削变斜角面

f. 成形铣刀　成形铣刀是在铣床上加工成形表面的专用刀具，其刃形是根据工件廓形设计计算的，如渐开线齿面、燕尾槽和 T 形槽等。它具有较高的加工精度和生产效率。常用成形铣刀如图 5-14 所示。

成形铣刀按齿背形状可分为尖齿和铲齿两类。尖齿成形铣刀制造与重磨的工艺复杂，故目前生产中较少应用；铲齿成形铣刀在不同的轴向截面内具有相同的截面形状，磨损后沿前

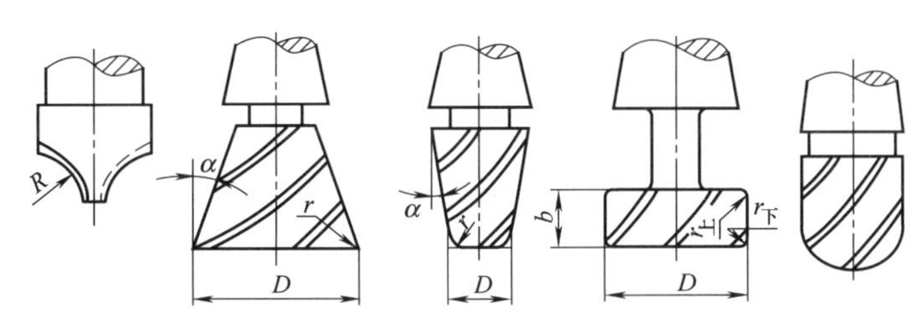

图 5-14　几种常用的成形铣刀

刀面刃磨，仍可保持刃形不变，所以重磨工艺较简单，故在生产中得到广泛应用。刃形复杂的一般都做成铲齿成形铣刀。

g. 角度铣刀　一般用于加工带角度的沟槽和斜面，分单角铣刀和双角铣刀。单角铣刀的圆锥切削刃为主切削刃，端面切削刃为副切削刃；双角铣刀的两圆锥面上的切削刃均为主切削刃，它又分为对称和不对称双角铣刀。

除了上述几种类型的铣刀外，数控铣床也可使用各种通用铣刀，但因不少数控铣床的主轴内有特殊的拉刀装置，或因主轴内锥孔有别，需配过渡套和拉钉。

(2) 铣刀的用途

① 铣平面　铣平面是用铣刀的圆周刃或者端面刃，沿平行于工件平面的方向进给，形成一个平行于工件进给方向的平面，如图 5-15 所示。

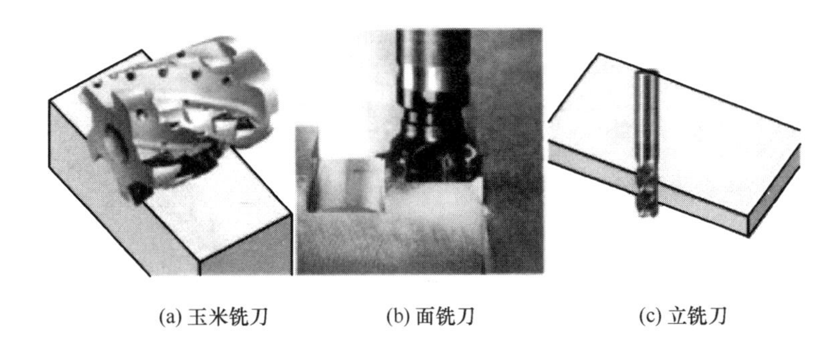
(a) 玉米铣刀　(b) 面铣刀　(c) 立铣刀

图 5-15　铣平面

② 铣槽　铣槽（通常特指铣至少一段不封闭的直沟槽）是同时用铣刀的圆周刃和端面刃，在工件上加工出开放的或封闭的槽，如图 5-16 所示。封闭槽一般用立铣刀（也称端铣刀或方肩铣刀），而通槽则多用三面刃铣刀来加工，当然，通槽也可以用立铣刀来加工。

③ 铣台阶　铣台阶是同时用铣刀的圆周刃和端面刃，在工件的一侧或两侧加工出台阶，如图 5-17 所示。铣台阶一般用立铣刀，也可用两面刃铣刀（外圆切削刃和一侧的切削刃）

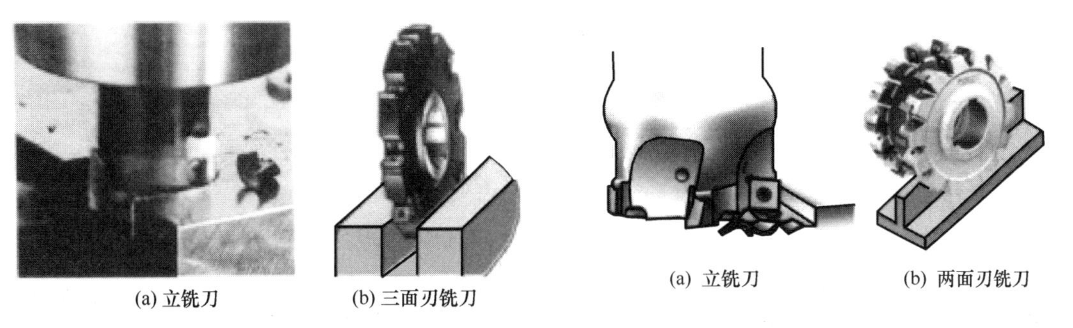
(a) 立铣刀　(b) 三面刃铣刀

图 5-16　铣槽

(a) 立铣刀　(b) 两面刃铣刀

图 5-17　铣台阶

来加工。

④ 铣 T 形槽　铣 T 形槽如图 5-18 所示。

⑤ 铣窄槽和切断　铣窄槽和切断如图 5-19 所示。

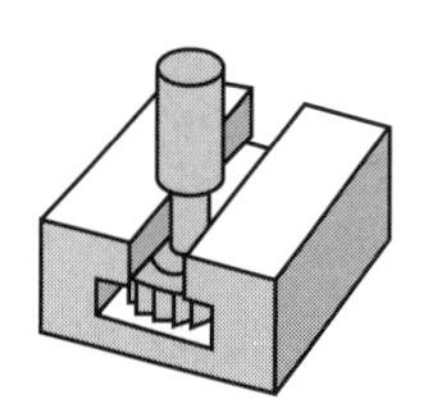

图 5-18　铣 T 形槽

图 5-19　铣窄槽和切断

⑥ 铣角　铣角是指用特定角度的铣刀铣削工件，以形成特定的一侧或双侧斜面，如图 5-20 所示为各种角度的铣刀。

⑦ 铣键槽　铣键槽是在轴上铣削出一个封闭的平键或半圆键的键槽。这些键槽一般在宽度上有较高的要求，而槽是封闭的，如图 5-21 所示。

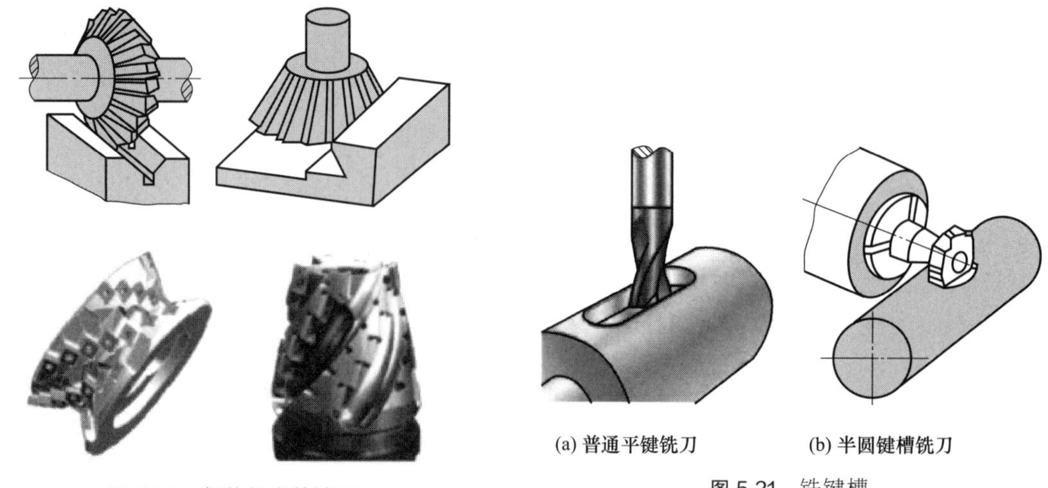

图 5-20　各种角度的铣刀

(a) 普通平键铣刀　(b) 半圆键槽铣刀

图 5-21　铣键槽

⑧ 铣齿形　铣齿形是指用成形法或范成法切出齿轮或齿条的齿形。齿轮滚刀和齿轮铣刀如图 5-22 所示。

(a) 齿轮滚刀　(b) 齿轮铣刀

图 5-22　齿轮滚刀和齿轮铣刀

⑨ 铣螺旋槽　铣螺旋槽是在工件上铣出一个螺旋形的沟槽，典型的有如图 5-23 所示的麻花钻的沟槽铣削。

⑩ 铣曲面　铣曲面是指用铣刀做一个二维的动作，用立铣刀之类的铣刀的圆周刃加工出一个曲面，如图 5-24 所示。

⑪ 铣立体曲面　铣立体曲面是指铣刀做三维的运动，从而加工出形状复杂多变的立体曲面，如图 5-25 所示。

图 5-23　铣螺旋槽

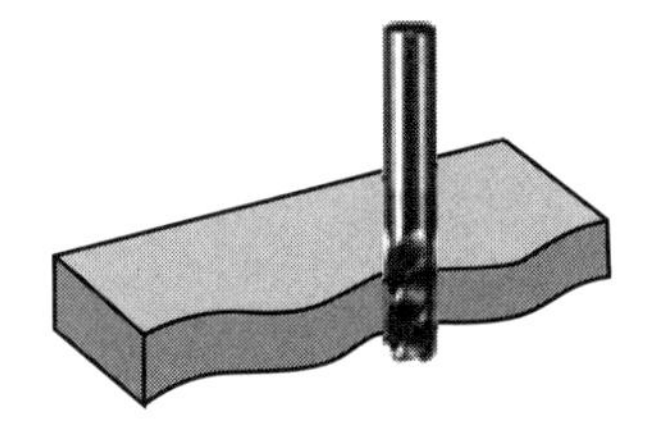

图 5-24　铣曲面

图 5-25　铣立体曲面

5.1.3　数控铣刀的基本特点

为了适应数控机床加工精度高、加工效率高、加工工序集中及零件装夹次数少等要求，数控机床对所用的刀具有许多性能上的要求。与普通机床的刀具相比，数控铣刀具有以下特点：

① 刀片和刀柄高度的通用化、规则化、系列化；

② 刀片和刀具几何参数及切削参数的规范化、典型化；

③ 刀片或刀具材料及切削参数需与被加工工件材料相匹配；

④ 刀片或刀具的使用寿命长，加工刚度好；

⑤ 刀片及刀柄的定位基准精度高，刀柄对机床主轴的相对位置要求也较高；

⑥ 刀柄需有较高的强度、刚度和耐磨性，刀柄及刀具系统的重量不能超标；

⑦ 刀柄的转位、拆装和重复定位精度要求高。

5.1.4　数控铣刀的基本要求

(1) 铣刀刚度要好

要求铣刀刚度好的目的，一是满足为提高生产效率而采用大切削用量的需要；二是为适应数控铣床加工过程中难以调整切削用量的特点。在数控铣削中，因铣刀刚度较差而断刀并造成零件损伤的事例是经常有的，所以解决数控铣刀的刚度问题是至关重要的。

(2) 铣刀的使用寿命要长

当一把铣刀加工的内容很多时，如果刀具磨损较快，不仅会影响零件的表面质量和加工精度，而且会增加换刀与对刀次数，从而导致零件加工表面留下因对刀误差而形成的接刀台阶，降低零件的表面质量。

(3) 刀具切削部分的材料性能要好

在切削过程中，刀具切削部分不仅要承受很大的切削力，而且要承受切屑变形和摩擦产生的高温。要保持刀具的切削能力，刀具材料应具备高的硬度和耐磨性、足够的强度和韧性、良好的耐热性和导热性、良好的工艺性和经济性。刀具材料除本身的可切削性能、磨削性能、热处理性能、焊接性能外，还要求价格低廉。

除上述三点之外，铣刀切削刃的几何角度参数的选择与排屑性能等也非常重要。切屑黏刀形成积屑瘤在数控铣削中是十分忌讳的。总之，根据被加工工件材料的热处理状态、切削性能及加工余量，选择刚性好、使用寿命长的铣刀，是充分发挥数控铣床的生产效率并获得满意加工质量的前提条件。

5.2 铣削原理

5.2.1 铣刀的几何参数

(1) 铣刀的标注角度参考系

圆柱形铣刀和端铣刀的辅助参考平面如图 5-26 所示。铣削的主运动为铣刀的旋转运动，铣刀切削刃上任意一点的切削速度方向均垂直于铣刀的半径方向，而基面是过切削刃上一点并且垂直于该点切削速度方向的平面，所以铣刀切削刃上任意一点的基面是通过该点的轴向平面。铣刀切削刃上任意一点的切削平面是通过该点的切平面，它与基面相垂直。由于设计、制造和测量需要，铣刀几何角度测量剖面除法剖面等外，还规定了端剖面。端剖面是过切削刃上一点垂直于铣刀轴线所作的剖面。

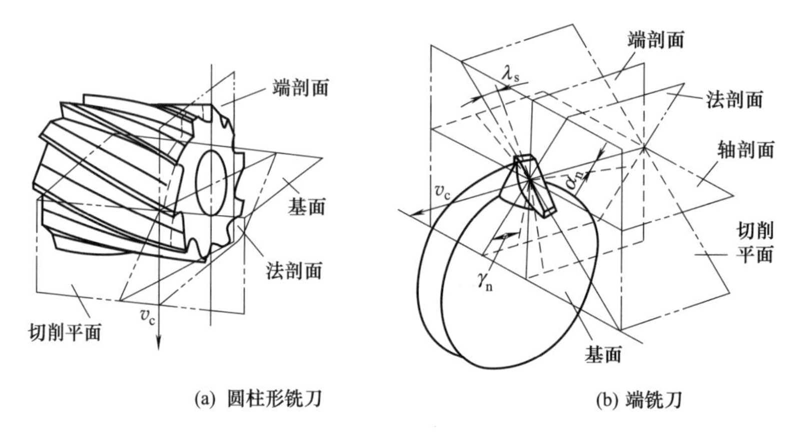

图 5-26 圆柱形铣刀和端铣刀的辅助参考平面

(2) 铣刀的几何角度

① 圆柱形铣刀的几何角度　如图 5-27 所示为圆柱形铣刀的几何角度。它包括螺旋角 β、法向前角 γ_n、端面前角 γ_o、法向后角 α_n 和端面后角 α_o。如图 5-27 所示的端剖面正好与过切削刃上某点的正交平面重合，故端面前角、端面后角采用了与正交平面内的前、后角相同的符号。

a. 螺旋角　螺旋角 β 是螺旋切削刃展开成直线后与铣刀轴线（基面）间的夹角，相当于车刀的刃倾角 λ_s。它能使刀齿逐渐地切入和切离工件，提高铣削的平稳性。

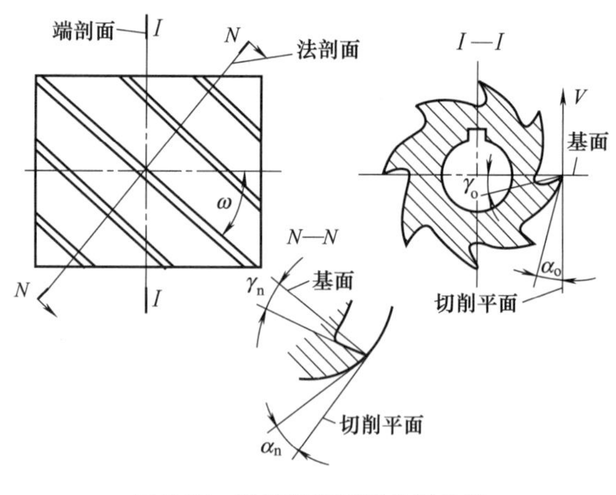

图 5-27 圆柱形铣刀的几何角度

增大 β 能使形成的螺旋形切屑沿着刀齿前面排在容屑槽内，改善了切屑排出情况，同时也能增加实际切削前角，使切削轻快。一般细齿圆柱形铣刀的螺旋角 $\omega=30°\sim35°$，粗齿圆柱形铣刀的螺旋角 $\beta=40°\sim45°$。

b. 法平面的前角和端平面的前角　法平面的前角 γ_n 是在法平面内前面和基面间的夹角。端平面的前角 γ_o 是在端平面内前面和基面间的夹角。对圆柱形铣刀而言，端平面相当于正交平面。制造铣刀时，须知 γ_n，而测量铣刀前角时须知 γ_o。通常在图纸上只标注 γ_n，它和 γ_o 之间的关系为

$$\tan\gamma_o=\frac{\tan\gamma_n}{\cos\beta} \tag{5-1}$$

c. 法平面的后角和端平面的后角　法平面的后角 α_n 是在法平面内后面和切削平面间的夹角。端平面的后角 α_o 是在端剖平面内后面和切削平面间的夹角。铣削时应选择较大的后角，通常取 $\alpha_o=12°\sim16°$。一般情况下在图纸上只标注 α_o，它和 α_n 的关系为

$$\tan\alpha_o=\tan\alpha_n\cos\beta \tag{5-2}$$

② 端铣刀的几何角度　端铣刀的几何角度如图 5-28 所示。端铣刀的一个刀齿，就相当于一把普通外圆车刀，但其角度标注方法与车刀相同。

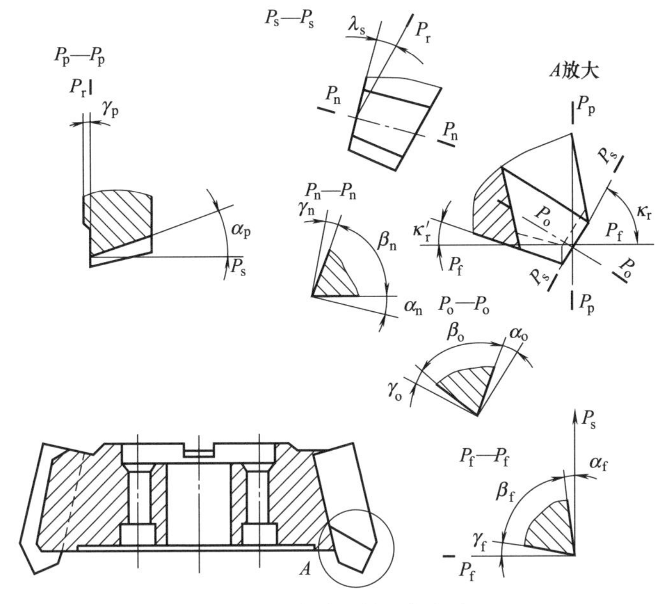

图 5-28　端铣刀的几何角度

③ 铣刀几何角度的合理选择

a. 前角　铣刀的前角也是根据工件材料的性质来选择的，其原则与车刀前角的原则基本相同。由于铣削时有冲击，为保证切削刃强度，铣刀前角一般小于车刀前角，硬质合金铣刀前角小于高速钢铣刀前角。由于硬质合金端铣刀切削冲击大，因而其前角应取更小值或负值，或加负倒棱，负倒棱宽度 $b_{\gamma 1}$ 应小于每齿进给量 f_z。铣刀前角的数值具体见表 5-2。

b. 后角　铣刀后角 α_o 主要根据进给量的大小来选择。因铣刀进给量小，所以铣刀后角 α_o 取大值，一般应比车刀后角值大。铣刀后角的数值见表 5-3。

⊡ 表 5-2 铣刀前角的数值

工件材料		高速钢铣刀前角	硬质合金铣刀前角
钢	$\sigma_b \leqslant 0.585\text{GPa}$	20°	5°～12°
	$0.585\text{GPa} < \sigma_b < 0.581\text{GPa}$	15°	−5°～5°
	$\sigma_b \geqslant 0.581\text{GPa}$	10°～12°	−10°～−5°
铸铁		5°～15°	−5°～5°

⊡ 表 5-3 铣刀后角的数值

铣刀种类		铣刀后角的数值
高速钢铣刀	粗齿	12°
	细齿	16°
高速钢锯片铣刀	粗齿、细齿	20°
硬质合金铣刀	粗铣	6°～8°
	精铣	12°～15°

c. 主偏角和副偏角　硬质合金端铣刀的主偏角 κ_r 和副偏角 κ_r' 推荐值如下：

- 当铣钢时，$\kappa_r=60°\sim75°$，$\kappa_r'=0°\sim5°$。
- 当铣铸铁时，$\kappa_r=45°\sim60°$，$\kappa_r'=0°\sim5°$。
- 当采用槽铣刀和锯片铣刀时，$\kappa_r=50°$，$\kappa_r'=15'\sim1°$。
- 当采用立铣刀和两（三）面刃铣刀时，$\kappa_r=50°$，$\kappa_r'=1°30'\sim2°$。

d. 刃倾角　圆柱形铣刀和立铣刀的螺旋角 β 就是刃倾角 λ_s，它影响了铣刀同时工作的齿数、铣削过程的平稳性和实际工作前角等。

硬质合金端铣刀的刃倾角对刀尖强度影响较大，只有加工软钢及其他低强度材料时，才用正刃倾角。铣刀刃倾角的数值见表 5-4。

⊡ 表 5-4 铣刀刃倾角的数值

铣刀类型	圆柱形铣刀		硬质合金端铣刀	两(三)面刃铣刀	立铣刀	键槽铣刀
	粗齿	细齿				
刃倾角 λ_s	40°～60°	−15°～5°	10°～15°	25°～30°	30°～45°	15°～20°

5.2.2 铣削方式

铣削平面的方式主要分为周铣和端铣。

(1) 周铣

周铣是指利用分布在铣刀圆柱面上的切削刃来形成平面（或表面）的铣削方法。

周铣铣削方式又分为两种，即逆铣和顺铣，如图 5-29 所示。铣刀的旋转方向和工件的进给方向相反（铣刀切入工件处）的铣削方式称为逆铣，铣刀的旋转方向和工件的进给方向相同（铣刀切出工件处）的铣削方式称为顺铣。

逆铣和顺铣有着不同的切削特点，对切削过程的影响也不同。

逆铣时初始切入的切削厚度为零，随着刀齿的滑行刀齿逐渐切入工件，切削过程较为平稳。但刀齿的滑行加速了后刀面的磨损，降低了刀具寿命和已加工表面质量。顺铣时平均切削厚度较大，切屑变形程度较小，可节省铣削功率。

如图 5-30 所示为逆铣、顺铣时的铣削分力作用方向。逆铣时，在刀齿初切入时由于与工件的挤压和摩擦，垂直分力 F_v 可能向下。当刀齿切离工件时，垂直分力 F_v 向上，此时工件受向上抬起切削力作用而引起振动，从而影响加工精度和加工表面粗糙度。顺铣时，垂直分力 F_v 始终向下，把工件压向工作台，并且刀齿不发生滑行，故可获得表面粗糙度值很小的加工表面。但是，顺铣时，当接触角大于一定数值后，刀齿切入工件时的水平分力 F_H 可能与进给方向相反；当接触角很小时，刀齿切入工件时的水平分力 F_H 与进给方向相同，但其大小是变化的。由于铣床进给丝杠和螺母间存在一定间隙，因而刀齿切入工件时的水平分力 F_H 的方向和大小的变化会造成铣床工作台的间歇性移动，引起振动甚至打刀。因此，顺铣时，应当设法消除丝杠和螺母之间的间隙。逆铣时，由于水平分力 F_H 始终与进给方向相反，不会产生上述现象。

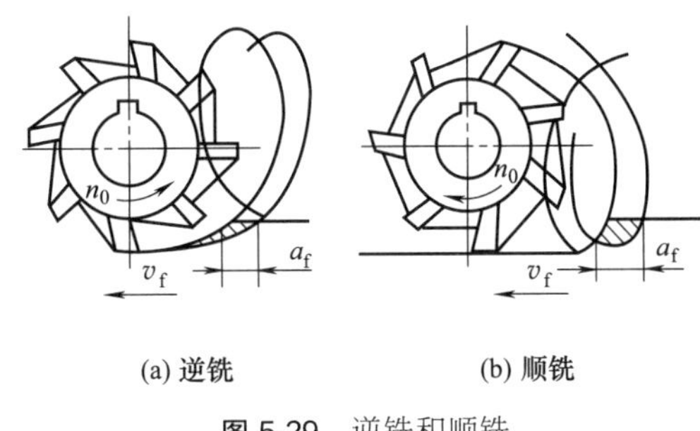

图 5-29 逆铣和顺铣

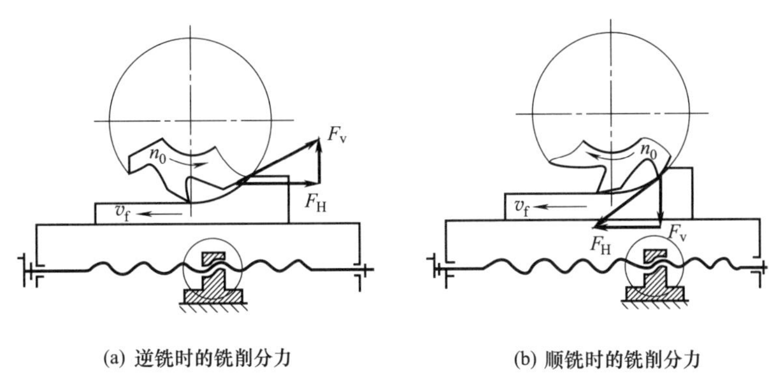

图 5-30 逆铣、顺铣时的铣削分力作用方向

综上所述，当加工无硬皮工件时，若铣床上有消除丝杠和螺母之间间隙的机构，选用顺铣比较合适。若铣床上没有消除丝杠和螺母之间间隙的机构，选用逆铣比较合适。但无论采用顺铣还是逆铣，都应提高工艺系统的刚性，以减少振动，才能获得较好的加工效果。

(2) 端铣

端铣是指利用分布在铣刀端面上的切削刃来形成平面的铣削方法。端铣和周铣的不同之处在于：

① 端铣时每齿切下的切削层厚度变化较小，因此，铣削力变化较小；周铣时每齿切下的切削层厚度变化较大，因此，铣削力波动较大。

② 端铣时同时参加铣削的齿数较多，铣削过程较平稳。

③ 端铣时，由于主切削刃起切除作用，过渡刃和副切削刃起修光作用，故加工表面质量较好；周铣时，仅由主切削刃形成已加工表面，故加工表面质量较差。

④ 端铣刀便于采用机夹硬质合金刀片，主轴刚性较好，可进行高速铣削。

由此可知，在铣削平面时端铣比周铣的生产率和加工表面质量都高些。但周铣也有其优点，如可同时装夹几把刀加工组合平面。因此，铣削平面时选择端铣还是周铣要视具体情况而定。

端铣又可分为对称铣和不对称铣。

对称端铣是工件安放在端铣刀的对称位置上，如图 5-31（a）所示。铣削淬硬钢和精铣机床导轨面时采用这种铣削方式比较适合。因为这种铣削方式具有最大的平均切削厚度，可避免铣刀切入时对加工表面的挤刮。特别在精铣机床导轨面时，可保证刀齿在加工表面冷硬层下铣削，能获得较高的加工表面质量。

不对称端铣是工件安放时偏离端铣刀的对称位置。根据工件切削表面相对于铣刀对称中心分布的位置不同，又分为不对称逆铣和不对称顺铣。

不对称逆铣是端铣刀从最小的切削厚度切入，从较大的切削厚度切出，其铣削方式逆铣成分多，如图 5-31（b）所示。端铣碳钢及低碳低合金钢（如 16Mn 等）时多采用这种铣削方式。这是因为切入时切削厚度小，减少了冲击力，从而可使刀具寿命和加工表面质量得到提高。

不对称顺铣是端铣刀从较大的切削厚度切入，较小的切削厚度切出，其铣削方式顺铣成分多，如图 5-31（c）所示。铣削不锈钢（如 2Cr13、1Cr18Ni9Ti 等）及耐热合金等冷硬趋向严重的材料时，常采用这种铣削方式，因切入厚度较大，可避免刀齿在冷硬层上划过，从而可提高刀具寿命。

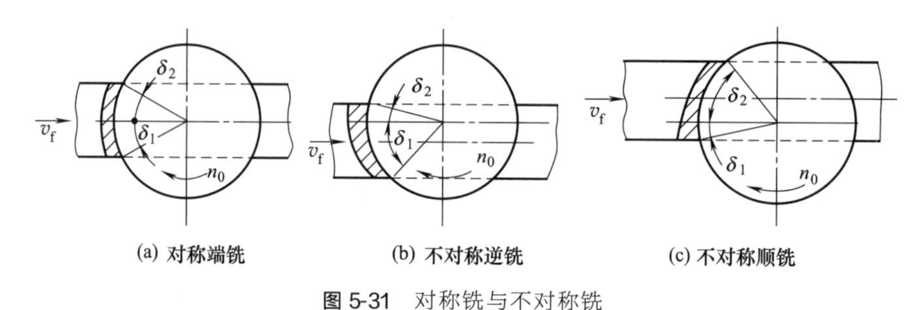

(a) 对称端铣　　(b) 不对称逆铣　　(c) 不对称顺铣

图 5-31　对称铣与不对称铣

实际生产中，采用端铣的哪种铣削方式应根据具体切削加工条件合理选用，可查阅相关参考资料。

5.2.3　铣削要素和切削层参数

(1) 铣削要素

铣削时，必须选择下列铣削用量要素，如图 5-32 所示。

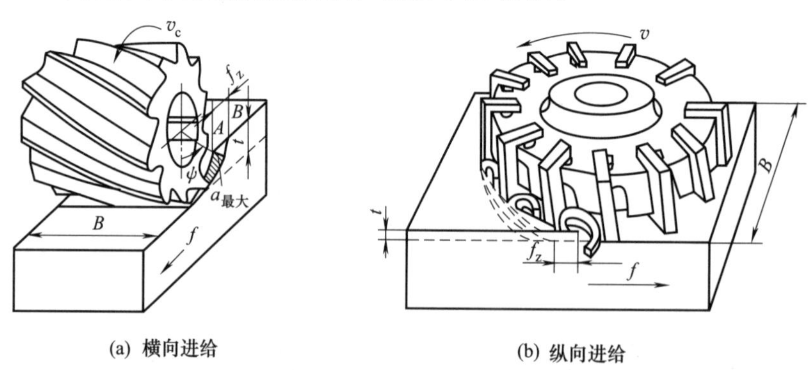

(a) 横向进给　　(b) 纵向进给

图 5-32　铣削要素

① 背吃刀量　背吃刀量是指待加工表面和已加工表面间的垂直距离，用符号 a_p 表示，单位为 mm。

② 铣削宽度　铣削宽度是指垂直于铣削深度和走刀方向测量的切削层尺寸，用符号 a_e 表示，单位为 mm。

③ 每齿进给量　每齿进给量是指铣刀每转过一个刀齿时，工件与铣刀沿走刀方向的相对位移，用符号 f_z 表示，单位为 mm/z。

④ 每转进给量　每转进给量是指铣刀每转一周时，工件与铣刀沿定刀方向的相对位移，用符号 f 表示，单位为 mm/r。

⑤ 进给速度　进给速度是指铣刀切削刃基点相对工件的进给运动的瞬时速度，单位为 mm/min。三者之间的关系为

$$v_f = fn = f_z nz \tag{5-3}$$

式中，z 为铣刀齿数。

⑥ 铣削速度　铣削速度是指铣刀旋转运动的线速度，用符号 v_c 表示，单位为 m/min。它和铣刀转速 n 之间的关系为

$$v_c = \frac{\pi dn}{1000} \tag{5-4}$$

式中，d 为铣刀直径，mm。

(2) 铣削层参数

铣削时，铣刀同时有几个刀齿参加切削，每个刀齿所切下的切削层，是铣刀相邻两个刀齿在工件切削表面之间形成的一层金属。切削层剖面的形状与尺寸对铣削过程中的一些基本规律（切削力、铣刀磨损等）有着直接影响。

① 切削公称厚度　切削公称厚度是指铣刀上相邻两个刀齿所形成的切削表面间的垂直距离，简称切削厚度，用符号 h_D 表示。无论是周铣还是端铣，铣削时的切削厚度都是变化的，如图 5-33 所示。

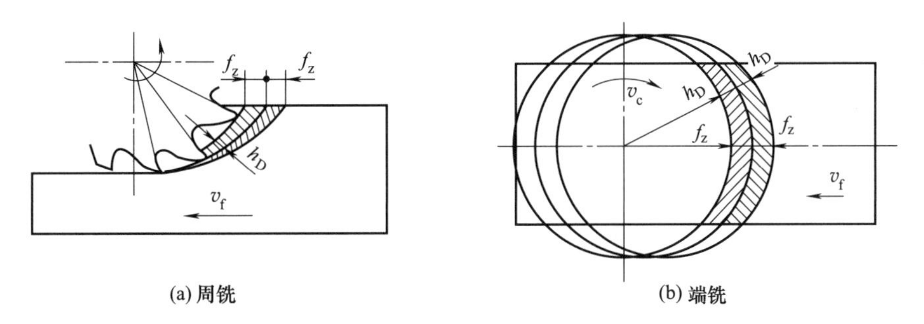

图 5-33　铣削时切削厚度的变化

a. 在周铣中。如图 5-34 所示，当 $\theta=0°$时，$h_D=0$；当 $\theta=\psi_i$ 时，h_D 最大。因此，周铣时切削厚度的计算公式为

$$h_D = f_z \sin\theta \tag{5-5}$$

$$h_{Dmax} = f_z \sin\psi_i \tag{5-6}$$

式中，θ 为铣刀刀齿瞬时转角，(°)；ψ_i 为铣刀接触角，(°)。

b. 在端铣中。如图 5-35 所示，当 $\theta=0°$时，h_D 最大；当 $\theta=\psi_i$ 时，h_D 最小。因此，端铣时切削厚度的计算公式为

$$h_D = f_z \cos\theta \sin\kappa_r \tag{5-7}$$

$$h_{Dmin} = f_z \cos\psi_i \sin\kappa_r \tag{5-8}$$

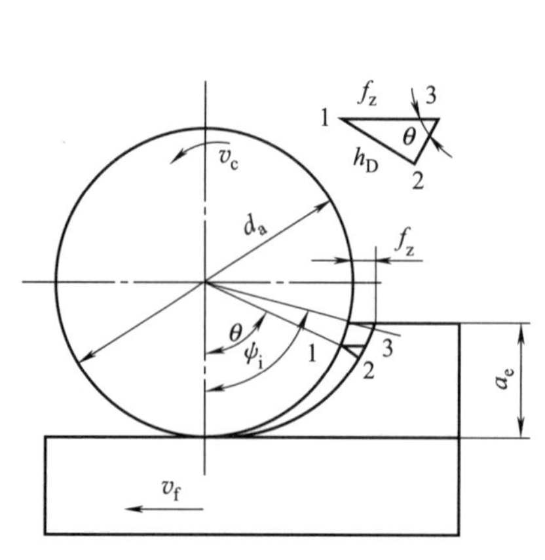

图 5-34　周铣时切削厚度的计算

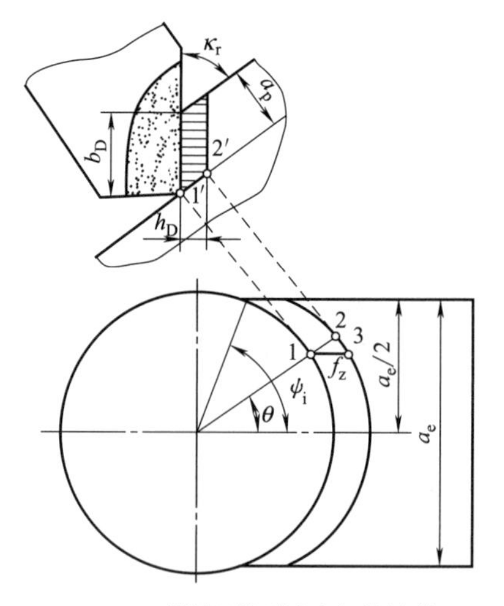

图 5-35　端铣时切削厚度的计算

② 切削宽度　切削宽度是切削层公称宽度的简称，其定义与车削相同，在基面中测量，用符号 b_D 表示。直齿圆柱形铣刀的切削宽度等于背吃刀量（铣削深度），即 $b_D=a_p$。面铣刀的单个刀齿类似于车刀，所以其切削宽度 $b_D=a_p/\sin\kappa_r$。

螺旋齿圆柱形铣刀的一个刀齿，不仅其切削厚度在不断变化，而且其切削宽度也随刀齿的不同位置而变化。如图 5-36 所示，螺旋齿圆柱形铣刀同时切削的齿数有 3 个。h_{D1}、h_{D2}、h_{D3} 为三个刀齿同时切得的最大切削厚度；b_{D1}、b_{D2}、b_{D3} 表示三个刀齿不同的切削宽度。从图中可以得知，对一个刀齿而言，在刀齿切入工件后，切削宽度由零逐渐增大到最大值，然后又逐渐减小至零，即无论刀齿切入还是切离工件，都有一个平缓的量变过程，所以螺旋齿圆柱形铣刀比直齿圆柱形铣刀的铣削过程平稳。

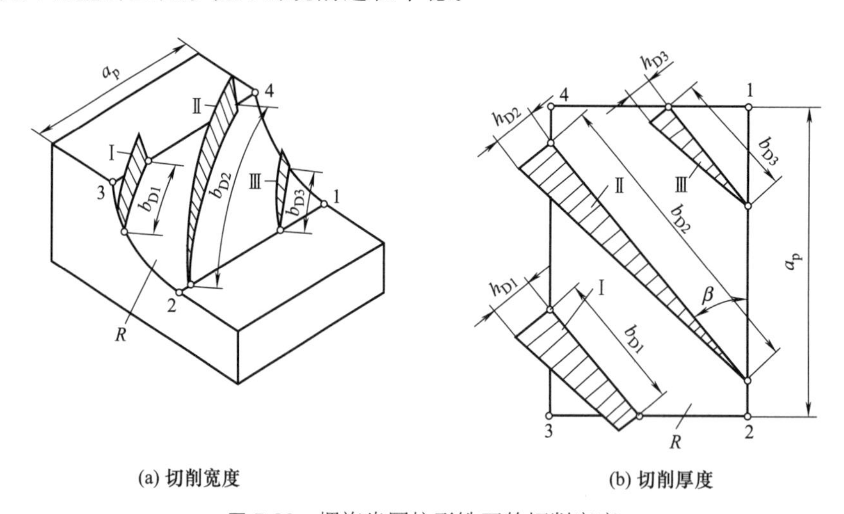

图 5-36　螺旋齿圆柱形铣刀的切削宽度

③ 切削层横截面积　铣刀每个切削齿的切削层横截面积 $A_D=h_Db_D$。铣刀的总切削层横截面积应为同时参加切削的刀齿切削层横截面积之和。但是，由于铣削时切削厚度、切削

宽度及同时工作的齿数 z_e 均随时间而变化，所以总切削面积 $\sum A_D$ 也随时间而变化，从而计算较为复杂。为了计算简便，常采用平均切削面积 A_{Dav} 这一参数，其计算公式为

$$A_{Dav}=\frac{Q}{v_c}=\frac{a_e a_p v_f}{\pi d_0 n}=\frac{a_e a_p f_z z}{\pi d_0} \tag{5-9}$$

式中，Q 为材料切除率，mm^3/min。

5.2.4 铣削力和铣削功率

(1) 铣削力

铣削时，铣刀的每个刀齿都产生铣削力，每个刀齿所产生铣削力的合力即为铣刀的铣削力。每个刀齿和铣刀的铣削力一般为空间力，为研究方便，可根据实际需要进行分解。如图 5-37 所示，可将圆柱形铣刀单个刀齿产生的铣削力分解为几个方向的分力。

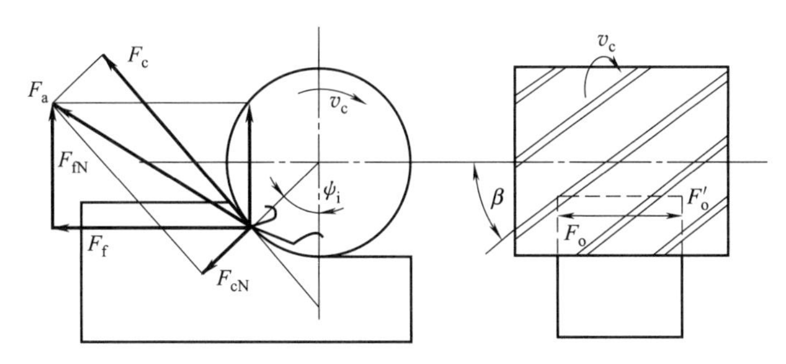

图 5-37 圆柱形铣刀的铣削分力

① 铣削力　铣削力 F_c 是铣削时总铣削力在主运动方向上的分力，即作用于铣刀切线方向上消耗机床主要功率的力。

② 垂直铣削力　垂直铣削力 F_{cN} 是铣削时总铣削力在垂直于主运动方向上的分力，即作用于铣刀半径方向上，能引起刀杆弯曲变形的力。

③ 轴向力　轴向力 F_o 作用于主轴方向上，且与刀齿所受轴向抗力 F'_o 大小相等、方向相反。

铣削力 F_c 与垂直切削力 F_{cN} 的合力 F_a 又可分解为下列两个分力：

a. 进给力。进给力 F_f 是铣削时总铣削力在进给运动方向上的分力，即作用于铣床工作台纵向进给方向上的力。

b. 垂直进给力。垂直进给力 F_{fN} 是铣削时总铣削力在垂直于进给运动方向上的分力，即作用于铣床升降台运动方向上的力。

以上铣削力可写成

$$\sqrt{F_c^2+F_{cN}^2}=\sqrt{F_f^2+F_{fN}^2} \tag{5-10}$$

由于铣刀刀齿位置是随时变化的，因此，当铣刀接触角 ψ_i 不同时，各铣削分力的大小是不同的，即

$$F_f=F_c\cos\psi_i \pm F_{cN}\sin\psi_i \text{（逆铣为“+”，顺铣为“-”）}$$

$$F_{fN}=F_c\sin\psi_i \pm F_{cN}\cos\psi_i \text{（逆铣为“+”，顺铣为“-”）}$$

同理，端铣时，也可将铣削力按上述方法分解。

各铣削分力与铣削力的比值见表 5-5。

⊡ 表 5-5 各铣削分力与铣削力的比值

铣削条件	比值	对称端铣	不对称铣削	
			逆铣	顺铣
端铣：$a_e=0.4d_0\sim0.8d_0$，$f_z=0.1\sim0.2$mm	F_f/F_c	0.30～0.40	0.50～0.60	0.15～0.30
	F_{fN}/F_c	0.55～0.85	0.45～0.70	0.50～1.00
	F_0/F_c	0.50～0.55	0.50～0.55	0.50～0.55
立铣、圆柱铣、盘铣和成形铣：$a_e=0.05d_0$，$f_z=0.1\sim0.2$mm	F_f/F_c	—	1.00～1.20	0.50～0.80
	F_{fN}/F_c	—	0.20～0.30	0.75～0.80
	F_0/F_c	—	0.35～0.40	0.35～0.40

(2) 铣削力经验公式

铣削力通常是根据经验公式来计算。铣削力的经验公式见表 5-6 和表 5-7，使用条件改变时的修正系数见表 5-8 和表 5-9。

⊡ 表 5-6 硬质合金铣刀铣削力的经验公式

铣刀类型	工件材料	铣削力的经验公式/N
端铣刀	碳钢	$F_c=7753a_pf_z^{0.75}a_e^{1.1}zd_0^{-1.3}n^{-0.2}K_{F_c}$
	灰铸铁	$F_c=513a_p^{0.9}f_z^{0.74}a_ezd_0^{-1.0}K_{F_c}$
	可锻铸铁	$F_c=4615a_pf_z^{0.7}a_e^{1.1}zd_0^{-1.3}n^{-0.2}K_{F_c}$
	1Cr18Ni9Ti	$F_c=2138a_p^{0.92}f_z^{0.78}a_ezd_0^{-1.15}K_{F_c}$
圆柱形铣刀	碳钢	$F_c=948a_pf_z^{0.75}a_e^{0.88}zd_0^{-0.87}$
	灰铸铁	$F_c=545a_pf_z^{0.8}a_e^{0.9}zd_0^{-0.9}$
立铣刀	碳钢	$F_c=118a_pf_z^{0.75}a_e^{0.85}zd_0^{-0.73}n^{-0.1}$
盘铣刀、槽铣刀、锯片铣刀		$F_c=245\ 2a_p^{1.1}f_z^{0.6}a_e^{0.9}zd_0^{-1.1}n^{-0.1}$

注：转速 n 的单位为 r/min。

⊡ 表 5-7 高速钢铣刀铣削力的经验公式

铣刀类型	工件材料	铣削力的经验公式/N
立铣刀、圆柱形铣刀	碳钢、青铜、铝合金、可锻铸铁等	$F_c=C_{F_c}a_pf_z^{0.72}a_e^{0.86}d_0^{-0.86}zK_{F_c}$
端铣刀		$F_c=C_{F_c}a_p^{0.95}f_z^{0.92}a_e^{1.1}d_0^{-1.1}zK_{F_c}$
盘铣刀、锯片铣刀		$F_c=C_{F_c}a_pf_z^{0.72}a_e^{0.86}d_0^{-0.86}zK_{F_c}$
角度铣刀		$F_c=C_{F_c}a_pf_z^{0.72}a_e^{0.86}d_0^{-0.86}zK_{F_c}$
半圆铣刀		$F_c=C_{F_c}a_pf_z^{0.72}a_e^{0.86}d_0^{-0.86}zK_{F_c}$
立铣刀、圆柱形铣刀	灰铸铁	$F_c=C_{F_c}a_pf_z^{0.6}a_e^{0.83}d_0^{-0.83}zK_{F_c}$
端铣刀		$F_c=C_{F_c}a_p^{0.9}f_z^{0.72}a_e^{1.14}d_0^{-0.14}zK_{F_c}$
盘铣刀、锯片铣刀		$F_c=C_{F_c}a_pf_z^{0.65}a_e^{0.83}d_0^{-0.83}zK_{F_c}$

续表

铣刀类型	铣削力系数 C_{F_c}				
	碳钢	可锻铸铁	灰铸铁	青铜	镁合金
立铣刀、圆柱形铣刀	641	282	282	212	160
端铣刀	812	470	470	353	170
盘铣刀、锯片铣刀	642	282	282	212	160
角度铣刀	366	—	—	—	—
半圆铣刀	443	—	—	—	—

注：1. 铝合金 C_{F_c} 可取钢的 1/4。

2. 铣刀磨损超过磨钝标准时，F_c 将增大。加工软钢时，可增大 50%～75%；加工中硬钢、硬钢和铸铁时，可增大 30%～40%。

表 5-8 硬质合金铣刀铣削力的修正系数 K_{F_c}

工件材料系数		前角系数(切钢)			主偏角系数(钢及铸铁)				
钢	铸铁	−10°	0°	10°	15°	30°	60°	75°	50°
$\left(\frac{\sigma_b}{0.638}\right)^{0.3}$	$\frac{HBS}{190}$	1.0	0.85	0.75	1.23	1.15	1.0	1.06	1.14

注：σ_b 的单位为 GPa。

表 5-9 高速钢铣刀铣削力修正系数 K_{F_c}

工件材料系数		前角系数			主偏角系数(端铣)				
钢	铸铁	5°	10°	15°	20°	30°	45°	60°	50°
$\left(\frac{\sigma_b}{0.638}\right)^{0.3}$	$\left(\frac{HBS}{190}\right)^{0.55}$	1.08	1.0	0.52	0.85	1.15	1.06	1.0	1.04

注：σ_b 的单位为 GPa。

(3) 铣削功率 P_c

铣削功率 P_c 为铣削时所消耗的功率。铣削功率 P_c 的单位是 kW，其计算公式为

$$P_c=\frac{F_c v_c}{1000} \tag{5-11}$$

5.3 数控加工中常用铣刀及代码

数控加工中常用铣刀为可转位铣刀，主要包括下面几种：

(1) 可转位面铣刀（可转位端铣刀、可转位端面铣刀）

主要以端齿为主来加工各种平面。且主偏角为 90°的面铣不仅能加工平面，还能同时加工出与平面垂直的直角面，但是这个面的高度受到刀片长度尺寸的限制。

(2) 可转位立铣刀

这种铣刀既可用端齿铣削，也可用圆柱齿铣削，主要用于铣削沟槽、台阶面或模腔成形面。

(3) 可转位盘铣刀

这种铣刀是用盘状的圆周刃和侧刃来铣削沟槽和台阶面，它可以比立铣刀铣更深更窄的槽。

(4) 可转位组合铣刀和可转位成形铣刀

所谓组合铣刀，是由数把相同或不同规格的可转位盘铣刀组合而成的铣刀，它可以一次加工出形状复杂的成形面。所谓成形铣刀，就是用可转位刀片在同一个刀体上组成一个复杂的成形面，使成形面的加工一次就能完成的铣刀。

从铣削刀具的几何性和工件的硬度、形状和尺寸的要求方面，大多数大型刀具厂家都提供一个完整的铣刀目录。图 5-38 中展现的铣削功能具有一定的典型性。

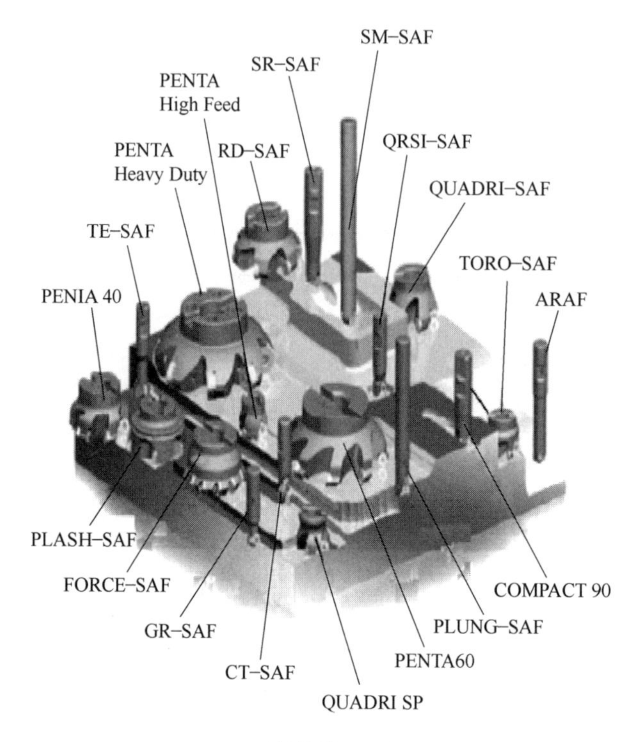

图 5-38 可转位铣刀功能示意图

5.3.1 数控可转位铣刀刀片及铣刀代码

(1) 可转位铣刀刀片的夹紧方式

可转位铣刀是将可转位刀片通过夹紧装置夹固在刀体上，当刀片的一个切削刃用钝后，直接在机床上将刀片转位或更新刀片，而不必拆卸铣刀，从而节省辅助时间，减少了劳动量，降低了成本，目前得到了极为广泛的应用。下面以可转位面铣刀为例说明。

如图 5-39 所示为机夹可转位面铣刀结构。它由刀体、刀片座（刀垫）、刀片、内六角螺钉、楔块和紧固螺钉等组成。刀垫 1 通过内六角螺钉固定在刀槽内，刀片安放在刀垫上并通过楔块夹紧。

① 刀片的定位　可转位面铣刀刀片最常用的定位方式是三点定位，可由刀片座或刀垫实现，如图 5-40 所示。图 5-40（a）定位靠刀片座的制造精度保证，其精度要求较高；图 5-40（b）由于定位点可调，铣刀制造精度要求可低些。在制造、检验和使用铣刀时，采用相同的定位基准，以减少误差。

② 刀片的夹紧　由于铣刀工作在断续切削条件下，切削过程的冲击和振动较大，可转位结构中，夹紧装置具有极其重要的地位，其可靠程度直接决定铣削过程的稳定性。目前，

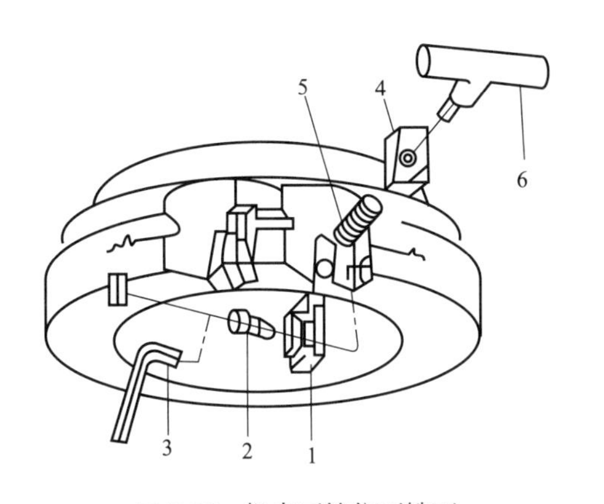

图 5-39　机夹可转位面铣刀

1—刀垫和刀片；2—内六角螺钉；3—内六角扳手；
4—楔形压块；5—双头螺柱；6—专用锁紧扳手

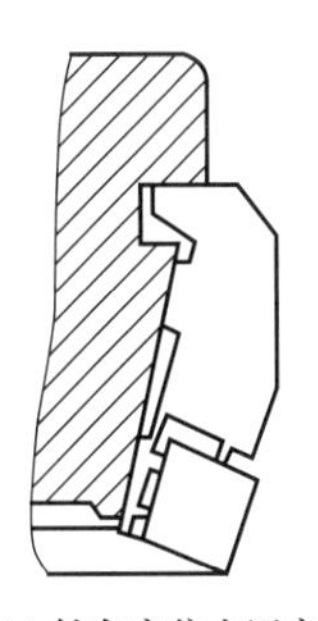

(a) 轴向定位点固定

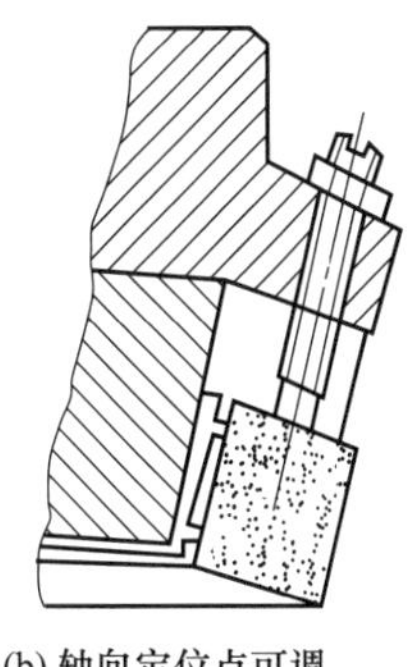

(b) 轴向定位点可调

图 5-40　刀片的定位

常用的夹紧方式有多种，如图 5-41 所示。

a. 螺钉楔块式　如图 5-41（a）为螺钉楔块前压式，楔块在刀片前刀面夹紧，楔块的顶面加工成凹形作排屑槽用，刀片后面装有刀垫，防止打刀时顶坏刀体，螺钉两头分别为左右旋螺纹，便于松开楔块。优点是夹紧力大，排屑和打刀都不会损坏刀体。缺点是楔块形成的排屑槽不光滑，同时楔块压着刀片切削平面的一半，排屑不畅，刀片和楔块磨损较快，同时，由于以刀片的背面定位，对刀片尺寸（厚度）精度要求严格。如图 5-41（b）为螺钉楔块后压式，楔块在刀片后刀面夹紧，同时也代替了刀垫的作用。优点是结构简单，以楔块代替刀垫，铣刀可以排布较多的刀齿，打刀时也不会损坏刀体，切屑流动通畅，以刀片的前刀面定位，刀片的厚度偏差不会影响刀齿的径向跳动。缺点是夹紧力的方向与切削力的方向相反，必须使用更大的夹紧力。以上两种夹紧方式中楔块楔角 12°，具有结构简单、夹紧牢靠、工艺性好等优点，目前用得最多。

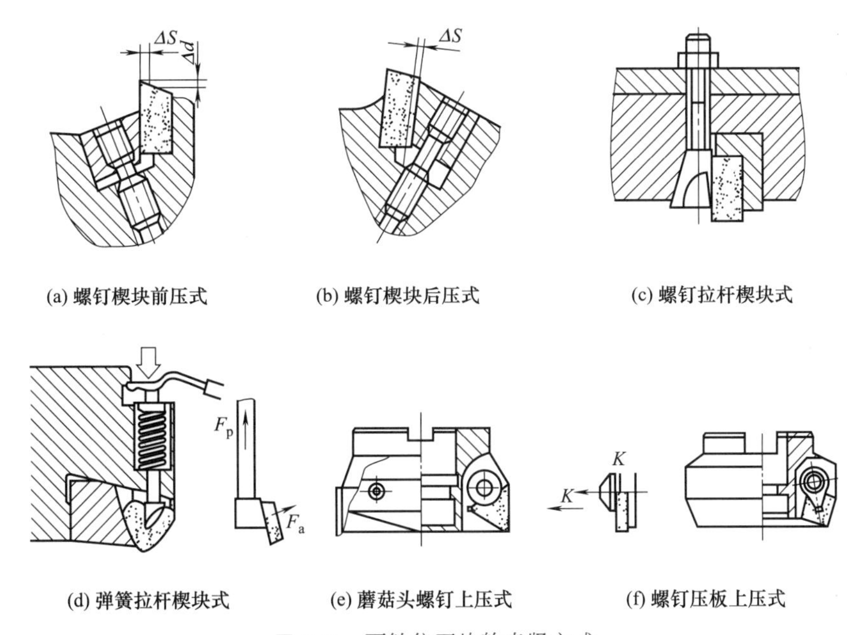

(a) 螺钉楔块前压式　(b) 螺钉楔块后压式　(c) 螺钉拉杆楔块式

(d) 弹簧拉杆楔块式　(e) 蘑菇头螺钉上压式　(f) 螺钉压板上压式

图 5-41　可转位刀片的夹紧方式

b. 拉杆楔块式　如图 5-41（c）所示为螺钉拉杆楔块式，用拉杆和楔块组成的整体夹紧元件，拧紧面铣刀背面的螺母即可夹紧刀片，松开螺母轻轻敲击拉杆的后端就可打开刀片，主要适用于密齿面铣刀。优点是结构紧凑，制造方便，夹紧牢靠，可增加铣刀齿数，有利于提高切削效果。缺点是排屑不流畅，打开时要轻轻敲击拉杆后端，容易损坏拉杆。

如图 5-41（d）所示为弹簧拉杆楔块式，用弹簧和拉杆楔块夹紧刀片，当刀片需要更换或转位时，可用杠杆插入刀体上的环形槽内，将拉杆楔块压下，即可松开刀片，放开杠杆，靠弹簧力，自动夹紧刀片，一般适用于密齿面铣刀。优点是结构紧凑，夹紧力稳定，刀体不易变形，夹紧方便，更换刀片或刀片转位迅速。缺点是结构复杂，制造精度要求很高，刀片的固定靠弹簧力的作用。

c. 上压式　刀片通过蘑菇头螺钉［见图 5-41（e）］，将刀片压在刀体定位槽内，夹紧力方向与主切削力方向一致。特点是结构合理，夹持牢靠，无径向、轴向窜动，转位迅速。通过螺钉压板［见图 5-41（f）］将刀片压紧在铣刀体的刀片槽内。刀片槽是半封闭式，轴向和径向都不能调整，刀片下面可以用垫片，也可不用垫片。大多用在直径小、齿数少、刀片位置精度不可调整的套式或柄式可转位面铣刀上。优点是结构简单，制造容易，夹紧可靠，承受很大的切削力时刀片也不会松动或窜动。缺点是刀片位置不可调整，刀片槽的位置精度要求很严，故小直径面铣刀应用较多。

（2）可转位铣刀刀片的 ISO 代码

可转位铣刀刀片的 ISO 代码与可转位车刀刀片类似，如图 5-42 所示。其主要区别在于

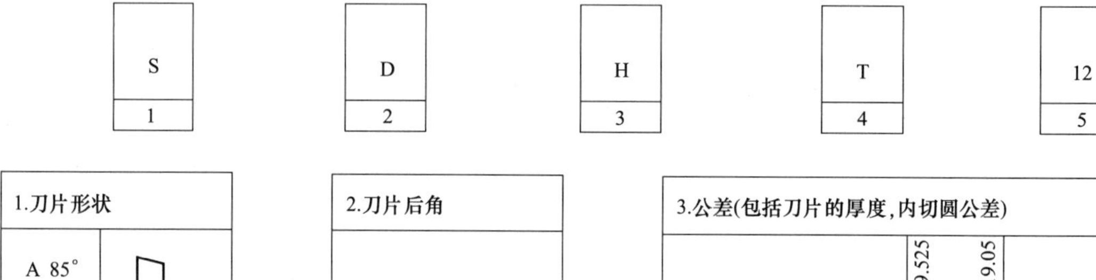

1.刀片形状	
A 85° B 82° K 55°	
H 120°	
L 90°	
O 135°	
P 108°	
C 80° D 55° E 75° M 86° V 33°	
R–	
S 90°	
T 60°	
W 80°	

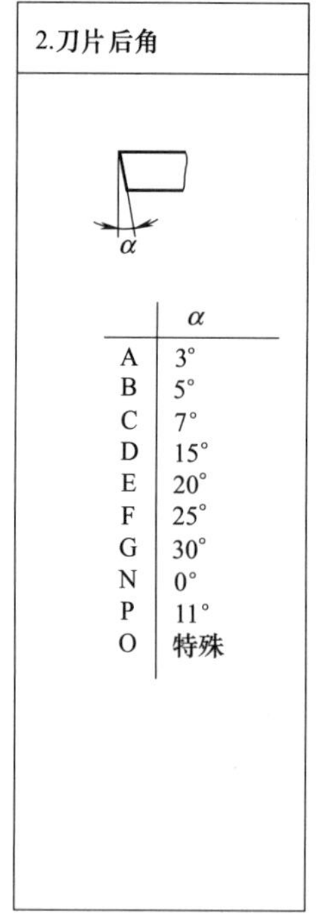
2.刀片后角

	α
A	3°
B	5°
C	7°
D	15°
E	20°
F	25°
G	30°
N	0°
P	11°
O	特殊

3.公差(包括刀片的厚度,内切圆公差)

	d/mm (±)	m/mm (±)	s/mm (±)	d=6.35/9.525	d=12.7	d=15.8/19.05
A	0.025	0.005	0.025	•	•	•
C	0.025	0.013	0.025	•	•	•
E	0.025	0.025	0.025	•	•	•
F	0.013	0.005	0.025	•	•	•
G	0.025	0.025	0.130	•	•	•
H	0.013	0.013	0.025	•	•	•
J	0.05	0.005	0.025	•		
	0.08	0.005	0.025		•	
	0.10	0.005	0.025			•
K	0.05	0.013	0.025	•		
	0.08	0.013	0.025		•	
	0.10	0.013	0.025			•
M	0.05	0.08	0.13	•		
	0.08	0.13	0.13		•	
	0.10	0.15	0.13			•
N	0.05	0.08	0.025	•		
	0.08	0.13	0.025		•	
	0.10	0.15	0.025			•
U	0.08	0.13	0.13	•		
	0.13	0.20	0.13		•	
	0.18	0.27	0.13			•

4.断屑槽及夹固形式

A		Q	
F		R	
G	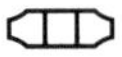	T	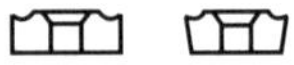
M		W	
N		O特殊设计	

5.切削刃长/mm

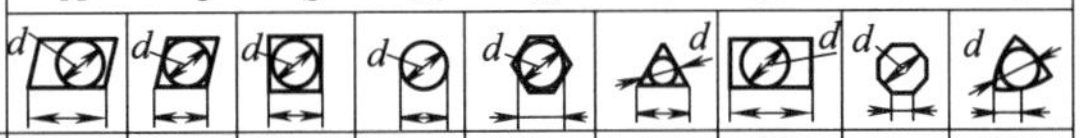

d	A	C	S	R	H	T	L	O	W
5.56	—	05	05	—	—	09	08	—	03
6.0	—	—	—	06	—	—	—	—	—
6.35	—	06	06	—	03	11	10	02	04
6.65	10	—	—	—	—	—	—	—	—
7.94	—	07	07	—	—	—	—	—	—
8.0	—	—	—	08	—	—	—	—	—
9.0	—	—	—	—	—	—	12	—	—
9.525	—	09	09	—	05	16	15	04	06
10.0	—	—	—	10	—	—	—	—	—
12.0	—	—	—	12	—	—	—	—	—
12.7	—	12	12	—	07	22	20	05	08
15.875	—	15	15	—	09	27	—	06	10
16.0	—	—	—	16	—	—	—	—	—
16.74	—	16	16	—	—	—	—	—	—
19.05	—	19	19	—	11	33	—	07	13
20.0	—	—	—	20	—	—	—	—	—

04	AE	F	N	27
6	7	8	9	10

6.刀片厚度s/mm

s

01	s=1.59
T1	s=1.98
02	s=2.38
03	s=3.18
T3	s=3.97
04	s=4.76
05	s=5.56
06	s=6.35
07	s=7.94
09	s=9.52

7.刀片修光刃角度代号

κ_r 主偏角　α_n 修光刃法向后角　r_ε 刀尖半径

	κ_r
A	45°
D	60°
E	75°
F	85°
P	90°
Z	特殊

	α_n
A	3°
B	5°
C	7°
D	15°
E	20°
F	25°
G	30°
N	0°
P	11°
Z	特殊

	r/mm
MO①	
02	0.2
04	0.4
08	0.8
12	1.2

①圆刀片

8.刃口钝化代号

F	 尖刃
E	 倒圆刃
T	 倒棱刃口
S	 倒圆且倒棱刃口

9.切削刃方向

R	右切 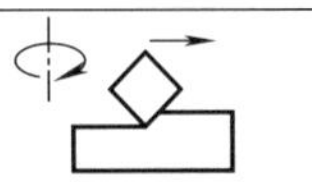
L	左切 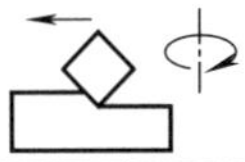
N	左右切 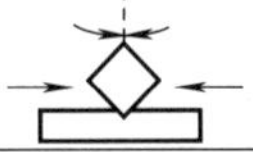

10.制造商选择代号(断屑槽形)

刀片的国际编号通常由前9位编号组成(包括8位,9位编号,仅在需要时标出)。此外,制造商根据需要可以增加编号

-27—— 非铁金属　-31—— 铸铁　P——抛光　M—— 半精加工

-29——钢　-33—— 不锈钢　R——粗加工　F—— 精加工

图 5-42　可转位铣刀刀片的 ISO 代码

第 7 位代码：铣刀刀片用两个字母分别表示主偏角 κ_r 和修光刃法向后角 α_n，而车刀刀片则表示刀尖圆弧半径 r_ε。

5.3.2 面铣刀

如图 5-43 所示，面铣刀圆周方向切削刃为主切削刃，端部切削刃为副切削刃，可用于立式铣床或卧式铣床上加工台阶面和平面，生产率较高。面铣刀多制成套式镶齿结构，刀齿为高速钢或硬质合金，刀体为 40Cr。高速钢面铣刀按国家标准规定，直径 $d=80\sim250$mm，螺旋角 $\beta=10°$，刀齿数 $z=10\sim26$。

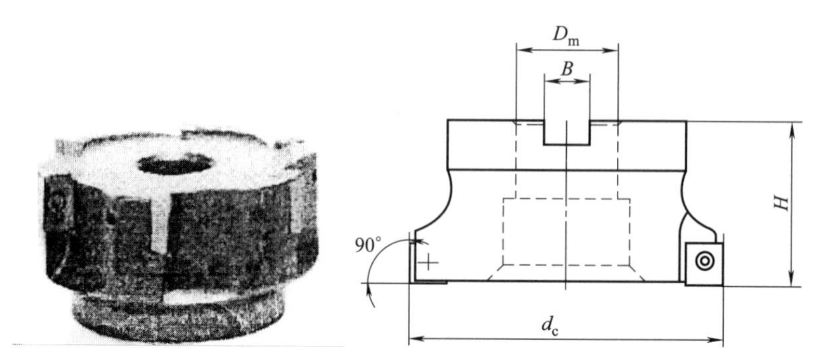

图 5-43 面铣刀

硬质合金面铣刀的铣削速度、加工效率和工件表面质量均高于高速钢铣刀，并可加工带有硬皮和淬硬层的工件，因而在数控加工中得到了广泛的应用。图 5-44 所示为常用硬质合金面铣刀的种类。整体焊接式面铣刀［见图 5-44（a）］是将硬质合金刀片焊接在刀体上，结构紧凑，较易制造。但刀齿磨损后整把刀将报废，故已较少使用。机夹焊接式面铣刀［见图 5-44（b）］是将硬质合金刀片焊接在小刀头上，再采用机械夹固的方法将刀装夹在刀体槽中。刀头报废后可换上新刀头，因此延长了刀体的使用寿命。由于整体焊接式和机夹焊接式面铣刀难以保证焊接质量，刀具寿命短，重磨较费时，目前已被可转位式面铣刀所取代。

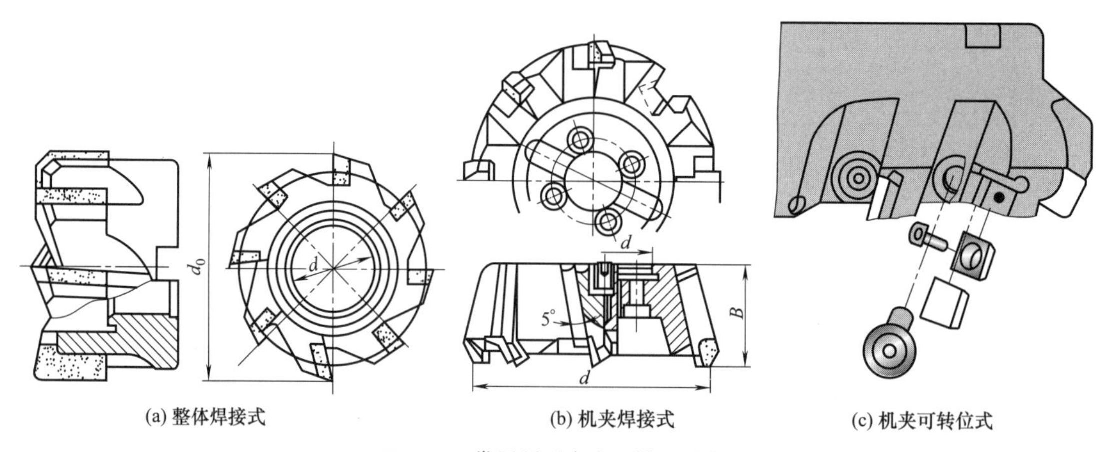

图 5-44 常用硬质合金面铣刀种类

(1) 常见硬质合金可转位面铣刀的类型

常用硬质合金可转位面铣刀的类型见表 5-10，常用硬质合金可转位面铣刀图例见表 5-11。

⊡ 表 5-10 常见硬质合金可转位面铣刀

划分方法	品种	简要说明
按主偏角划分	90°	主要用于加工带直角台阶的平面
	75°	一般平面铣削加工
	60°	
	45°	因其可适当减小侧向力，故可避免铣刀切出时损伤被加工表面的边缘，主要用于加工铸铁等脆性材料
按齿数分（ϕ200mm 以上）	粗齿	主要用于粗加工或半精加工以及实体加工
	中齿	
	细齿	主要用于半精加工和精加工及箱体零件加工
	密齿	
按前角分（γ_p、γ_f 组合）	双正前角	适用于软钢、合金钢、有色金属加工
	双负前角	适用于铸钢、铸铁等加工
	正负前角	适用于钢、合金钢、铸铁等加工
按刀齿分布分	等齿距面铣刀	各刀齿在圆周上均匀分布
	不等齿距面铣刀	各刀齿在圆周上非均匀分布，利用相邻各齿切入切出的周期不同来减缓等齿距铣削力周期激振所引起的工艺系统振动，起到消振的作用
	阶梯面铣刀	将刀齿分成不同直径的几组，每组刀齿高出端面距离不等，形成分层切削

⊡ 表 5-11 常用硬质合金可转位面铣刀图例

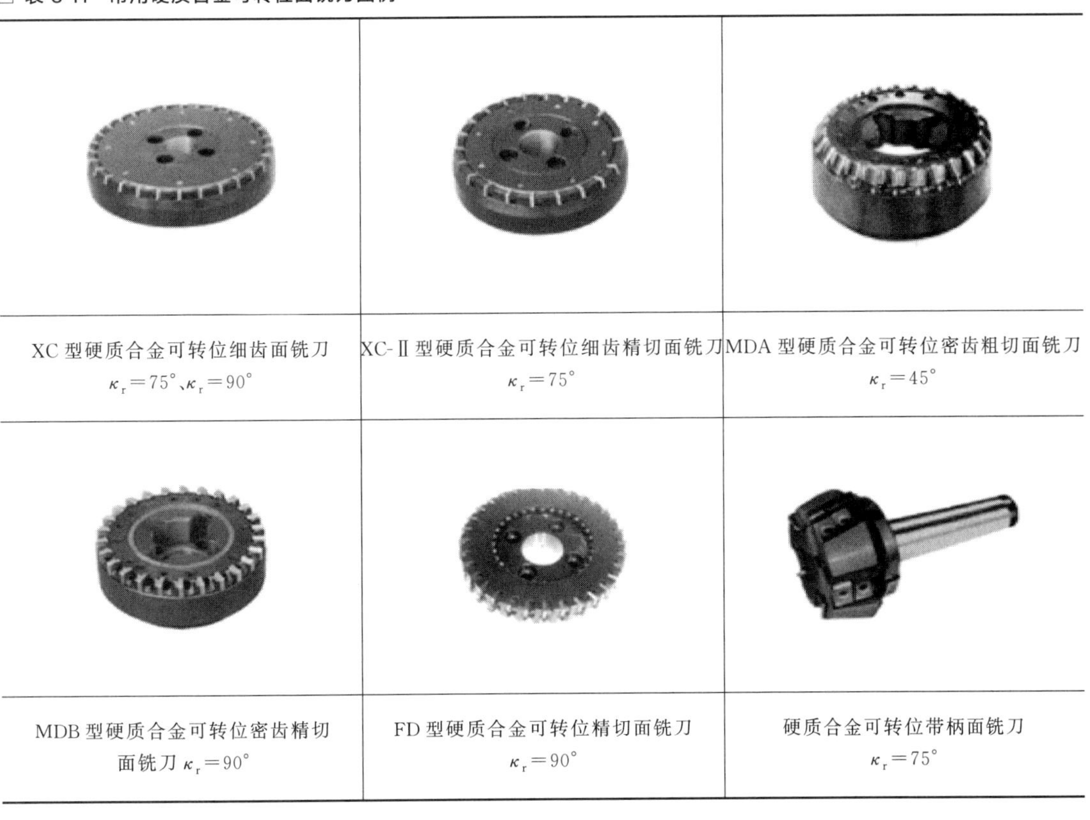

XC 型硬质合金可转位细齿面铣刀 $\kappa_r=75°$、$\kappa_r=90°$	XC-Ⅱ型硬质合金可转位细齿精切面铣刀 $\kappa_r=75°$	MDA 型硬质合金可转位密齿粗切面铣刀 $\kappa_r=45°$
MDB 型硬质合金可转位密齿精切面铣刀 $\kappa_r=90°$	FD 型硬质合金可转位精切面铣刀 $\kappa_r=90°$	硬质合金可转位带柄面铣刀 $\kappa_r=75°$

硬质合金可转位面铣刀 $\kappa_r=75°$	硬质合金可转位重型 面铣刀 $\kappa_r=75°$	硬质合金可转位刀垫式密齿面 铣刀 $\kappa_r=90°$

(2) 硬质合金可转位面铣刀的安装与调整

面铣刀是多齿刀具，切削刃的径向和端面跳动是主要技术条件。跳动量大，会导致刀齿负荷不均，铣削过程平稳性差，已加工表面质量差。个别负荷过重的刀齿很快损坏，其后刀齿也会很快顺序破坏，严重降低刀具寿命。因此，正确安装与调整面铣刀，使切削刃径向和端面跳动量在规定的公差范围内，是保证加工质量和刀具寿命的重要前提条件之一。

图 5-45 是现在广泛采用的可转位面铣刀的结构，后楔块的功用是压紧刀垫，承受轴向力，保证刀齿的轴向位置。刀具出厂时已经过仔细调整，使用时一般不要轻易松动后楔块。只有刀齿因故产生轴向窜动、端刃的端面圆跳动超差时才松动后楔块进行调整。更换刀片或转位只松开前楔块即可。前楔块的功用是夹紧刀片，所需夹紧力很小，保证铣刀回转时刀片不飞出即可，即夹紧力所产生的摩擦力应大于刀片质量所产生的离心力。当 $d_0=200$mm、$v=5$m/s、刀片质量 $m=15$g（内切圆直径 15.875mm 的刀片的质量）、安全系数 $n=3$ 时，拧紧前楔块双头螺钉的转矩 $M=0.04$N·m，而拧紧后楔块双头螺钉的转矩 $M=12$N·m。拧紧前楔块螺钉的转矩小于拧紧后楔块的 1/200。拧紧前楔块螺钉的转矩过大时会造成刀体、刀垫乃至刀片的变形，严重降低刀具的寿命，不能期望靠前楔块承受轴向力。

面铣刀调整方法如图 5-46 所示。先将铣刀放在调刀仪上，然后借助千分表调整轴向调节螺钉，端齿跳动可达微米级。如果需要安装修光刃刀片，应使其轴向高于其他刀齿 0.03～

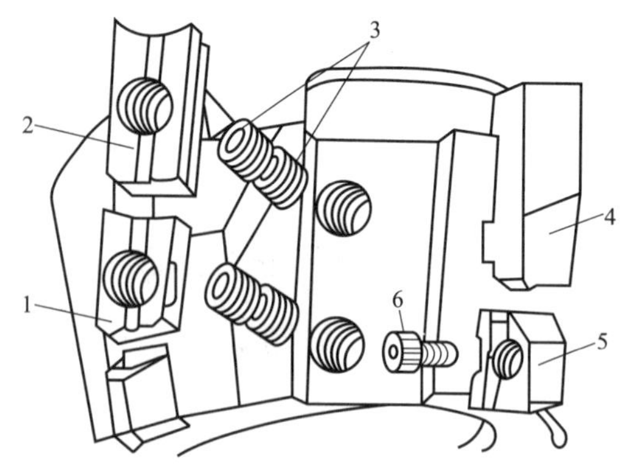

图 5-45　可转位面铣刀的结构

1—前楔块；2—后楔块；3—双头螺钉；4—轴向定位块；5—刀垫；6—内六角螺钉

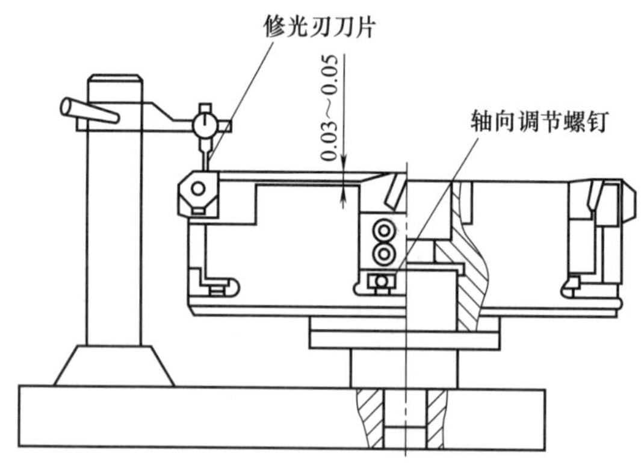

图 5-46　面铣刀调整方法

0.05mm。另外，还可以通过对刀片进行测量分组的办法，使装在同一把铣刀上的刀片尺寸相差减小，从而达到减小径向和端面圆跳动的目的。

影响铣刀跳动量的因素，除铣刀和刀片精度外，还有铣刀在铣床主轴上的安装定位误差。硬质合金可转位套式面（端）铣刀在机床上安装使用定位芯轴，以保证定心精度。

(3) 硬质合金可转位面铣刀的选用

加工平面工件的刀具主要是面铣刀，其切削刃布满圆周和端面。其中，端面的切削刃是副切削刃。面铣刀的直径较大，所以在刀具选用时通常把刀齿和刀体分开，达到能够长期使用的目的。

① 面铣刀直径的选择　面铣刀直径的选择主要分三种情况：

a. 加工平面面积不大，选用刀具时，要注意选择直径比平面宽度大的刀具或铣刀，这样可以实现单次平面铣削。在平面铣刀的宽度达到加工面宽度的1.3～1.6倍时，可以有效保证切屑较好地形成及排出。

b. 加工平面面积大的时候，就需要选用直径大小合适的铣削刀，分多次铣削平面。其中，由于机床的限制，切削的深度和宽度以及刀片与刀具尺寸的影响，铣刀的直径会受到限制。

c. 加工平面较小，工件分散时，需选用直径较小的立铣刀进行铣削。为使加工效率最高，铣刀应有2/3的直径与工件接触，即铣刀直径等于被铣削宽度的1.5倍。顺铣时，合理使用这个刀具直径与切削宽度的比值，将会保证铣刀在切入工件时有非常适合的角度。如果不能肯定机床是否有足够的功率来维持铣刀在这样的比率下切削，可以把轴向切削厚度分两次或多次完成，从而尽可能保持铣刀直径与切削宽度的比值。

② 铣刀齿数的选择　选用铣刀进行加工时，需要考虑铣刀的齿数。例如直径为100mm的疏齿铣刀只有6个齿，而直径为100mm的密齿铣刀却可有8个齿。刀齿的密集与否会影响生产效率的高低和产品质量的好坏。如果刀齿密集，生产的效率就会提高，加工工件的质量也越好，但是刀齿密集也会导致切屑排出不便。根据刀齿的直径大小，可以分为疏齿、细齿、密齿。

疏齿应用于工件的粗加工，其每25.4mm直径用1～1.5片刀片，容屑空间较大，这种刀具用于能产生连续切屑的软材料的切削，选用长刀片、大宽度切削。密齿有利于平稳条件下的加工，一般用于铸铁的粗加工，也适用于高温合金的浅切削、窄切削和无需容屑空间时的切削。密齿应用于精铣，其轴向切深为0.25～0.64mm，每齿的切削负荷小，所需功率不大，如用于薄壁材料的加工。齿距的大小将决定铣削时同时参与切削的刀齿数目，切削期间应至少有一把刀片在切削，以避免铣削冲击，导致刀具的损坏和机床的超负荷。此外，刀片齿数的选择必须使得切屑适当卷曲并容易离开切削区，切屑容屑空间不当将导致憋屑，损坏切削刃，并可能损坏工件。同时，刀片又应有足够的密度以保证在切削期间的任何时候都不少于一把刀片在切削，如果不能保证这一点则会引起剧烈的冲击，这将导致切削刃的破裂、刀具的损坏和机床的超负荷。

③ 刀具角度的选择　刀具切削角度可以相对径向平面和轴向平面定位成正前角、负前角和零前角。由于零前角会引起整个切削刃同时与工件冲击，故一般不采用。面铣刀角度的选择对平面铣削接触方式有影响，为了使刀具受冲击最小，降低刀具破损程度，在考虑刀具切入角的同时，也要将面铣刀的几何角度考虑进去。径向和轴向前角的组合决定切削角，常用的基本组合方式包括：径向负前角和轴向负前角；径向正前角和轴向正前角；径向负前角

和轴向正前角；径向正前角和轴向负前角。

轴向和径向前角均为负值（下简称“双负”）的刀具多用于铸铁和铸钢的粗加工，但要求机床功率高和刚性足够大。“双负”的刀片其切削刃强度高，能经受大切削载荷。双角均负的刀具还需要机床、工件和夹具的刚性高。

轴向、径向前角均正（下简称“双正”）的刀具由于增大了切削角，因此切削轻快且排屑顺利，但切削刃强度较差。该种组合方式适用于加工软材料和不锈钢、耐热钢、普通钢和铸铁等。在小功率机床、工艺系统刚性不足以及有积屑瘤产生时应优先选用该种组合形式。

径向负前角和轴向正前角的组合，径向负前角提高了切削刃的强度，而轴向正前角又产生了一个剪切作用力。该种组合方式加工时切削刃抗冲击性能较强，切削刃也较锋利，因此适用于钢、铸钢和铸铁大余量铣削加工。

径向正前角和轴向负前角的组合，使断屑向中心以下方向运动，使得切屑会刮伤被加工表面，故排屑不佳。

④ 铣刀片的选择　平面铣削时铣刀片的选择也是一种考虑因素。某些加工场合选用压制刀片是比较合适的，有时也需要选择磨制刀片。

粗加工最好选用压制刀片，这可使加工成本降低。压制刀片的尺寸精度及刃口锋利程度比磨制刀片差，但是压制刀片的刀口强度较好，对于粗铣，耐冲击并能承受较大的背吃刀量和进给量。压制刀片前刀面上有卷屑槽，可减小切削力，同时还可减小与工件、切屑的摩擦，降低功率需求。但是压制刀片表面不像磨制刀片那么紧密，尺寸精度较差，在铣刀刀体上各刀尖高度相差较多。由于压制刀片便宜，所以在生产上得到广泛的应用。

对于精铣，最好选用磨制刀片，这种刀片具有较好的尺寸精度，所以刀刃在铣削中的定位精度较高，可得到较高的加工精度及较低表面粗糙度值。另外，精加工所用的磨制铣刀片的发展趋势是磨出卷屑槽，形成大的正前角切削刃，允许刀片在小进给、小背吃刀量下切削。而没有尖锐前角的硬质合金刀片，当采用小进给、小背吃刀量加工时，刀尖会摩擦工件，降低刀具寿命。

5.3.3 立铣刀

立铣刀主要用于铣削垂直面、台阶面、平面、凹槽和二维曲面（例如平面凸轮的轮廓）等。

(1) 立铣刀的结构

立铣刀是数控机床上用得最多的一种铣刀，其结构如图 5-47 所示，图 5-48 所示为几种典型立铣刀及刀尖形式。立铣刀按材料可分为高速立铣刀和硬质合金立铣刀两种，其直径范围是 $\phi2\sim80$mm，柄部有直柄、莫氏锥柄和 7∶24 锥柄等多种形式。直径较大的硬质合金立铣刀多做成镶刀片式。每个刀齿的主切削刃分布在圆柱面上，呈螺旋线形，其螺旋角在 $30^\circ\sim45^\circ$，这样有利于提高切削过程的平稳性，提高加工精度。在圆周铣削中由主切削刃完成大部分加工。刀齿的副切削刃分布在端面上，起修光作用。由于端面有顶尖孔（供重磨时装夹用），副切削刃没有通过端面的中心，因此立铣刀不宜做轴向运动进给切削。立铣刀主切削刃和副切削刃既可以同时进行切削，也可以分别单独进行切削。

(2) 立铣刀的齿数

立铣刀按其刀齿数目，可分为粗齿、中齿和细齿立铣刀，见表 5-12。粗齿立铣刀有刀齿数少、强度高、容屑空间大和重磨次数多等优点，适用于粗加工；细齿立铣刀刀齿数多、工作平稳，适用于精加工；中齿立铣刀介于粗齿和细齿之间。

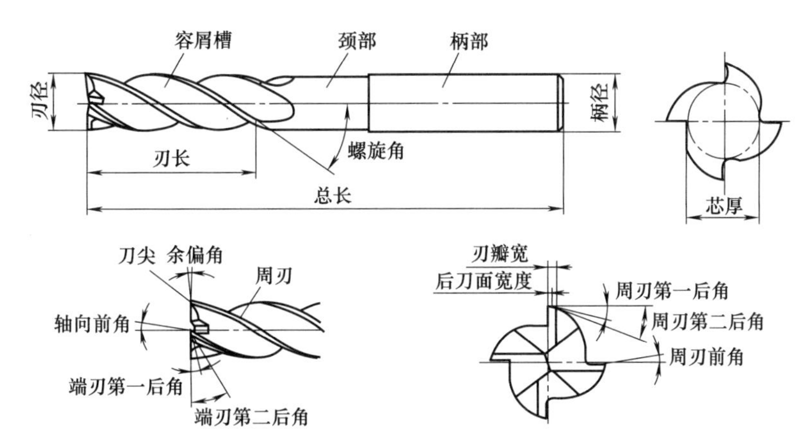

图 5-47　立铣刀的结构

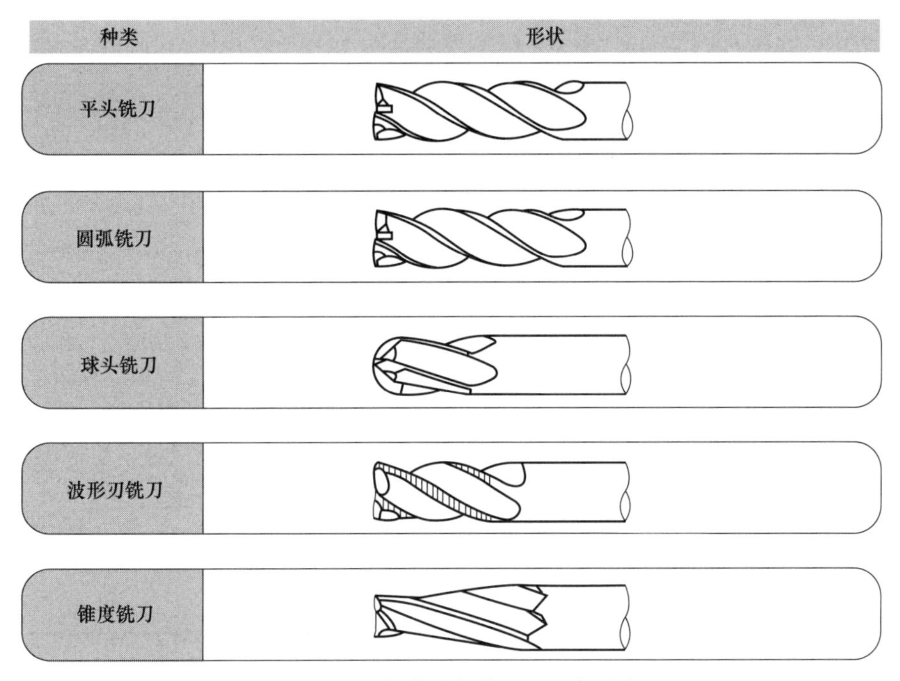

图 5-48　几种典型立铣刀及刀尖形式

表 5-12　立铣刀直径与齿数的关系

类型	直径/mm				
	＜8	9～15	16～28	32～50	56～70
粗齿	3			4	6
中齿	4			6	8
细齿		5	6	8	10

(3) 整体硬质合金立铣刀

整体硬质合金立铣刀是在硬质合金圆棒料上，直接磨出刃形而成。整体硬质合金立铣刀刚性高，精度好，耐磨损，热稳定性好，适用于零部件的精加工。整体硬质合金立铣刀规格一般为 ϕ2～20mm。此外还有刃径为 ϕ0.5～1.5mm 的微型整体硬质合金立铣刀，用于微小零件的微细精加工。

一般硬质合金立铣刀以 ϕ20mm 刃径为分界线，刃径 ϕ20mm 以下者，多制成整体硬质合金立铣刀。刃径超过 ϕ20mm，若制成整体式，则成本高，加工制造困难，故多制成可转位或者焊接硬质合金立铣刀。整体硬质合金直柄立铣刀形式与尺寸如图 5-49 和表 5-13 所示。

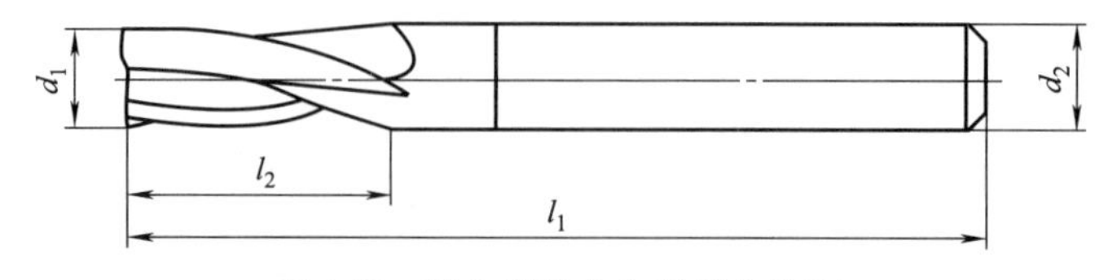

图 5-49　整体硬质合金直柄立铣刀

表 5-13　整体硬质合金直柄立铣刀主要尺寸　　单位：mm

直径 d_1	柄部直径 d_2	总长 l_1	刃长 l_2	直径 d_1	柄部直径 d_2	总长 l_1	刃长 l_2
1.0	3	38	3	5.0	5	47	13
	4	43			6	57	
1.5	3	38	4	6.0	6	57	
	4	43		7.0	8	63	
2.0	3	38	7	8.0		63	
	4	43		9.0	10	72	
2.5	3	38	8	10.0	10	72	22
	4	43		12.0	12	76	22
3.0	3	38	8			83	26
	6	57		14.0	14	83	26
3.5	4	43	10	16.0	16	89	32
	6	57		18.0	18	92	32
4.0	4	43	11	20.0	20	101	38
	6	57					

整体硬质合金立铣刀按切削刃形状分，有平端、圆 R 端、球头、锥刃、锥刃球头、成形、微型切削刃等；按切削刃数分，有单刃、双刃、三刃及四刃和多刃之分；按切削用途分，有键槽加工、台阶加工、侧面加工、圆 R 加工、倒角加工、轮廓加工、仿形加工、高硬度材料加工、难切削材料加工及非金属材料加工等立铣刀。

（4）镶焊式硬质合金立铣刀

镶焊式硬质合金立铣刀分直刃和螺旋齿两种形式。

① 直刃立铣刀　镶焊式硬质合金斜齿立铣刀用于加工铸铁时，刀片材料选用 YG6 或 YG8，加工钢时选用 YT15，刀体材料一般为 9SiCr。根据直径大小，镶焊式直刃硬质合金立铣刀有直柄和锥柄两种结构，图 5-50 和图 5-51 分别为直柄和锥柄立铣刀的结构。

② 螺旋齿立铣刀　焊接式硬质合金螺旋齿立铣刀适用于加工碳素结构钢和合金工具钢。结构有普通直柄和削平型直柄、莫氏锥柄、7∶24 锥柄等硬质合金螺旋齿立铣刀，如图 5-52～图 5-54 所示。

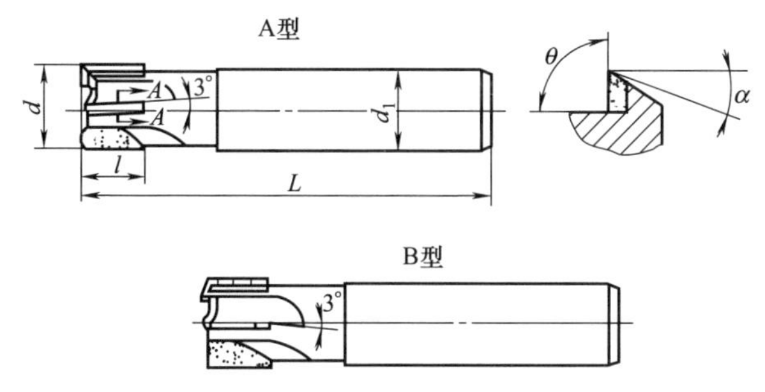

图 5-50　直柄硬质合金斜齿立铣刀

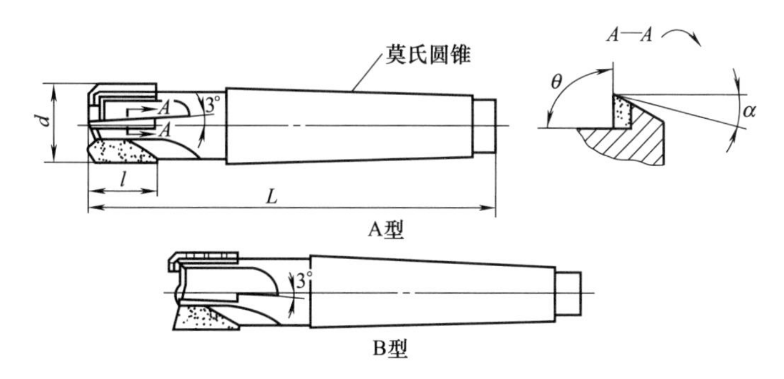

图 5-51　锥柄硬质合金斜齿立铣刀

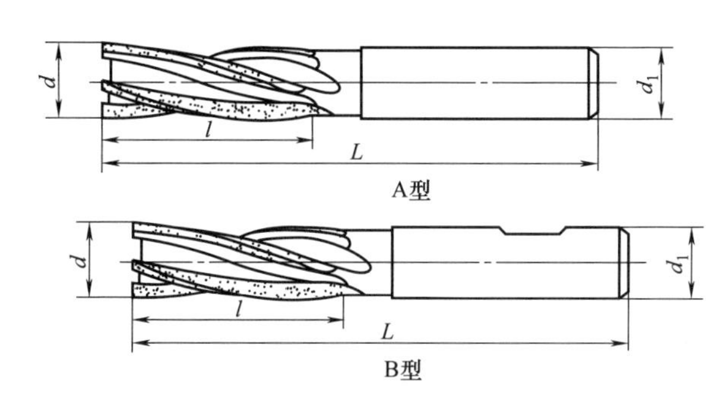

图 5-52　普通直柄和削平型直柄硬质合金螺旋齿立铣刀

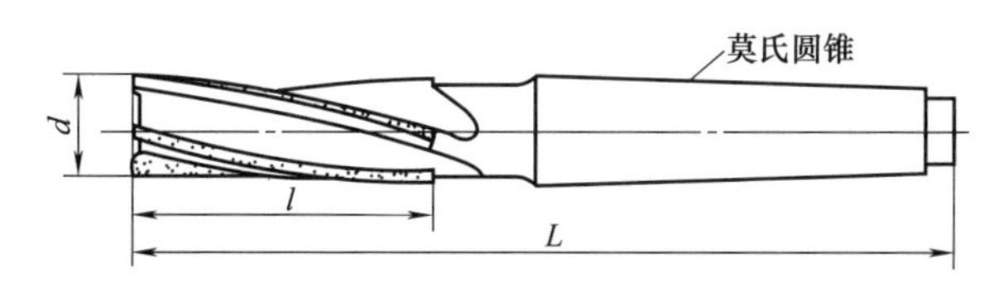

图 5-53　硬质合金螺旋齿莫氏锥柄立铣刀

(5) 机夹可转位立铣刀

机夹可转位立铣刀的适宜直径范围可达 ϕ10～50mm，根据直径的不同有 1～6 个刀齿，广泛用于铣削平面、沟槽、台肩等。一般采用带孔刀片，直接用螺钉压紧，结构简单，容屑空间大。刀片前面为正的径向前角和轴向前角曲面，因而切削轻快，在减小切削阻力与增强刀刃强度之间取得平衡。表 5-14 和表 5-15 分别为机夹可转位直角立铣刀和机夹可转位球头立铣刀结构及主要参数。

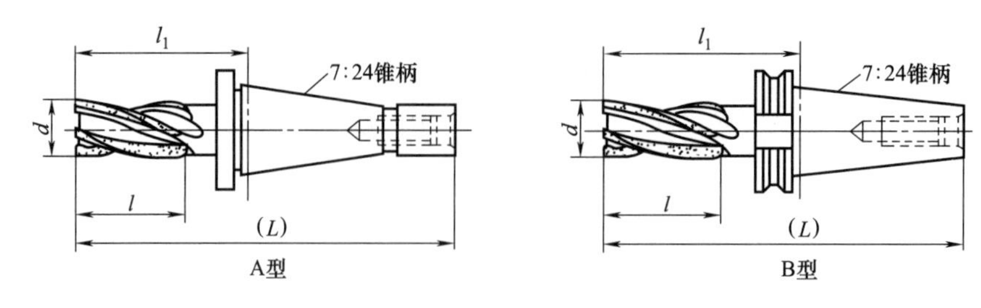

图 5-54　硬质合金螺旋齿 7∶24 锥柄立铣刀

表 5-14　机夹可转位直角立铣刀结构及主要参数　　单位：mm

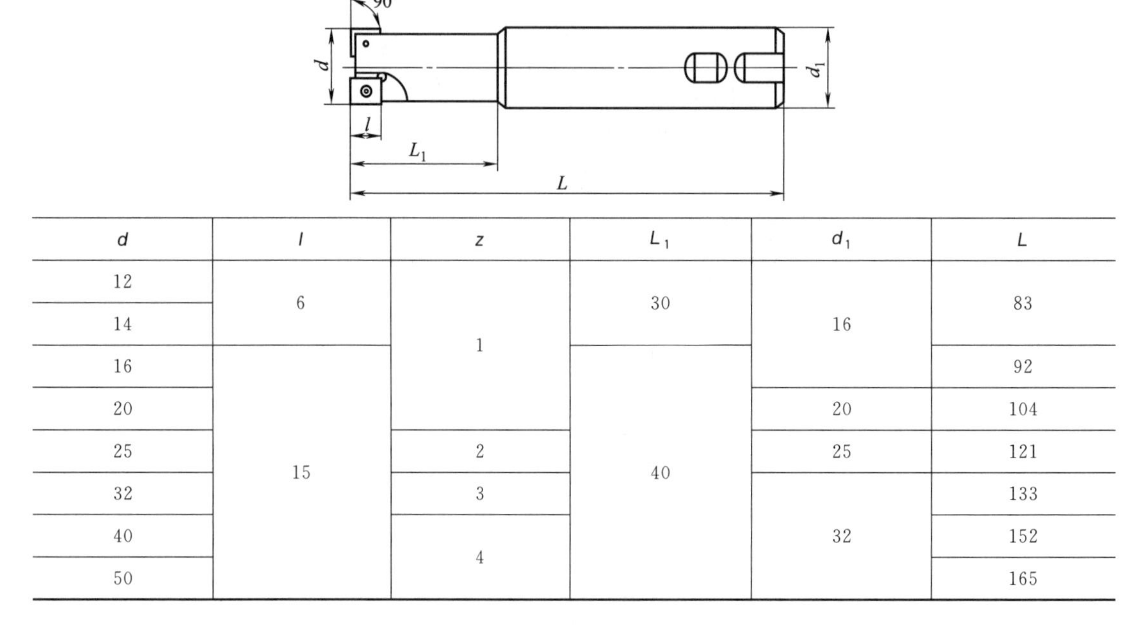

d	l	z	L_1	d_1	L
12	6	1	30	16	83
14	6	1	30	16	83
16	15	1	40	16	92
20	15	1	40	20	104
25	15	2	40	25	121
32	15	3	40	32	133
40	15	4	40	32	152
50	15	4	40	32	165

表 5-15　机夹可转位球头立铣刀结构及主要参数　　单位：mm

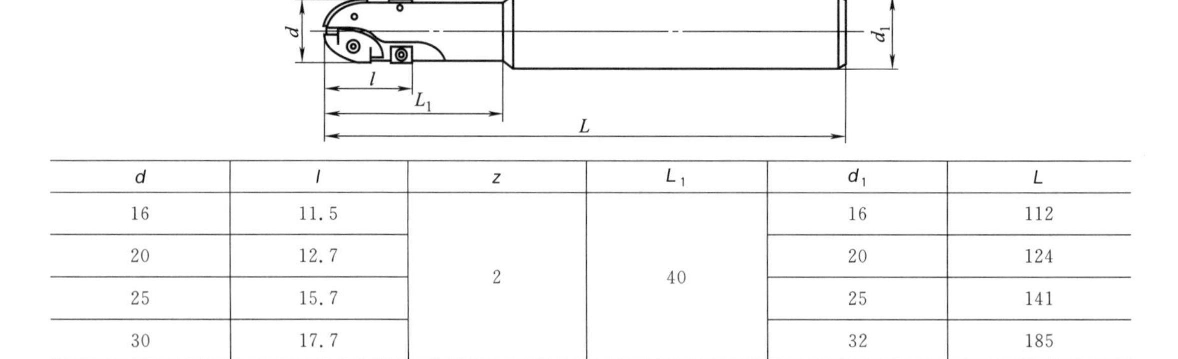

d	l	z	L_1	d_1	L
16	11.5	2	40	16	112
20	12.7	2	40	20	124
25	15.7	2	40	25	141
30	17.7	2	40	32	185

(6) 立铣刀的选取

立铣刀的特点是切削刃较长，切下的切屑长而卷曲，排除困难。因此粗加工时，宜选用在切削刃上开出分屑槽的立铣刀（例如波形刃铣刀和玉米铣刀），以减小切屑的尺寸，改善切屑的卷曲和排出，从而可以采用较大的切削用量，有利于生产效率的提高。适合于高效粗加工的另一种刀具是硬质合金可转位式螺旋立铣刀，该铣刀的刀片沿刀体螺旋槽间隔排列，并且相邻螺旋槽上的刀片沿刀体轴向相互错开，使分屑性能提高，排屑顺利。铣刀的螺旋角为25°～30°，减小了铣削过程中的冲击振动，增大了实际工作前角，使切削轻快。由于该铣刀的切削刃上各点不在同一圆柱面上，使加工表面粗糙度较大，因此不作为精加工刀具。

选用立铣刀时，可按下述经验数据选取立铣刀的有关参数：

① 立铣刀加工内轮廓时，刀具半径取内轮廓最小半径的0.8～0.9倍。

② 加工肋时，立铣刀刀具的直径 D 等于5～10倍肋的厚度。

③ 对于不通孔深槽的铣削加工，立铣刀切削部分长度等于槽深再加上5～10mm。

④ 立铣刀前角 γ_o 的选取。前角可以根据工件材料选取：加工钢材时，γ_o 取10°～20°；加工铸铁时，γ_o 取10°～15°。

⑤ 立铣刀后角 α_o 的选取。硬质合金立铣刀可根据铣刀直径选取后角：一般铣刀直径小于10mm时，后角 α_o 取25°；直径介于10～20mm时，取 $\alpha_o=20°$；直径大于20mm时，取 $\alpha_o=16°$。对于高速钢刀具，建议在加工较软的材料时选用较大的后角，例如加工钢材的后角为3°～5°，而加工铝材时采用10°～12°的后角。

⑥ 立铣刀螺旋角的选取。增大刀齿螺旋角优点：一是能使刀齿逐渐切入和切离工件，同时参与切削的刀齿数增多，使切削力波动小，切削平稳；二是增大了实际工作前角，使刀具变得锋利，切削变形减小，从而提高加工表面质量；三是容易形成螺旋形切屑，使排屑方便。但是，螺旋角不能过大，否则制造和刃磨都很困难。目前，螺旋角最大不超过75°。

(7) 立铣刀的装夹

铣刀的刀柄形式分为直柄和锥柄两种。锥柄铣刀通过带有莫氏锥孔的刀柄过渡，将刀柄装在主轴上。直径在 ϕ20mm以下的直柄铣刀，可以通过带有弹簧夹头的刀柄安装到主轴上。装夹方法如图5-55所示，将直柄铣刀装入弹簧夹头（其外圆上开有槽缝），将弹簧夹头放入刀柄并旋上锁紧螺母，把刀柄放在锁刀座上，锁刀座上的键对准刀柄上的键槽，使刀柄无法转动，然后用专用扳手旋紧螺母，则弹簧夹头槽缝合拢、内孔收缩，将直柄铣刀夹紧。弹簧夹头的规格可根据刀柄的直径选取。

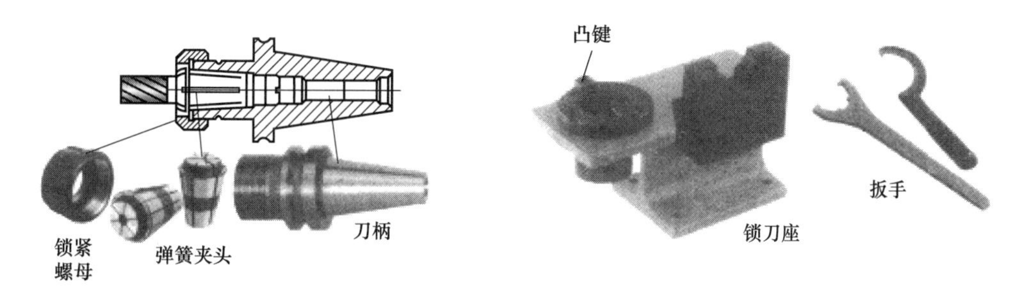

图5-55 直柄铣刀的装夹方法

5.3.4 其他铣刀

(1) 键槽铣刀

键槽铣刀主要用于立式铣床上加工圆头封闭键槽以及内轮廓等。键槽铣刀外形与立铣刀相似，但端面无顶尖孔，端面切削刃延至中心，使铣刀可以沿轴向进给，如图5-56所示。早期的键槽铣刀多为两刀刃，随着加工需求的增加，键槽铣刀的刀刃数也在扩展。例如四刃键槽铣刀，其中有一对端面切削刃（间隔180°）延至中心。键槽铣刀柄部有直柄和莫氏锥柄两种形式，其装夹方法与立铣刀相同。国家标准规定，直柄键槽铣刀直径 $d=2\sim22\text{mm}$，锥柄键槽铣刀直径 $d=14\sim50\text{mm}$。键槽铣刀直径偏差有 e8 和 d8 两种。键槽铣刀的圆周切削刃仅在靠近端面的一小段长度内发生磨损，重磨时，只需刃磨端面切削刃，因此重磨后铣刀直径不变。

加工凹槽时，键槽铣刀先沿轴向做适量进给，此时，端面切削刃为主切削刃，圆柱面上的切削刃为副切削刃；然后再沿径向进给，此时，端面切削刃为副切削刃，圆柱面上的切削刃为主切削刃，这样多次反复，就可完成键槽的加工。

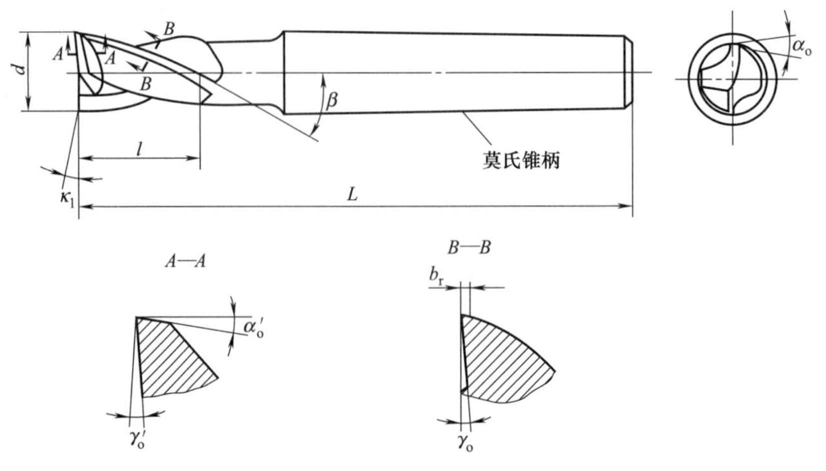

图 5-56　键槽铣刀

(2) 球头铣刀

球头铣刀主要用于立式铣床上加工模具型腔、三维成形表面等。

球头铣刀按刀具材料可分为高速钢球头铣刀和硬质合金球头铣刀，小尺寸的球头铣刀制成整体结构，大尺寸的球头铣刀可制成可转位刀片形式。球头铣刀的直径范围 $\phi4\sim63\text{mm}$，柄部有直柄、削平型直柄和莫氏锥柄等形式，如图 5-57 所示。

在球头铣刀的圆柱面和球头上都有切削刃，可以进行周向和径向进给切削，而且球头与工件为点接触切削，在数控系统控制下能加工出各种复杂的成形表面。

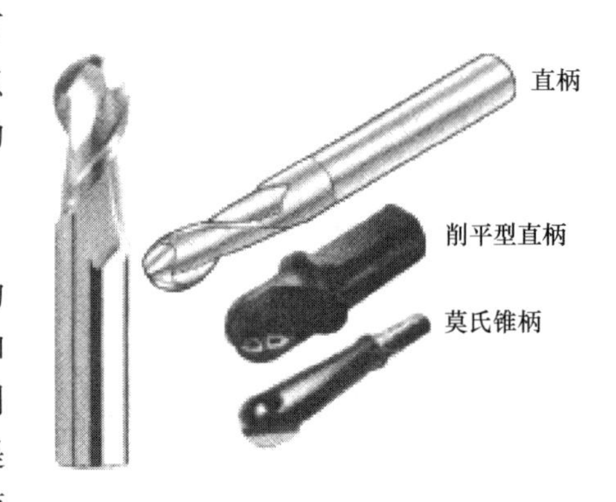

图 5-57　球头铣刀

(3) 三面刃铣刀

三面刃铣刀在刀体的圆周及两侧环形端面上均有刀齿，所以称为三面刃铣刀，适用于加工凹槽和台阶面。圆周切削刃为主切削刃，侧面切削刃是副切削刃，加工时侧面切削刃对侧面起修光作用，提高了切削效率，但重磨后宽度尺寸变化较大。三面刃铣刀可分为直齿、错齿和镶齿。

图 5-58 所示为直齿三面刃铣刀。国家标准规定，直齿三面刃铣刀直径 $d=50\sim200\text{mm}$、厚度 $L=4\sim40\text{mm}$。它的主要特点是圆周齿前面与端齿前面是一个平面，可以一次铣成和刃磨，使工序简化；圆周齿和端齿均留有凸出刃带，便于刃磨，且重磨后能保证刃带宽度不变。但侧刃前角 $\gamma_o'=0°$，切削条件差。

错齿三面刃铣刀（见图 5-59）的 γ'_o 近似等于 λ_s。与直齿三面刃铣刀相比，它具有切削平稳、切削力小、排屑容易和容屑槽大等优点。

图 5-60 所示为镶齿三面刃铣刀，该铣刀直径 $d=80\sim315$mm、厚度 $L=12\sim40$mm。在刀体上开有带 5°斜度的齿槽，带齿纹的楔形刀齿楔紧在齿槽内。各个同向齿槽的齿纹依次错开 P/z（z 为同向倾斜的齿数；P 为齿纹齿距）。铣刀磨损后，可依次取出刀齿，并移至下一个相邻同向齿槽内。调整后铣刀厚度增加 $2P/z$，再通过重磨，可恢复铣刀厚度尺寸。

硬质合金可转位三面刃铣刀（见图 5-61）一般通过楔块螺钉或压孔将刀片夹紧在刀体上，刀片的安装多数采用平装。主要用于中等硬度、强度的金属材料的台阶面和槽形面的铣削加工，也可用于非金属材料的加工。常用可转位三面刃铣刀直径 $d=80\sim315$mm、厚度 $L=10\sim32$mm。一般可转位三面刃铣刀有两个键槽，以便于组合使用时，将刀齿错开，使切削平稳。

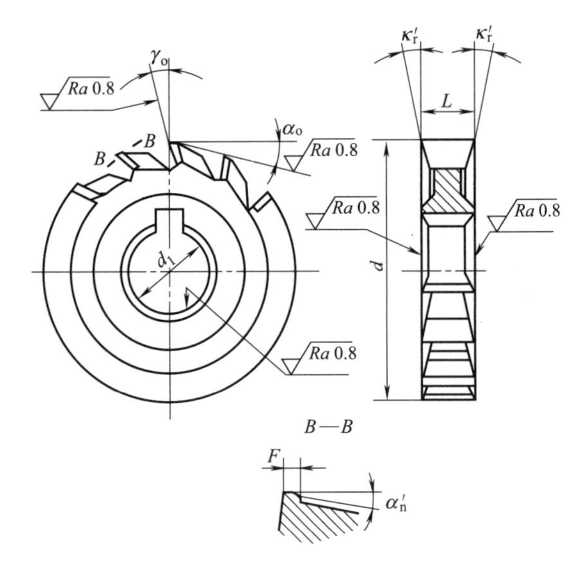

图 5-58　直齿三面刃铣刀

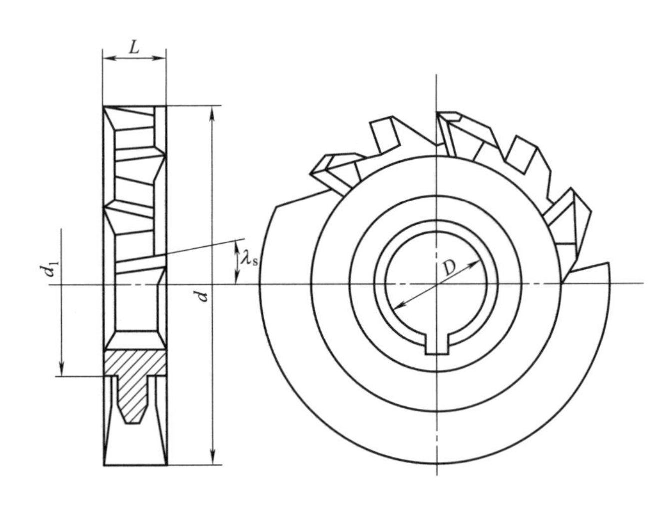

图 5-59　错齿三面刃铣刀

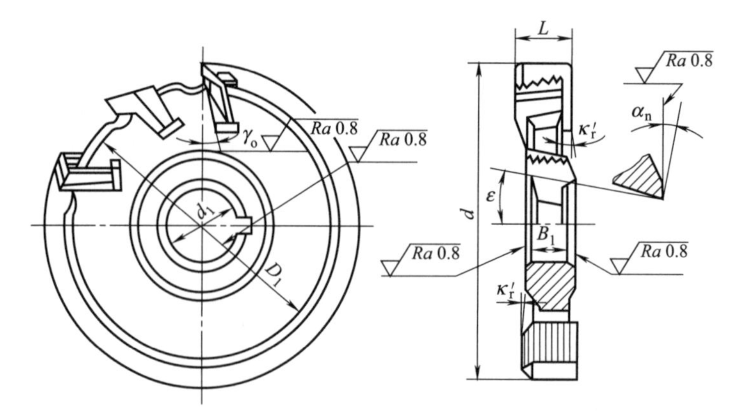

图 5-60　镶齿三面刃铣刀

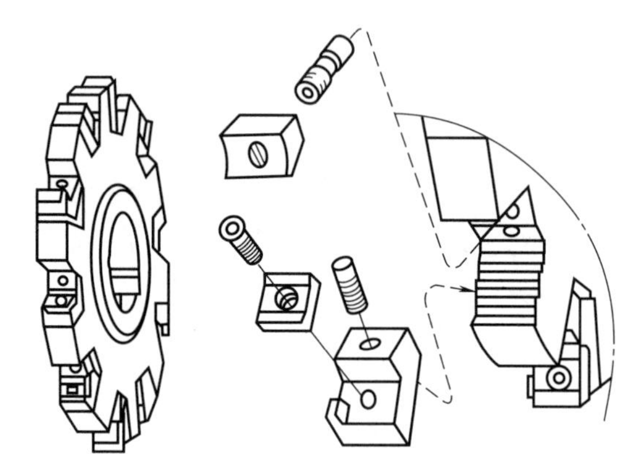

图 5-61　硬质合金可转位三面刃铣刀

(4) 螺纹铣刀

铣削螺纹时，刀具圆周运动产生螺纹的直径，同时垂直方向的移动产生螺距。对右手内螺纹需刀杆逆时针旋转，同时沿 Z 轴向上运动；左手内螺纹需刀杆逆时针旋转，同时沿 Z 轴向下运动；对右手外螺纹需刀杆顺时针旋转，同时沿 Z 轴向下运动；对左手外螺纹需刀杆顺时针旋转，同时沿 Z 轴向上运动。图 5-62 所示为螺纹铣削刀具运动方式。

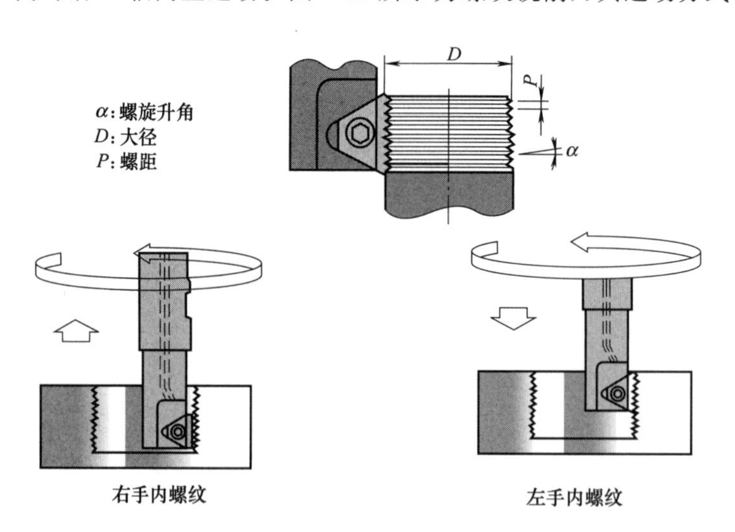

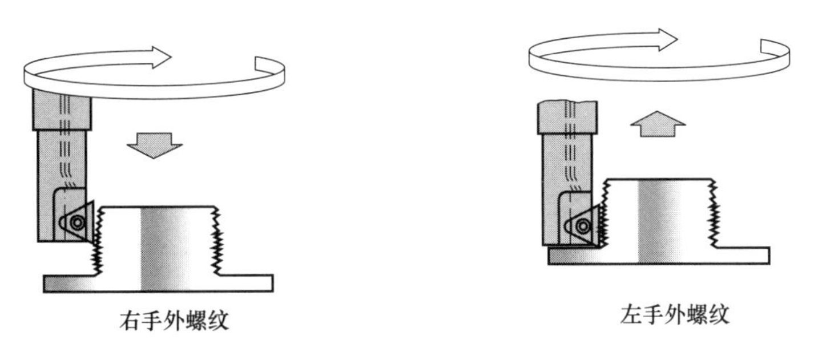

图 5-62 螺纹铣削刀具运动方式

螺纹铣削广泛用于成批和大量生产的普通精度螺纹加工；对大规格螺纹，也可作为精密螺纹制造时的螺纹预加工，提高生产率；也可加工非旋转类或非对称类零件的螺纹及盲孔，还可用于没有退刀槽螺纹加工。螺纹铣削优点是铣削螺纹时，可以一次成形；其次是一把螺纹铣刀可以加工不同直径的内螺纹和外螺纹及左旋螺纹和右旋螺纹；在加工盲孔螺纹时，螺纹深度可以到达孔底；螺纹铣削由于切削力小，可在小功率设备上一次成形加工出大螺纹，减少了设备空转时间和刀具更换次数；螺纹铣刀的成本远远低于丝锥和板牙，特殊复合涂层螺纹铣刀可以大大延长螺纹刀具的寿命。上述优点使螺纹铣削在实际加工中得到了广泛的应用。螺纹铣刀片的型号主要表示刀片的牙型、螺距及尺寸和切削类型，图 5-63 所示为成都千木刀具螺纹铣刀片型号编制规则，图 5-64 所示为螺纹铣刀型号示例。

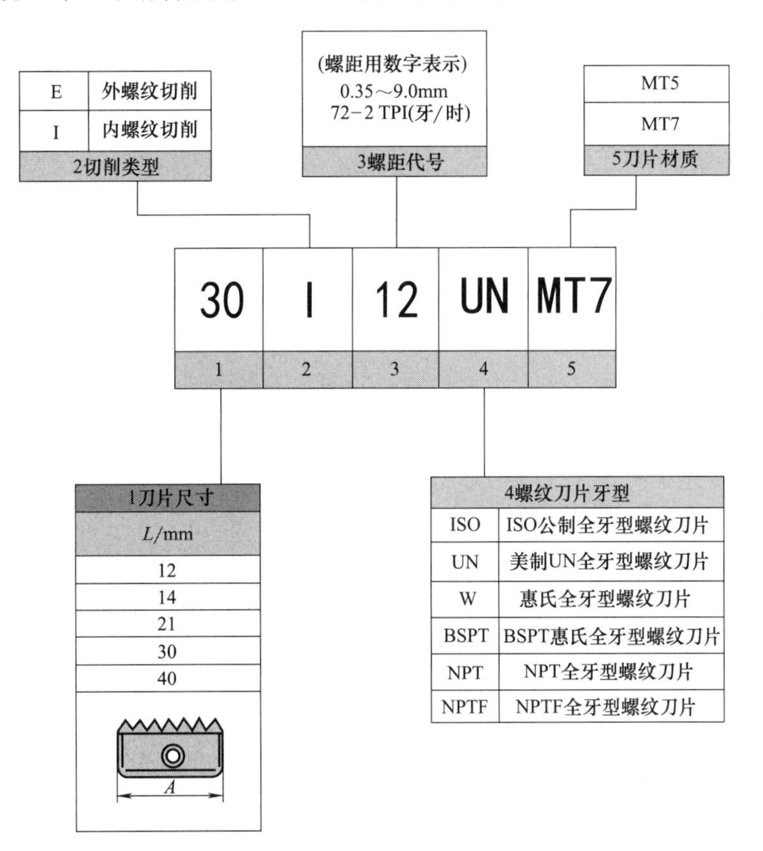

图 5-63 成都千木刀具螺纹铣刀片型号编制规则

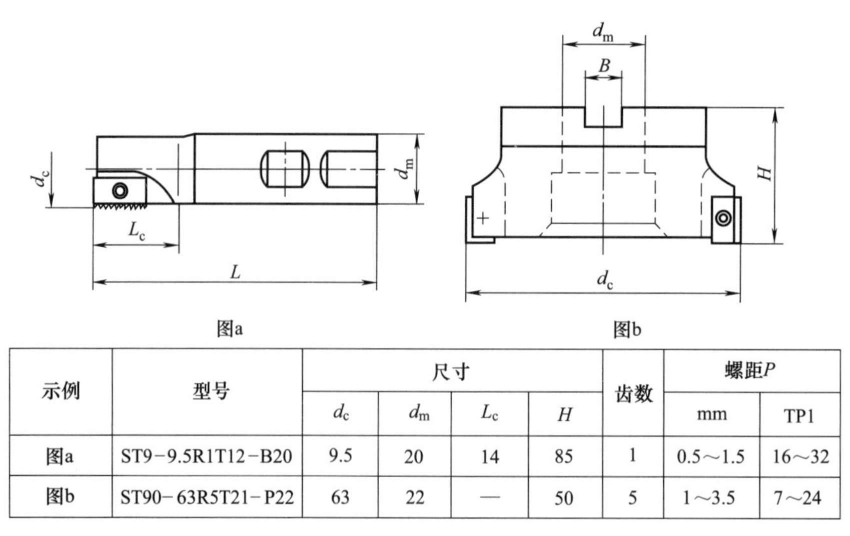

示例	型号	尺寸				齿数	螺距P	
		d_c	d_m	L_c	H		mm	TP1
图a	ST9-9.5R1T12-B20	9.5	20	14	85	1	0.5～1.5	16～32
图b	ST90-63R5T21-P22	63	22	—	50	5	1～3.5	7～24

图 5-64　成都千木刀具螺纹铣刀型号示例

5.4　可转位铣刀的合理选用

目前可转位铣刀已广泛应用于各行业的高效、高精度铣削加工，其种类已基本覆盖了现有的全部铣刀类型。由于可转位铣刀结构各异、规格繁多，选用时有一定难度，而可转位铣刀的正确选择和合理使用是充分发挥其效能的关键。

5.4.1　可转位铣刀的结构

可转位铣刀一般由刀片、定位元件、夹紧元件和刀体组成。由于刀片在刀体上有多种定位与夹紧方式，刀片定位元件的结构又有不同类型，因此可转位铣刀的结构型式有多种，分类方法也较多。但对用户选择刀具结构类型起主要作用的是刀片排列方式，排列方式可分为平装结构和立装结构两大类。

刀片径向排列的平装结构国外以 SANDVIK 公司的产品为代表，国内大多数刀具厂家生产的可转位铣刀均采用此种结构型式（见图 5-65）。平装结构铣刀的刀体结构工艺性好，容易加工，并可采用无孔刀片（无孔刀片价格较低，可重磨）。这种结构由于需要夹紧元件，刀片的一部分被覆盖，容屑空间较小，且切削力方向的硬质合金截面较小，故一般用于轻型和中型铣削加工。

刀片切向排列的立装结构国外以 INGERSOLL 公司的产品为代表，国内哈尔滨第一工具厂、陕西航空硬质合金工具厂均生产此种结构型式的铣刀（见图 5-66）。立装结构的刀片只用一个螺钉固定在刀槽上，结构简单，转位方便，刀片装夹零件较少，但刀体的加工难度较大，一般需用五坐标加工中心进行加工。由于刀片切向安装，在切削力方向的硬质合金截面较大，因而可进行大切深、大走刀量切削，这种铣刀适用于重型和中型铣削加工，是数控龙门铣床、落地镗铣床、较大规格加工中心、专用铣削机床等重型、中型高效、高精度铣削加工的最佳选择。

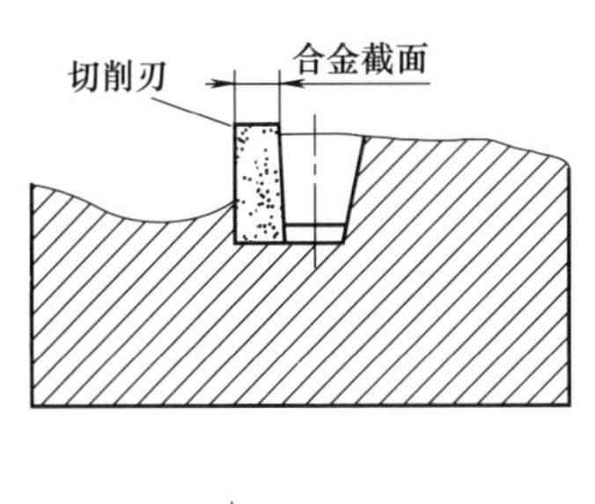

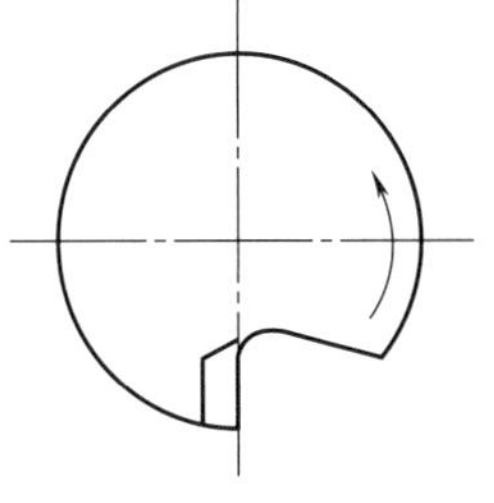

图 5-65　平装结构

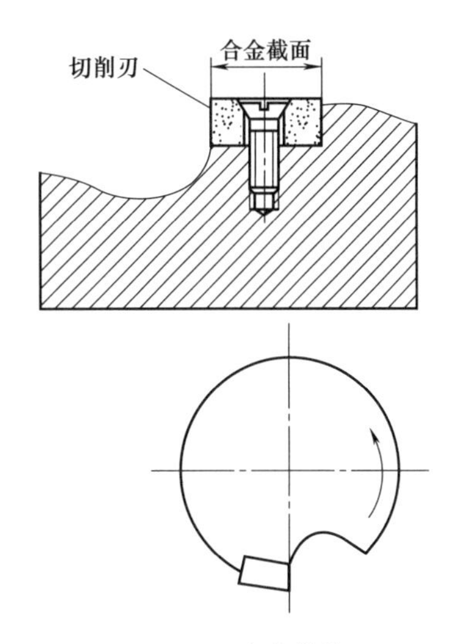

图 5-66　立装结构

5.4.2　可转位铣刀的角度选择

可转位铣刀的角度有前角、后角、主偏角、副偏角、刃倾角等。为满足不同的加工需要，有多种角度组合形式。各种角度中最主要的是主偏角和前角（制造厂的产品样本中对刀具的主偏角和前角一般都有明确说明）。

（1）主偏角 κ_r

主偏角为切削刃与切削平面夹角。可转位铣刀的主偏角有 90°、88°、75°、70°、60°、45°等几种。主偏角的大小对径向切削力、切削深度有着很大影响。径向切削力的大小直接影响切削功率和刀具的抗振性能。铣刀的主偏角越小，其径向切削力越小，抗振性也越好，但切削深度也随之减小，如图 5-67 所示。

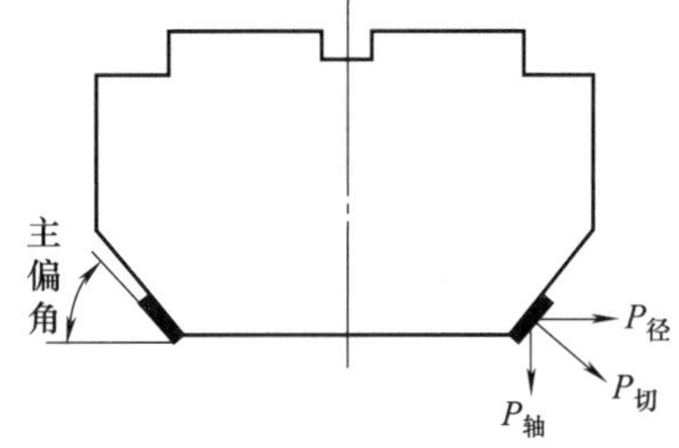

图 5-67　可转位铣刀主偏角

① 90°主偏角可转位铣刀在铣削带凸肩的平面时选用，一般不用于纯平面加工。该类刀具通用性好（即可加工台阶面，又可加工平面），在单件、小批量加工中选用。由于该类刀具的径向切削力等于切削力，进给抗力大，易振动，因而要求机床具有较大功率和足够的刚性。在加工带凸肩的平面时，也可选用 88°主偏角的铣刀，较 90°主偏角铣刀，其切削性能有一定改善。

② 60°～75°主偏角可转位铣刀适用于平面铣削的粗加工。由于径向切削力明显减小（特别是 60°时），其抗振性有较大改善，切削平稳、轻快，在平面加工中应优先选用。75°主偏角铣刀为通用型刀具，适用范围较广；60°主偏角铣刀主要用于镗铣床、加工中心上的粗铣和半精铣加工。

③ 45°主偏角可转位铣刀的径向切削力大幅度减小，约等于轴向切削力，切削载荷分布在较长的切削刃上，具有很好的抗振性，适用于镗铣床主轴悬伸较长的加工场合。用该类刀具加工平面时，刀片破损率低，耐用度高；在加工铸铁件时，工件边缘不易崩刃。

（2）前角 γ。

铣刀的前角可分解为径向前角 γ_f 和轴向前角 γ_p。径向前角 γ_f 主要影响切削功率；轴向前角 γ_p 则影响切屑的形成和轴向力的方向，当 γ_p 为正值时切屑即飞离加工面。径向前角 γ_f 和轴向前角 γ_p 正负的判别如图 5-68 所示。

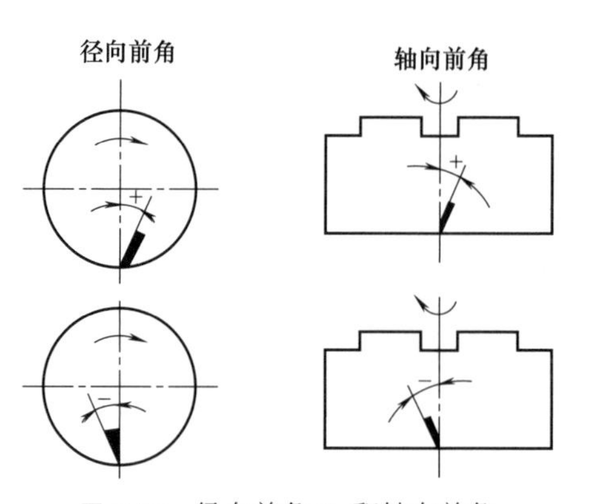

图 5-68 径向前角 γ_f 和轴向前角 γ_p 正负的判别

常用的前角组合形式如下：

① 双负前角 双负前角的铣刀通常采用方形（或长方形）无后角的刀片，刀具切削刃多（一般为 8 个），且强度高、抗冲击性好，适用于铸钢、铸铁件的粗加工。由于切屑收缩比大，需要较大的切削力，因此要求机床具有较大功率和较高刚性。由于轴向前角为负值，切屑不能自动流出，当切削韧性材料时，易出现积屑瘤和刀具振动。

凡能采用双负前角刀具加工时，建议优先选用双负前角铣刀，以便充分利用和节省刀片。当采用双正前角铣刀产生崩刃（即冲击载荷大）时，在机床允许的条件下，也应优先选用双负前角铣刀。

② 双正前角 双正前角铣刀采用有后角的刀片，这种铣刀楔角小，具有锋利的切削刃。由于切屑收缩比小，所耗切削功率较小，切屑成旋状排出，不易形成积屑瘤。这种铣刀最适用于软材料和不锈钢、耐热钢等材料的切削加工。对于刚性差（如主轴悬伸较长的镗铣床）、功率小的机床和加工焊接结构件时，也应优先选用双正前角铣刀。

③ 正负前角（轴向正前角、径向负前角） 这种铣刀综合了双正前角和双负前角铣刀的优点，轴向正前角有利于切屑的形成和排出，径向负前角可提高刀刃强度，改善抗冲击性能。此种铣刀切削平稳，排屑顺畅，金属切除率高，适用于大余量铣削加工。

5.4.3 可转位铣刀的齿数（齿距）

铣刀齿数多，可提高生产效率，但受容屑空间、刀齿强度、机床功率及刚性等的限制，不同直径的可转位铣刀的齿数均有相应规定。为满足不同用户的需要，同一直径的可转位铣刀一般有粗齿、中齿、密齿和不等分齿距四种类型。

① 粗齿铣刀 适用于普通机床的大余量粗加工和软材料或切削宽度较大的铣削加工；当机床功率较小时，为使切削稳定，也常选用粗齿铣刀。

② 中齿铣刀 为通用系列，使用范围广泛，具有较高的金属切除率和切削稳定性。

③ 密齿铣刀 主要用于铸铁、铝合金和有色金属的大进给速度切削加工。在专业化生产（如流水线加工）中，为充分利用设备功率和满足生产节奏要求，也常选用密齿铣刀（此时多为专用非标铣刀）。

④ 不等分齿距铣刀 不等分齿距铣刀是为防止工艺系统出现共振，使切削平稳。如英格索尔公司的 MAX-1 系列、瓦尔特公司的 NOVEX 系列均采用了不等分齿距技术。对铸钢、铸铁件的大余量粗加工，建议优先选用不等分齿距的铣刀。

5.4.4 可转位铣刀的直径

可转位铣刀直径的选用主要取决于设备的规格和工件的加工尺寸。

(1) **平面铣刀**

选择平面铣刀直径时主要需考虑刀具所需功率是否在机床功率范围之内，也可将机床主轴直径作为选取依据。平面铣刀直径可按 $D=1.5d$（d 为机床主轴直径）选取。在批量生产时，也可按工件切削宽度的 1.2～1.5 倍选择刀具直径。

平面铣刀直径（mm）系列标准为：50、63、80、100、125、160、200、250、315、400、500、630。

(2) **立铣刀**

立铣刀直径的选择主要应考虑工件尺寸的要求，并保证刀具所需功率在机床额定功率范围以内。如小直径立铣刀，则应主要考虑机床的最高转速能否达到刀具的最低切削速度(60m/min)。

(3) **槽铣刀**

槽铣刀的直径和宽度应根据加工工件尺寸选择，并保证其切削功率在机床允许的功率范围之内。

5.4.5 刀片牌号的选择

合理选择刀片硬质合金牌号的主要依据是被加工材料的性能和硬质合金的性能。一般用户选用可转位铣刀时，均由刀具制造厂根据用户加工材料及加工条件配备相应牌号的硬质合金刀片。

由于各厂生产的同类用途硬质合金的成分及性能各不相同，硬质合金牌号的表示方法也不同，为方便用户，国际标准化组织规定，切削加工用硬质合金按其排屑类型和被加工材料分为三大类：P 类、M 类和 K 类。根据被加工材料及适用的加工条件，每大类中又分为若干组，用两位阿拉伯数字表示，每类中数字越大，其耐磨性越低、韧性越高。

(1) **P 类合金**（包括金属陶瓷）

P 类合金（包括金属陶瓷）用于加工产生长切屑的金属材料，如钢、铸钢、可锻铸铁、不锈钢、耐热钢等。分类号及选择原则如下：

P01　P05　P10　P15　P20　P25　P30　P40　P50

进给量　韧性（吃刀深度）

————————————————→高

切削速度　耐磨性（硬度）

————————————————→低

(2) **M 类合金**

M 类合金用于加工产生长切屑和短切屑的黑色金属或有色金属，如钢、铸钢、奥氏体不锈钢、耐热钢、可锻铸铁、合金铸铁等。分类号及选择原则如下：

M10　M20　M30　M40

进给量　韧性（吃刀深度）

————————————————→高

切削速度　耐磨性（硬度）

————————————————→低

(3) **K 类合金**

K 类合金用于加工产生短切屑的黑色金属、有色金属及非金属材料，如铸铁、铝合金、铜合金、塑料、硬胶木等。分类号及选择原则如下：

K01　K10　K20　K30　K40

进给量　韧性（吃刀深度）

————————————→高

切削速度　耐磨性（硬度）

————————————→低

5.5 数控铣削加工中的对刀技术

(1) 数控加工中与对刀有关的概念

① 刀位点　代表刀具的基准点，也是对刀时的注视点，一般是刀具上的一点。尖形车刀刀位点为假想刀尖点，如图 5-69（a）所示；钻头刀位点为钻尖，如图 5-69（b）所示；平底立铣刀刀位点为端面中心，如图 5-69（c）所示；球头铣刀刀位点为球尖或球心，如图 5-69（d）所示。数控系统控制刀具的运动轨迹，准确说是控制刀位点的运动轨迹。手工编程时，程序中所给出的各点（基点或节点）坐标值就是刀位点的坐标值；自动编程时，程序输出的坐标值就是刀位点在每一有序位置的坐标数据，刀具轨迹就是由一系列有序的刀位点的位置点和连接这些位置点的直线（直线插补）或圆弧（圆弧插补）组成的。

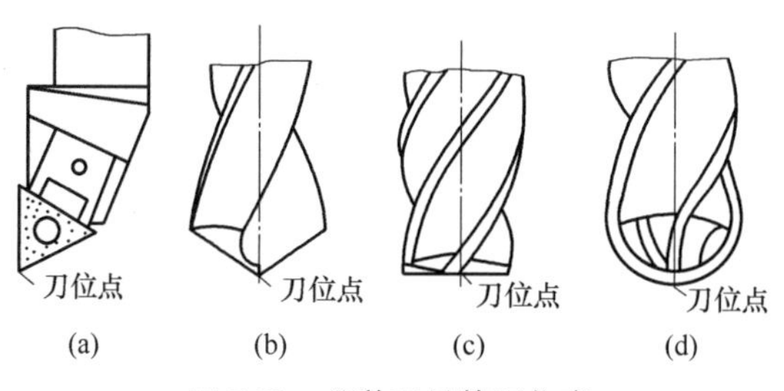

图 5-69　几种刀具的刀位点

② 对刀点的选择　工件在机床上的安装位置是任意的，要正确执行加工程序，必须确定工件在机床坐标系中的确切位置。对刀点是工件在机床上定位装夹后，设置在工件坐标系中，用于确定工件坐标系与机床坐标系空间位置关系的参考点。在工艺设计和程序编制时，应合理设置对刀点，以操作简单、对刀误差小为原则。对刀点可以设置在工件上，也可以设置在夹具上，但都必须在编程坐标系中有确定的位置，如图 5-70 中的 x_1 和 y_1。对刀点既可以与编程原点重合，也可以不重合，这主要取决于加工精度和对刀的方便性。当对刀点与编程原点重合时，$x_1=0$，$y_1=0$。

确定对刀点在机床坐标系中位置的操作称为对刀，对刀的准确程度将直接影响零件加工的位置精度。因此，对刀是数控机床操作中一项重要且关键的工作。对刀操作一定要仔细，对刀方法一定要与零件的加工精度要求相适应，生产中常使用百分表、中心规及寻边器等工具。无论采用哪种工具，都是使数控铣床主轴中心与对刀点重合，利用机床的坐标显示确定对刀点在机床坐标系中的位置，从而确定工件坐标系在机床坐标系中的位置。

(2) 对刀方法

图 5-71 所示是对刀点与工件坐标系重合时的对刀方法，对刀的具体操作方法如下。

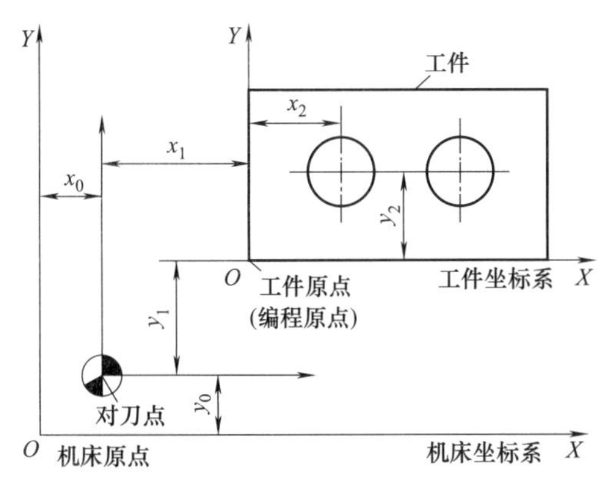

图 5-70　对刀点的选择

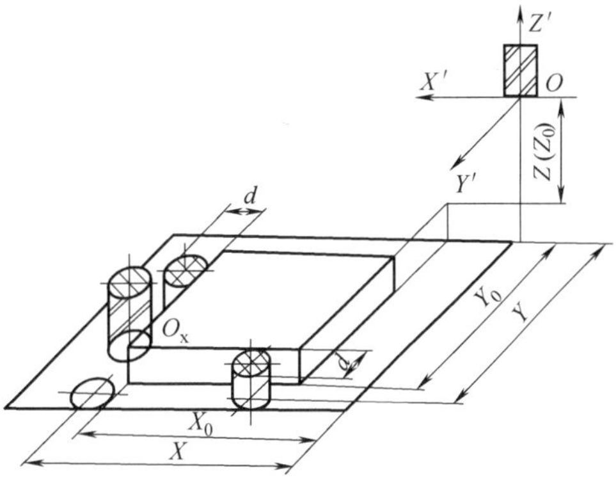

图 5-71　对刀方法

① 回零操作　将方式选择开关置“回零”位置，按下面顺序执行回零操作：

a. 手动按“+Z”键，*Z* 轴回零。CRT 上显示 *Z* 轴坐标为 0。

b. 手动按“+X”键，*X* 轴回零。CRT 上显示 *X* 轴坐标为 0。

c. 手动按“+Y”键，*Y* 轴回零。CRT 上显示 *Y* 轴坐标为 0。

② 对刀操作　按下列步骤操作：

a. *X* 轴对刀，记录机床坐标 *X* 的显示值（假设为−220.000）。

b. *Y* 轴对刀，记录机床坐标 *Y* 的显示值（假设为−120.000）。

c. *Z* 轴对刀，记录机床坐标 *Z* 的显示值（假设为−50.000）。

③ 建立工件坐标系　根据所用刀具的尺寸（假定为 ϕ20）及上述对刀数据，建立工件坐标系，有两种方法：

a. 执行 G92 X-210 Y-110 Z-50 指令，建立工件坐标系。

b. 将工件坐标系的原点坐标（−210，−110，−50）输入到 G54 寄存器，然后在 MDI 方式下执行 G54 指令。

数控复合刀具

6.1 数控复合刀具概述

随着时代的发展，知识型加工的推广和生产批量的增加，复合刀具被应用于数控加工的情况已经越来越多，并且显现出了独特的优势。因为复合刀具可以替代多把常规刀具，而且是在工件的一次装夹下和刀具的一次工作行程中完成多道工序的加工，所以在数控加工中使用复合刀具可以减少换刀次数，消除工件或刀具的重复定位误差，提高加工精度，减少辅助时间和简化测量过程。现在，高速、高效、柔性、复合、环保的数控加工刀具不断出现，新技术使得复合刀具在材料、动平衡、线速度和重量等方面趋近完美，完全能够满足数控加工中对复合刀具类型、规格和精度方面的苛刻要求。因此，复合刀具已不再局限于在组合机床和自动加工线上使用，而是愈来愈多地应用于数控加工，特别是在大批量生产精度要求较高的箱体、缸体、缸盖等箱体类零件时更为突出。

6.1.1 数控复合刀具的概念

数控复合刀具是将两把或两把以上同类或不同类的孔加工刀具组合成一体的专用刀具，它能在一次加工过程中，完成钻孔、扩孔、铰孔、锪孔和镗孔等多工序的不同的工艺复合，再配合数控加工中灵活的主轴转速和进给控制功能，可以实现提高加工效率、加工精度和质量可靠性的目标。如图 6-1 所示为一把常见的数控复合刀具，它可以实现钻-粗镗-半精镗-铰 4 个加工工艺在同一台数控机床上，一次装刀、一次装夹，在同一工步连续完成。

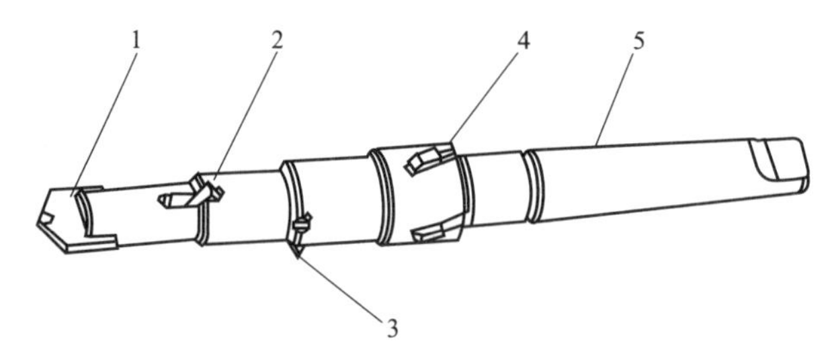

图 6-1 钻-粗镗-半精镗-铰复合刀具

1—钻孔部分；2—粗镗孔部分；3—半精镗孔部分；4—铰孔部分；5—刀体

这把数控复合刀具从左到右依次分布钻孔、粗镗孔、半精镗孔和铰孔四个切削加工部位，可以实现一次安装刀具完成四道工序，也就是把钻头、粗镗刀、半精镗刀和铰刀四把刀具共用一个刀体连接起来，以实现高效、稳定加工。为减少刀具刃磨的辅助时间和提高刀具的耐用度，减少刀具消耗，降低生产成本，分别对这四个切削部位按照各自的加工条件，采用了不同材质、型号的硬质合金刀片。根据钻头加工内孔钻削效率高的特点，刀头部分用一块 YG8 型硬质合金刀片铜焊在刀杆一端而成为钻头部分，完成钻孔工序。这样加工出的孔，其表面粗糙度和直线度都较差，尺寸精度也不高。因此，在钻头之后布置了粗镗和半精镗两个镗削加工部分，用以实现修正孔的直线度和孔径尺寸精度，提高表面粗糙度，使铰削余量均匀合理，为铰孔工序做好准备工作的目标。镗孔刀片选用材质为 YG6 的硬质合金刀片。铰孔的铰刀部分放在复合刀具切削部分的最后来完成最后的精加工，保证孔的形位精度和表面粗糙度等精度要求。铰刀部分采用材质为 YG3 的硬质合金刀片。刀体采用 45 钢制造，刀具夹持部分制成莫氏 3 号锥柄。为了容易排屑，保证刀具四个切削部分依次工作，避免有两个切削部分同时参与切削的现象发生，每一切削部分的起始点轴向间隔应大于或等于孔深。其中钻孔部分与粗镗孔部分之间轴向距离应更大，以利于钻孔时产生的较多切屑能够有较大的容屑空间，使排屑顺畅，避免前后刀面切下的切屑互相干扰和阻塞，致使刀具崩刃及影响孔的加工质量。

因此，我们可以知道数控复合刀具具有以下特点：

① 可同时或顺序加工几个表面，减少机动和辅助时间，提高生产率。

② 可减少工件的安装次数或夹具、刀具的转位次数，以减小定位误差。

③ 降低对机床的复杂性要求，减少机床台数，节约费用，降低制造成本。

④ 可保证加工表面间的相互位置精度，加工质量高。

⑤ 与数控机床程序中的主轴变速和轴向进给量调节等功能配合使用，更能发挥复合刀具的优势，且能保证好的尺寸精度和表面质量。

6.1.2 数控复合刀具的分类

数控复合刀具种类繁多，作为一种专用刀具，我们可以从刀具的结构形式、加工工艺的组合形式以及刀具切削部分的材质等方面加以区分。

(1) 按刀具的结构形式分类

数控复合刀具按结构形式分为整体式、装配式、可转位式和组合式等。

① 整体式数控复合刀具　整体式数控复合刀具是指刀具的切削部分和刀具体由同一块材料经过切削加工和局部热处理制作而成的一体化数控复合刀具。该类型刀具主要是指各种高速钢整体式数控复合刀具，如图 6-2 所示。其中，图 6-2（a）为多层次阶梯孔-倒角整体

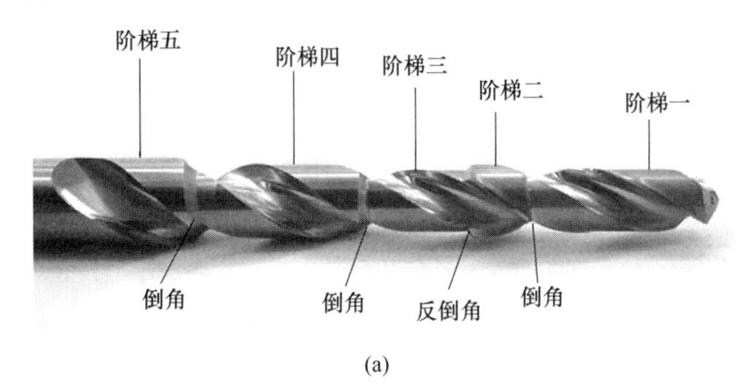

(a)

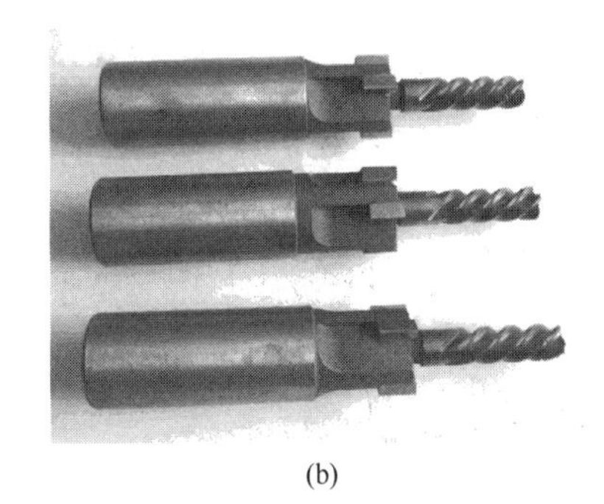
(b)

图 6-2

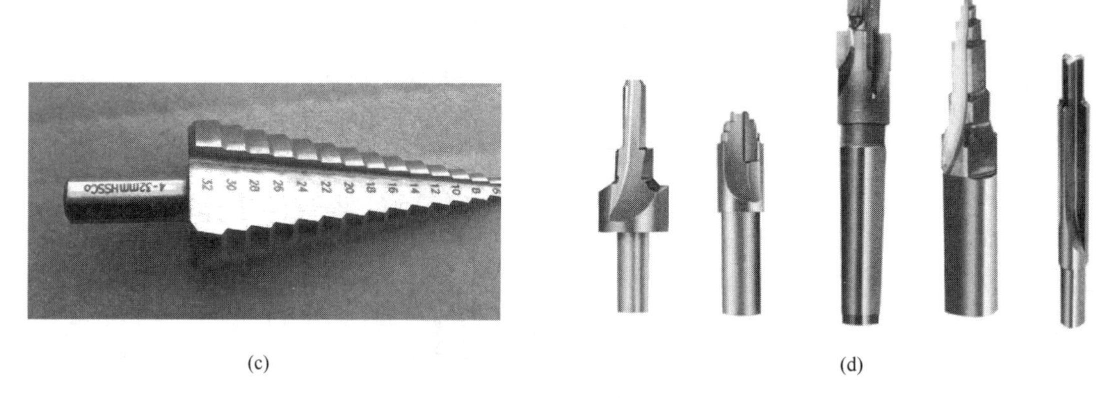

图 6-2　整体式数控复合刀具

式数控复合刀具；图 6-2（b）为钻孔-锪沉头孔整体式数控复合刀具；图 6-2（c）为阶梯钻头；图 6-2（d）为异形整体式数控复合刀具。

② 装配式数控复合刀具　装配式数控复合刀具是指刀具切削部分和刀具体由同种或不同材料分别加工，后经镶焊工艺组合成为一体式的数控复合刀具。该类刀具主要有高速钢焊接式数控复合刀具、PCD 焊接式数控复合刀具、CBN 焊接式数控复合刀具等。如图 6-3 所示为装配式数控复合刀具，其中图 6-3（a）为高速钢焊接式数控复合刀具；图 6-3（b）为 PCD 焊接式数控复合刀具；图 6-3（c）为 CBN 焊接式数控复合刀具。

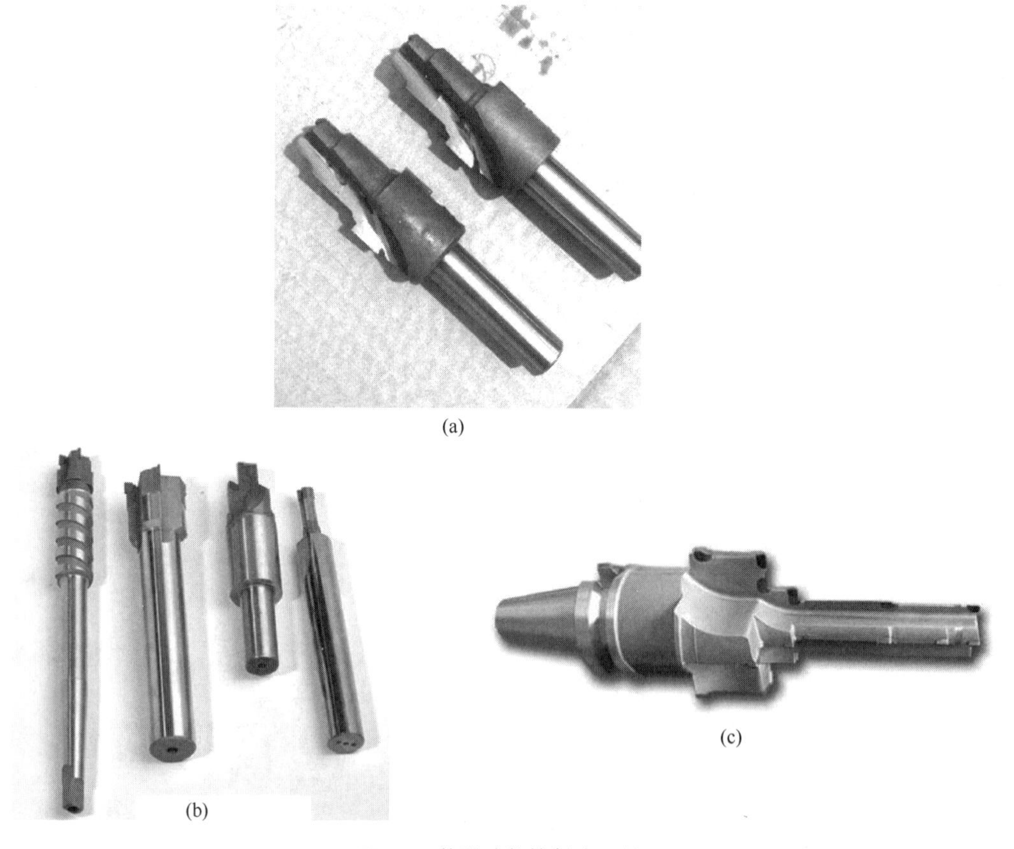

图 6-3　装配式数控复合刀具

③ 可转位式数控复合刀具　可转位式数控复合刀具是指刀具体由一种钢（45 钢或 40Cr 钢等）经切削加工制成，而切削部分则是外购的各种刀片，两者经机械连接形成的数控复合刀具。如图 6-4 所示为一种典型的可转位式数控复合刀具。

图 6-4　可转位式数控复合刀具

④ 组合式数控复合刀具　组合式数控复合刀具是指由公共刀具柄部和各种具有一定功能的刀头经定位和锁紧机构组合而成的数控复合刀具。组合式数控复合刀具像组合工具一样，可以实现快换快装，使用方便、灵活。根据刀头的不同，一般有组合式快速钻头、组合式端铣刀、组合式平面端铣刀、组合式圆刃形端铣刀、组合式直角端铣刀、组合式倒角刀、组合式螺旋槽端铣刀、组合式平面铣刀等；根据刀具柄部的不同，一般有螺纹柄、锥柄、直柄、削平柄等。如图 6-5 所示为组合式数控复合刀具。

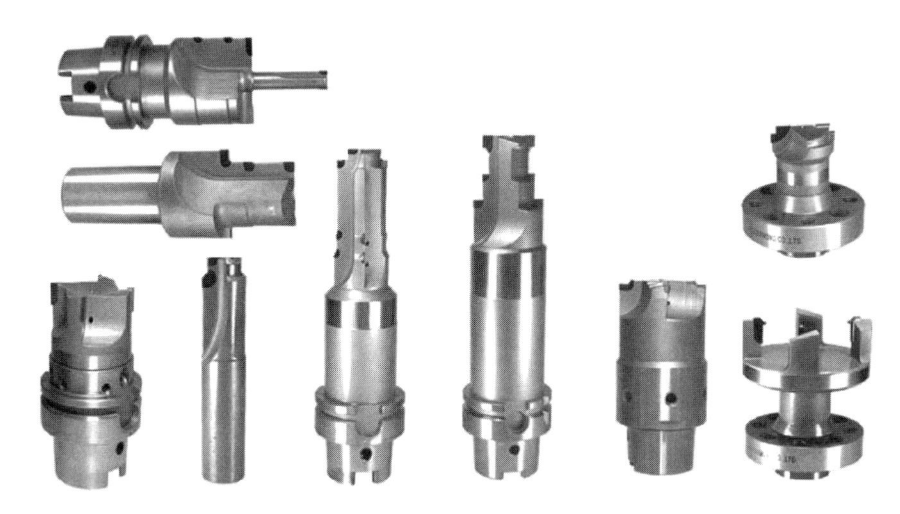

图 6-5　组合式数控复合刀具

(2) 按加工工艺的组合形式分类

数控复合刀具按加工工艺的组合形式分为复合钻、复合铰、复合扩、复合镗、复合锪、钻-铰、钻-攻（螺纹）、钻-锪、钻-扩、钻-倒角、扩-镗、钻-扩-铰、扩-铰、扩-锪、钻-镗、钻-扩-锪、钻-铰-铰和镗-铰等形式。如图 6-6 所示为不同加工工艺组合的数控复合刀具，其中图 6-6（a）为钻-铰数控复合刀具；图 6-6（b）为钻-攻（螺纹）数控复合刀具；图 6-6（c）为钻-锪数控复合刀具。

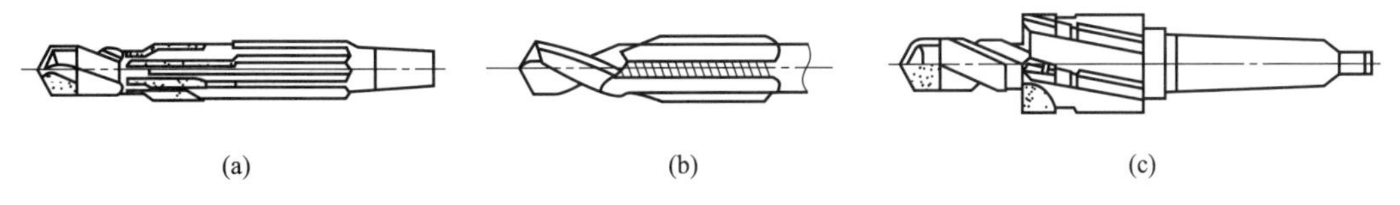

图 6-6　不同加工工艺组合形式的数控复合刀具

(3) 按刀具切削部分的材质分类

数控复合刀具按刀具切削部分的材质分为高速钢复合刀具、硬质合金复合刀具、立方氮化硼（CBN）复合刀具、聚晶金刚石（PCD）复合刀具等。

6.2 数控复合刀具的材料

正确选择和使用刀具材料，对数控复合刀具平稳、高效、高质量地工作具有重要意义。由于数控复合刀具一般是由不同材料加工组合而成，因此应当依据每一部位的加工条件要求逐一选择刀具材料，才能充分满足数控复合刀具的性能要求。

6.2.1 数控复合刀具刀体的材料

数控复合刀具的刀体是用来承载和装夹切削部分和刀片的，对其主要要求就是具有较高的强度和韧性，能够满足强力切削时的切削力和转矩，对硬度要求不高，一般采用45钢或其他中碳调质钢、中碳合金调质钢。

45钢是一种最常用的中碳调质钢。该钢冷塑性一般，退火、正火比调质时要稍好，具有较高的强度和较好的切削加工性，经适当的热处理以后可获得一定的韧性、塑性和耐磨性，材料来源方便，适合氢焊和氩弧焊，不太适合气焊。焊前需预热，焊后应进行去应力退火。45钢正火可改善硬度小于160HBS毛坯的切削性能。该钢经调质处理后，其综合力学性能要优于其他中碳结构钢，但该钢淬透性较低，水中临界淬透直径为12～17mm，水淬时有开裂倾向。当直径大于80mm时，经调质或正火后，其力学性能相近，对中、小型模具零件进行调质处理后可获得较高的强度和韧性，而大型零件则以正火处理为宜，所以，此钢通常在调质或正火状态下使用。

6.2.2 数控复合刀具切削部分的材料

数控复合刀具的切削部分是直接参与切削加工的部位，其材料应具有较高的硬度、耐磨性和热硬性。该部分的材料常用的有高速钢、硬质合金、CBN、PCD以及陶瓷材料等。

(1) 高速钢

高速钢又称作风钢或锋钢，意思是淬火时即使在空气中冷却也能硬化，并且很锋利。它是一种成分复杂的合金钢，含碳量一般在0.70%～1.65%之间，含有钨、钼、铬、钒、钴等碳化物形成元素。合金元素总量达10%～25%左右。它在高速切削产生高热的情况下（约600℃）仍能保持高的硬度，能在60HRC以上。高速钢由于热硬性好，可以用来制造机动高速切削工具。

① 高速钢按所含合金元素不同可分为：

a. 钨系高速钢（含钨9%～18%）；

b. 钨钼系高速钢（含钨5%～12%，含钼2%～6%）；

c. 高钼系高速钢（含钨0～2%，含钼5%～10%）；

d. 钒高速钢，按含钒量的不同又分一般含钒量（含钒1%～2%）高速钢和高含钒量（含钒2.5%～5%）高速钢；

e. 钴高速钢（含钴5%～10%）。

② 高速钢按用途不同可分为：

a. 通用型高速钢　主要用于制造切削硬度≤300HBS的金属材料的刀具（如钻头、丝锥、锯条）和精密刀具（如滚刀、插齿刀、拉刀）等，常用的钢号有W18Cr4V、W6Mo5Cr4V2等。

b. 特殊用途高速钢　包括钴高速钢和超硬型高速钢（硬度68～70HRC），主要用于制造切削难加工金属（如高温合金、钛合金和高强钢等）的刀具，常用的钢号有W12Cr4V5Co5、W2Mo9Cr4VCo8等。

常用来制造数控复合刀具的通用型高速钢及其性能见表6-1。

表6-1　常用来制造数控复合刀具的通用型高速钢及其性能

项　目	W18Cr4V	W6Mo5Cr4V2	W14Cr4VMnRe
硬度(HRC)	62～65	63～66	64～66
抗弯强度/GPa	3.0～3.4	3.5～4.0	约4.0
冲击韧性/(MJ/m^2)	0.18～0.32	0.30～0.40	约0.31
600℃时的硬度(HRC)	48.5	47～48	50
特点	强度较高，耐磨性好，可用普通刚玉砂轮磨削，耐热性中等，热塑性差	强度高，热塑性好，耐热性、耐磨性稍次于W18Cr4V，可用普通刚玉砂轮磨削	热硬性好，耐磨性好，韧性差，导热性差，回火稳定性好，淬硬层深
主要用途	通用性强，广泛用于制造钻头、铰刀、丝锥、铣刀、齿轮刀具及拉刀等	适用于制作热成形刀具和承受冲击、结构薄弱的刀具	切削性能与W18Cr4V相当，适于制作热轧刀具

高速钢一般不做抗拉强度检验，而以金相、硬度检验为主。钨系和高钼系高速钢经正确的热处理后，洛氏硬度能达到63HRC以上，钴系高速钢在65HRC以上。钢材的酸浸低倍组织不得有肉眼可见的缩孔 、翻皮。中心疏松，一般应小于1级。金相检验的内容主要包括脱碳层、显微组织和碳化物不均匀度3个项目。

· 高速钢不应有明显的脱碳。显微组织不得有鱼骨状共晶莱氏体存在。

· 高速钢中碳化物不均匀度对质量影响最大。根据钢的不同用途可对碳化物不均匀度提出不同的级别要求，通常情况下应小于3级。

· 用高速钢制造切削工具，除因其具有高硬度、高耐磨性和足够的韧性之外，还有一个重要因素是具有热硬性。一种衡量热硬性的方法是先把钢加热至580～650℃，保温1h，然后冷却，这样反复4次后测量其硬度值。

高速钢的淬火温度一般均接近钢的熔点，如钨系高速钢为1210～1240℃，高钼系高速钢为1180～1210℃。淬火后一般需在540～560℃之间回火3次。提高淬火温度可以增加钢的热硬性。为了提高高速钢刀具的使用寿命，可对其表面进行强化处理，如低温氰化、氮化、硫氮共渗等。

(2) 聚晶金刚石（PCD）

① PCD刀具材料的性能　金刚石作为一种超硬刀具材料应用于切削加工已有数百年历史。在刀具发展历程中，从19世纪末到20世纪中期，刀具材料以高速钢为主要代表。1927年德国首先研制出硬质合金刀具材料并获得广泛应用。20世纪50年代，瑞典和美国分别合成出人造金刚石，切削刀具从此步入以超硬材料为代表的时期。20世纪70年代，人们利用高压合成技术合成了聚晶金刚石（PCD），解决了天然金刚石数量稀少、价格昂贵的问题，使金刚石刀具的应用范围扩展到航空、航天、汽车、电子、石材等多个领域。

聚晶金刚石（PCD）的硬度为7000～8000HV，约为CBN材料的2倍，其热导率可达2100W/(m·K)，热胀系数很小。PCD刀具切削时能迅速将切削热从刀尖传递至刀体内部，从而减小因刀具热变形引起的加工误差，避免刀具发生热损伤。PCD刀具主要用于加工铜合金、铝及铝合金、钛及钛合金等有色金属材料，也可用于加工耐磨性极好的高性能材料，如纤维增强型塑料、金属复合材料、木材复合材料等。用PCD刀具干式切削铝合金可达到很高的切削速度和理想的刀具寿命，采用锋利的切削刃和大正前角进行干式切削时，可使切削压力和积屑瘤达到最小。

② PCD刀具材料的应用　目前，PCD刀具的加工范围已从传统的金属切削加工扩展到石材加工，木材加工，金属基复合材料、玻璃、工程陶瓷等材料的加工。通过对近年来PCD刀具应用的分析可见，PCD刀具主要应用于以下两方面：

a. 难加工有色金属材料的加工　用普通刀具加工难加工有色金属材料时，往往产生刀具易磨损、加工效率低等缺陷，而PCD刀具则可表现出良好的加工性能。如用PCD刀具可有效加工新型发动机活塞材料——过共晶硅铝合金。

b. 难加工非金属材料的加工　PCD刀具非常适合对石材、硬质碳、碳纤维增强基复合材料（CFRP）、人造板材等难加工非金属材料进行加工。用PCD刀具加工强化复合地板，可有效避免刀具易磨损等缺陷。

③ PCD刀具的制造

a. PCD复合片的制造　PCD复合片是由天然或人工合成的金刚石粉末与结合剂（其中含钴、镍等金属）按一定比例在高温（1000～2000℃）、高压（5万～10万个大气压）下烧结而成。在烧结过程中，由于结合剂的加入，使金刚石晶体间形成以TiC、SiC、Fe、Co、Ni等为主要成分的结合桥，金刚石晶体以共价键形式镶嵌于结合桥的骨架中。通常将复合片制成固定直径和厚度的圆盘，还需对烧结成的复合片进行研磨抛光及其他相应的物理、化学处理。

b. PCD刀片的加工　PCD刀片的加工主要包括复合片的切割、刀片的焊接、刀片刃磨等步骤。

由于PCD复合片具有很高的硬度及耐磨性，因此必须采用特殊的加工工艺。目前，加工PCD复合片主要采用电火花线切割、激光加工、超声波加工、高压水射流等几种工艺方法，其中以电火花线切割工艺效果最好。

PCD复合片与刀体的结合方式除采用机械夹固和粘接方法外，大多是通过钎焊方式将PCD复合片压制在硬质合金基体上。焊接方法主要有激光焊接、真空扩散焊接、真空钎焊、高频感应钎焊等。目前，投资少、成本低的高频感应加热钎焊在PCD刀片焊接中得到广泛应用。在刀片焊接过程中，焊接温度、焊剂和焊接合金的选择将直接影响焊后刀具的性能。在焊接过程中，焊接温度的控制十分重要，如焊接温度过低，则焊接强度不够；如焊接温度过高，PCD容易石墨化，并可能导致“过烧”，影响PCD复合片与硬质合金基体的结合。在实际加工过程中，可根据保温时间和PCD变红的深浅程度来控制焊接温度（一般应低于700℃）。

PCD刀具的刃磨工艺主要采用陶瓷结合剂金刚石砂轮进行磨削。由于砂轮磨料与PCD之间的磨削是两种硬度相近的材料间的相互作用，因此其磨削规律比较复杂。对于高粒度、低转速砂轮，采用水溶性冷却液可提高PCD的磨削效率和磨削精度。砂轮结合剂的选择应视磨床类型和加工条件而定。由于电火花磨削（EDG）技术几乎不受被磨削工件硬度的影响，因此采用EDG技术磨削PCD具有较大优势。PCD的高硬度使其材料去除率极低，只有硬质合金去除率的万分之一。

PCD刀片与刀具体的连接方式包括机械夹固、焊接、可转位等多种，其特点与应用范围见表6-2。

表6-2 PCD刀片与刀具体连接方式的特点与应用

连接方式	特点	应用范围
机械夹固	由标准刀体及可制成各种几何角度的可换刀片组成，具有快换和便于重磨的优点	中小型机床
整体焊接	结构紧凑、制作方便，可制成小尺寸刀具、专用刀具或难以机夹的刀具	小型机床
机夹焊接	刀片焊接于刀头上，可使用标准刀杆，便于刃磨及调整刀头位置	自动机床、数控机床
可转位	结构紧凑，夹紧可靠，不需重磨和焊接，可节省辅助时间，提高刀具寿命	普通通用机床

④ PCD复合刀具切削用量的选择

a. 切削速度的选择　PCD刀具可在极高的主轴转速下进行切削加工，但切削速度的变化对加工质量的影响不容忽视。虽然高速切削可提高加工效率，但在高速切削状态下，切削温度和切削力的增加可使刀尖发生破损，并使机床产生振动。加工不同工件材料时，PCD刀具的合理切削速度也有所不同，如铣削Al_2O_3强化地板的合理切削速度为110～120m/min；车削SiC颗粒增强铝基复合材料及氧化硅基工程陶瓷的合理切削速度为30～40m/min。

b. 进给量的选择　如PCD刀具的进给量过大，将使工件上残余几何面积增加，导致表面粗糙度增大；如进给量过小，则会使切削温度上升，切削寿命降低。

c. 背吃刀量的选择　增加PCD刀具的切削深度会使切削力增大、切削热升高，从而加剧刀具磨损，影响刀具寿命。此外，切削深度的增加容易引起PCD刀具崩刃。PCD刀具常用于工件的精加工，背吃刀量较小，甚至等于刀具的刃口半径，属于微量切削，因此其后角及后刀面对加工质量有明显影响，较小的后角、较高的后刀面质量对于提高PCD刀具的加工质量可起到重要作用。

不同粒度等级的PCD刀具在不同的加工条件下加工不同工件材料时，表现出的切削性能也不尽相同，因此应根据具体加工条件确定PCD刀具的实际切削参数。

(3) 立方氮化硼（CBN）

① 立方氮化硼（CBN）的性能　立方氮化硼（Cubic Boron Nitride，CBN）是20世纪50年代首先由美国通用电气（GE）公司利用人工方法在高温高压条件下合成的，其硬度仅次于金刚石而远远高于其他材料，因此它与金刚石统称为超硬材料。立方氮化硼（CBN）的硬度高达3200～4000HV，热导率为1300W/(m·K)，具有良好的抗化学腐蚀性，且在1200℃的高温下具有良好的热稳定性。CBN的高耐热性和高热硬性使其非常适合用于干式切削，可实现淬硬工件（淬火硬度60～70HRC）的以车代磨加工。用CBN刀具干式切削铸铁可大幅度提高切削速度，改善刀具寿命。

② CBN刀具材料　CBN刀具材料的制造主要是通过CBN粉末和结合剂经超高压高温烧结而成。主要步骤有：混合粉末—模压成形（与硬质合金底层组装成整体）—超高压高温烧结—深加工等。按添加成分分：有直接由CBN单晶烧结而成的CBN和添加一定比例黏结

剂的 CBN 烧结体两大类；按制造复合方式分：有整体 CBN 烧结块和与硬质合金复合烧结的 CBN 复合片两类。目前应用较广的是带黏结剂的 CBN 复合片，根据添加的黏结剂比例不同，CBN 硬度也不同，黏结剂含量越多则硬度越低、韧性越好；黏结剂种类不同，则 CBN 的用途也不同。表 6-3 所示为常见黏结剂的 CBN 刀具及其用途。

⊡ 表 6-3 常见黏结剂的 CBN 刀具及其用途

CBN 含量/%	黏结剂种类	主要用途
≤60	TiN	切削淬火钢
≤70	TiC	切削铸铁
≤70	Al_2O_3	切削铸铁
≤90	AlN	切削高强度铸铁
≤80	Co	切削耐热合金钢或铸铁

③ CBN 刀具的应用

a. 适用于高速及超高速切削加工　CBN 刀具最适合于铸铁、淬硬钢等材料的高速切削加工。当切削速度超过一定限度后，切削速度越高，PCBN 刀具后刀面磨损速度反而越小，即高速切削下刀具的寿命反而高，这一特点尤其适合现代高速切削加工。

b. 适用于高硬度材料的切削加工　完全可以用车铣等切削加工工艺方法取代磨削加工对硬度 55HRC 以上的淬硬件进行精加工。切削效率高，加工时间短，设备投资费用低，环保，且可降低加工成本。

c. 适用于干切削加工　在超高温度干式切削加工过程中，加工区的工件材料强度明显下降，变得易切削，而 CBN 刀具材料则仍然保持较好的热硬性、耐磨性和抗黏结性，因此，CBN 刀具材料更适于高速条件下的干式切削加工。

d. 适用于自动化加工　CBN 刀具有很高的硬度及耐磨性，能在高切削速度下长时间地加工出高精度零件，大大减少换刀次数和刀具磨损补偿停机所花费的时间，因此，很适合于数控机床及自动化程度较高的加工设备，并且能使设备的高效能得到充分发挥。

④ CBN 复合刀具切削用量的选择　CBN 复合刀具切削用量主要依据刀片的性能选择，具体参见表 6-4。

⊡ 表 6-4 CBN 复合刀具切削用量的选择

工件材料	切削速度/(m/min)	进给量/(mm/r)	背吃刀量/mm
灰铸铁(180 ～ 230HB)	400 ～ 1000	0.15 ～ 0.5	0.12 ～ 2.0
硬铸铁(≥400HB)	70 ～ 150	0.15 ～ 0.5	0.12 ～ 2.0
淬火钢(≥45HRC)	60 ～ 140	0.15 ～ 0.5	0.2 ～ 2.5
耐热合金(≥35HRC)	100 ～ 240	0.05 ～ 0.3	0.1 ～ 2.5

(4) 超细晶粒硬质合金

超细晶粒硬质合金是一种高硬度、高强度和高耐磨性兼备的硬质合金，它的 WC 粒度一般为 0.2～1.0μm（大部分在 0.5μm 以下），是普通硬质合金 WC 粒度的几分之一到几十分之一，具有硬质合金的高硬度（一般为 90～93HRA）和高速钢的强度（抗弯强度为 2000～3500MPa，高于含钴量相同的一般 WC、Co 硬质合金），与加工材料的相互吸附和扩散作用较小，特别适用于耐热合金钢、高强度合金钢以及其他难加工材料的加工。

超细晶粒硬质合金具有良好的耐高温性，但并不适合所有的加工场合。超细晶粒硬质合金具有极好的韧性和刃口强度，可用于制作大前角刀具，用超细晶粒硬质合金材料制成的钻头、深孔钻、刀片等可用于干式切削加工。

超细晶粒硬质合金刀具由于其晶粒极细，刀刃可以磨得锋利、光洁，同时由于它的强度和硬度都很高，故能长时间保持切削刃有极小的圆弧半径和表面粗糙度。

YM051、YM052、YD05 等超细晶粒硬质合金刀具比 YT、YG、YW 三类普通硬质合金刀具有较好的耐热性和综合耐磨性能，不仅其刀具寿命有明显提高，切削效率提高数倍，而且加工工件的表面粗糙度也显著降低。

超细晶粒硬质合金与立方氮化硼（CBN）、聚晶金刚石（PCD）、陶瓷和金属陶瓷相比，虽然耐磨性稍低一些，但其价格却比它们低得多，因此，特别适合作为干式切削的数控整体硬质合金复合孔刀具的材料。

(5) 陶瓷和金属陶瓷

陶瓷和金属陶瓷刀具具有良好的耐热性、热硬性和化学稳定性，非常适合干式切削加工铸铁和淬火钢。金属陶瓷实际上是含钛基化合物、黏结剂为镍或镍钼的一类硬质合金。金属陶瓷刀具在加工硬度大于 40HRC 的工件时红硬性较差，主要适于加工高精度工件和表面质量要求较高的工件。陶瓷刀具的化学稳定性优于硬质合金刀具，可在较高切削速度下进行长时间切削加工。在陶瓷刀具中，Al_2O_3 基陶瓷刀具的缺点是强度和韧性较低。Si_3N_4 基陶瓷刀具的耐高温机械冲击性能较好，但化学稳定性较差。

6.3 数控复合刀具的设计与制造

6.3.1 数控复合刀具的特点

数控复合刀具的切削过程和普通刀具有很大的不同。使用数控复合刀具进行孔加工时，如果前一切削部分刚切入前一孔时，后一切削部分就切入后一孔，就会由于切削力的骤增而造成振动，对加工精度和表面质量造成较大影响。如图 6-7 所示为一把数控复合刀具对一个不连续孔进行加工，其中刀片 1 用来铣右侧平面，刀片 2 用来镗孔，刀片 3 用来锪钻倒角。由于在加工过程中，刀片 1 工作时的主轴转速与刀片 2、3 工作时的主轴转速不同。当刀片 1 开始铣削右侧平面的时候，刀片 2 还在镗削孔壁，那么此时的主轴变速会对整个切削过程产生扰动，严重时会使刀片崩刃。

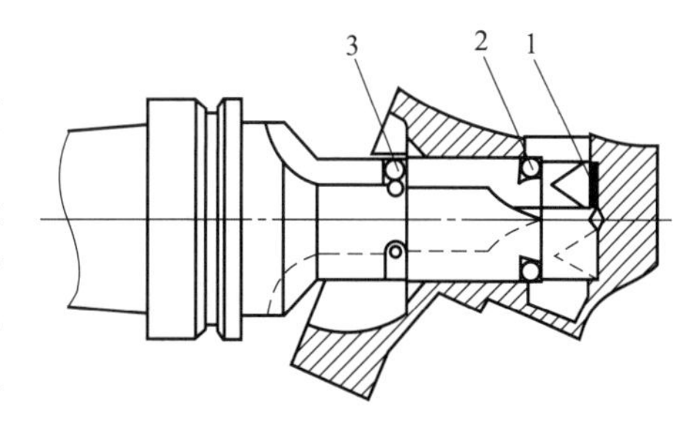

图 6-7 数控复合刀具加工不连续孔

1—铣底平面刀具部分刀片；2—镗孔部分刀片；3—锪倒角部分刀片

孔加工复合刀具在切削过程中，产生的总的阻力转矩与总轴向阻力，等于同时参加工作的各个切削部分产生的阻力转矩及轴向阻力之和。当数控复合刀具的各个切削部分依次顺序加工时，其切削阻力和转矩与单个切削部分加工时一致。但是，因为每个切削部分的切削用量差别较大，使得加工过程中，切削力波动较大。如果数控复合刀具中的某一切削部分发生失效，则整个刀具随之失效，也就是说数控复合刀具的寿命等于其中最薄弱切削部分的寿命。

6.3.2 数控复合刀具的设计

数控复合刀具的每一个切削部分都可以按照数控通用刀具来设计，然后按照轴向工艺尺寸和容屑空间要求加以组合。在设计数控复合刀具时，要注意以下一些问题。

① 合理选择刀具材料。对于同时在多层壁上加工孔的孔加工复合刀具，由于承受较大转矩，应选用强度较高的刀具材料。当各单个刀具之间的直径尺寸的差异和切削持续时间相差较大时，为了使它们的寿命尽可能地接近，应选用不同的刀具材料。直径大、切削时间长的单个刀具应采用热硬性较好的刀具材料。对于结构复杂的多阶复合刀具，为获得较长的刀具寿命，应选用耐磨性较好的刀具材料。切削部分与刀体应分别采用不同的刀具材料。

② 正确选择复合程度和形式。在条件允许的情况下，尽量选择复合程度高的数控复合刀具，这样可减少机床台数，提高生产率，并且易保证零件同轴度和位置精度。刀具的工艺复合程度通常根据零件的批量、材料、加工表面几何公差精度要求等来确定。

③ 刀具的结构形式。整体式复合孔加工刀具刚性好，能使各单刀之间保持高的同轴度、垂直度等位置精度。

④ 可靠的容屑与排屑。孔加工复合刀具同时参加工作的刀齿较多，会产生大量切屑。若容屑空间太小，排屑不畅，会造成前后单个刀具切下的切屑互相干扰和阻塞，致使刀齿崩刃，甚至刀具折断。复合刀具多采用内冷孔进行冷却。

⑤ 应具有良好的导向性能。良好的导向是孔加工复合刀具的一个重要特点，刀具刚度高，具有良好导向的刀具工作时能保持正确位置，提高工艺系统刚性，改善切削过程的稳定性。

⑥ 根据加工工件及加工条件设计复合刀具时，应考虑切削顺序或同时加工次序、刀具结构形式、刀具材料选用、排屑方式、导向装置类型等因素。

6.3.3 数控复合刀具的制造

(1) 数控复合刀具的整体加工制造

当设计好复合刀具并为之选择了合适的制作材料后，就可以安排适当的金属切削加工和合适的制造工艺路线来加工复合刀具的刀体了。如图 6-8 所示为一把典型的钻-铰-倒角复合刀具。该刀具包括刀头和刀柄两部分，刀头由麻花钻钻头、铰刀和倒角部分复合而成，铰刀刀齿为四齿螺旋刃，刀柄为直柄，整个刀具结构为整体式刀具。

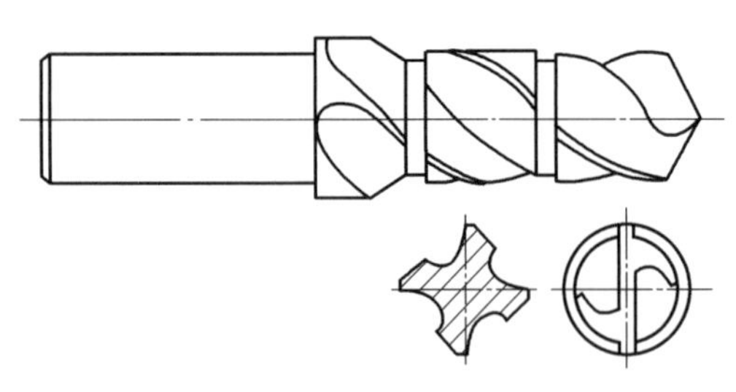

图 6-8 钻-铰-倒角复合刀具

该刀具整体采用 W18Cr4V 高速钢制造，该材料是一种具有高硬度、高耐磨性和高耐热性的工具钢。根据刀体要获得良好的综合力学性能，要有足够的强度和高韧性相配合，确保刀体尺寸稳定，该刀具的加工工艺如下：

粗车刀体→调质处理→精车刀体→铣削钻头螺旋槽部分→铣削铰刀切削部分→淬火、回火（保证硬度为 62～66HRC）→刃磨钻头外径→刃磨铰刀切削刃→刃磨 45°倒角刃→刃磨刀柄→切除工艺顶尖→手工刃磨 118°钻头顶角。

钻头螺旋槽部分和铰刀切削部分，由于结构比较复杂，加工刀具轮廓曲线有一定难度，可以采用自动编程的方法，用数控铣床或加工中心来完成加工。

(2) 数控复合刀具的表面强化

① 金属切削刀具的表面热处理强化　金属切削刀具的表面热处理工艺是通过对刀具的表面进行加热、冷却而改变表层力学性能。对刀具进行表面淬火是刀具表面热处理的主要内容，其目的是获得高硬度的表面层和有利的内应力分布，以提高刀具的耐磨性能和抗疲劳性能。

② 金属切削刀具的化学热处理强化　化学热处理是利用化学反应，有时兼用物理方法来改变刀具表层化学成分及组织结构，以便得到比均质材料更好的金属热处理工艺。由于机械零件的失效和破坏大多数都萌发在表面层，特别在可能引起磨损、疲劳、金属腐蚀、氧化等条件下工作的零件，表面层的性能尤为重要。

经化学热处理后的刀具，实质上可以认为是一种特殊复合材料，芯部为原始成分的钢，表层则是渗入了合金元素的材料。芯部与表层之间是紧密的晶体型结合，它比电镀等表面强化技术所获得的芯、表部的结合要强得多。化学热处理强化主要有刀具表面渗碳强化工艺、刀具表面渗氮强化工艺、刀具表面渗硼强化工艺、刀具表面渗硫强化工艺、刀具表面多元共渗强化工艺等。

③ 金属切削刀具的表面形变强化　主要是利用机械方法使金属表面层发生塑性变形，而形成高硬度、高强度的硬化层，常用的方法有喷丸、滚压和冷挤压。表面形变强化方法简单，但对耐磨性能影响较小，而应用于刀具表面强化的主要方法为喷丸强化处理。

④ 金属切削刀具的表面合金化　一般是指利用工件表层金属的重新熔化和凝固，以得到预期成分或组织的一种表面强化技术。它是采用高能量密度的快速加热，将金属表层熔化，或将涂覆在金属表面的合金材料熔化，随后靠急冷却进行凝固得到硬化层，而使表层具有高的耐磨性。

⑤ 金属切削刀具的表面薄膜强化　是通过物理或化学方法在金属表面被覆与基体材料不同的膜层，形成耐磨膜、抗蚀膜等。应用于刀具表面薄膜强化的主要方法有电镀、气相沉积、离子注入等，需要有专门的设备，技术性高，成本高，性能好。主要工艺有刀具表面电镀强化工艺、刀具表面气相沉积强化工艺、刀具表面离子注入强化工艺等。

(3) 数控复合刀具制造中的新技术

① 数控复合刀具的涂层技术　涂层技术的发展是干式切削加工得以推广应用的重要条件之一。在干式切削过程中，刀具涂层的作用有：在刀具与被切削材料之间形成隔离层；减少摩擦力及摩擦热；通过抑制从切削区到刀片的热传导来降低热冲击；刀具通过涂层处理，可实现固体润滑，减少摩擦和黏结，使刀具吸收热量减少，可承受较高切削温度。

干切削刀具较多采用涂层，涂层厚度在 1～5μm 之间。在各类涂层中，TiAlN 涂层具有较好的耐热性能和高温性能，与 TiN、TiCN 涂层相比，由于添加了 Al 元素，使刀具抗氧化性能显著增强，非常适合高速加工和干切削加工。在高温下连续切削时，TiAlN 涂层的性能优于 TiC 涂层 4 倍，其高温硬度不仅高于 TiN 涂层，且稳定性更好。TiAlN 涂层技术特别适合在干式切削整体硬质合金复合刀具上采用。

② 数控复合刀具的超精镜面磨削技术　数控复合刀具的刃口质量及前、后刀面的表面粗糙度是影响加工工件的精度、表面粗糙度、加工一致性的主要因素。降低刃口及前后刀面的表面粗糙度、提高刃口及前后刀面的表面质量，以减少切屑与刀具刃面摩擦和黏结，可实

现复合加工代替磨削加工。应用超精镜面磨削技术可解决刃口产生微型锯齿形的难题，使复合刀具的刃口质量达镜面，被加工工件表面粗糙度可达 Ra0.05～0.2μm，加工精度达IT5级。

③ 数控复合刀具的高强度低温钎焊技术　刀片钎焊式数控复合加工刀具或带导向结构型数控复合刀具，用一般钎焊技术易产生刀片裂纹和导致导向部分退火，严重影响刀具寿命。硬质合金具有高冷硬性（74～87HRC）和高热硬性（可耐850～1400℃），但导热性差，焊接性能不好，加以刀片与刀体材料不同，在高温钎焊结合时，产生较大的应力，易产生刀片裂纹，一般高温钎焊又易造成带导向结构的复合刀具导向部分退火，硬度降低，从而降低了刀具寿命和加工精度。采用高强度低温钎焊技术，既保证了钎焊质量，又有效减少了钎焊时所产生的内应力，为提高复合刀具的寿命创造了有利条件。

6.4 数控复合刀具的典型应用

数控复合刀具在大批量生产和对同轴精度要求高的孔加工方面应用相当广泛，特别是在汽车发动机缸体、缸盖、变速器以及其他零部件的加工中具有典型应用。

6.4.1 使用数控复合刀具加工箱体类零件

箱体类零件是汽车、拖拉机、工程机械等产品的关键零件，通常作为箱体部件装配时的基准零件。

在箱体类零件的加工中，对零件上轴颈、支承孔、孔径等的尺寸精度以及相互位置精度，定位销孔的精度与孔距精度，同轴度、垂直度等形位公差要求最严格，因为这些加工部位将直接影响后序的加工、装配调整和整机性能。如果采用普通单一刀具，不仅效率低下，同时还会因为多次装夹带来刀具中心不重合等误差，直接影响后续加工精度。因此，选用数控复合刀具进行加工。

如图6-9所示传动箱壳体中，对于 ϕ90mm、ϕ85mm、ϕ80mm 这三个轴承孔的加工，按照传统的工艺安排就是粗镗→半精镗→精镗，此时需要9把不同的镗刀进行先后次序的加工才能完成，需要用时12min左右。而换用3把复合镗刀，如图6-10所示，加工时间仅需4min左右，从时间上减少了约66%，加工效率得到了极大提高。

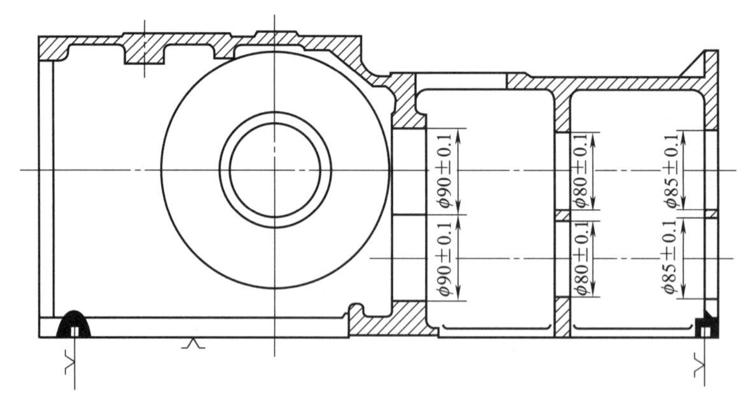

图6-9　传动箱壳体零件图

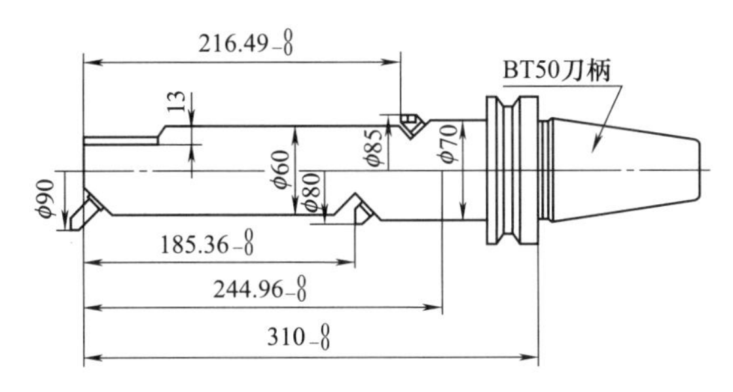

图 6-10 数控复合镗刀

数控复合刀具在设计时应考虑刀具上各个切削部分的轴向距离是否设计合理。如图 6-11 所示，在完成 ϕ90mm 的加工尺寸 A，数控复合刀具向前轴向移动 B 尺寸后，才能继续加工 ϕ80mm 孔。在轴向移动 $A+B+C$ 尺寸后，刀具才能继续加工其他尺寸。这 3 个尺寸缺一不可，否则在上一个切削部分还未完成加工时，下一个切削部分就开始加工，切削力的突然增大会对数控复合刀具产生不平衡，刀具容易振动，影响镗孔质量。

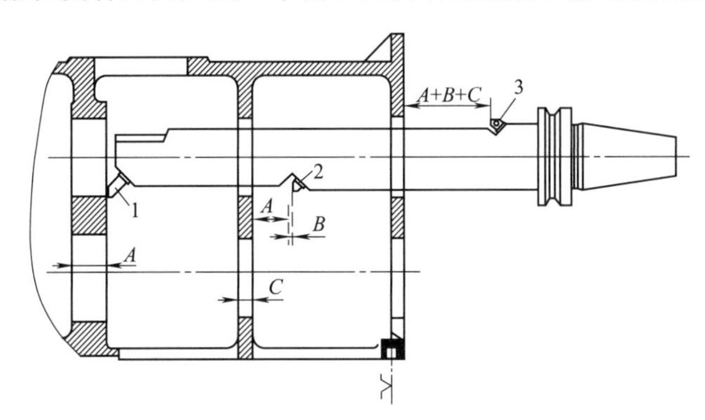

图 6-11 刀具各个切削部分轴向位置关系

另外，在具体数控编程时要注意 3 个切削部分分别工作时，在主轴转速和进给量的设定上应有所不同，以便充分利用加工中心的优点，加工出高质量零件。

6.4.2 使用数控复合刀具加工差速器壳体零件

如图 6-12 所示为某差速器的壳体零件图，现在的任务是要加工右侧中心孔 ϕ89.73mm，孔深 123.43mm，尺寸精度要求较高，加工时应当采取粗车→半精镗→精镗加工工艺规程。

该工序原有加工方法是在粗车之后，统一在镗床上分别使用两把镗刀完成半精镗和精镗工步，每工步综合用时 12min，每件镗削工时 24min。每天 24h 连续生产也只能达到 60 件的日产量，离差速器生产和维修需要的 100 件的日产量存在较大差距。为了解决这个生产瓶颈，设计使用了数控复合镗刀，如图 6-13 所示。

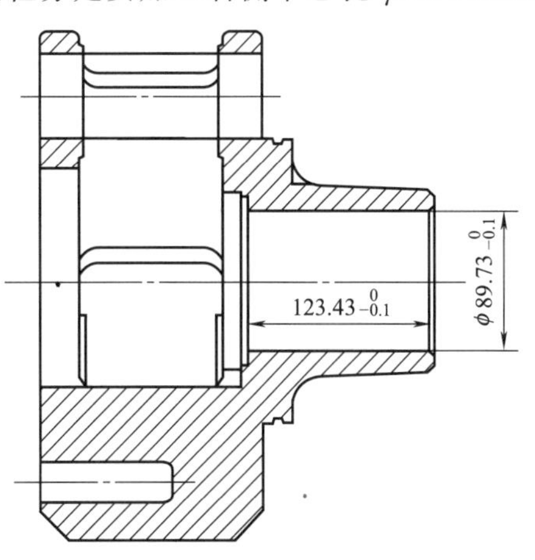

图 6-12 差速器壳体零件

图 6-13 中的数控复合镗刀左端圆周相距 180°分布有两把镗刀，左上角的为粗镗刀，左下角的是

精镗刀。两把镗刀的轴向位置差，实现了先半精镗、后精镗的加工顺序；两把镗刀的圆周位置差，产生了精镗加工余量。其加工情形如图 6-14 所示。

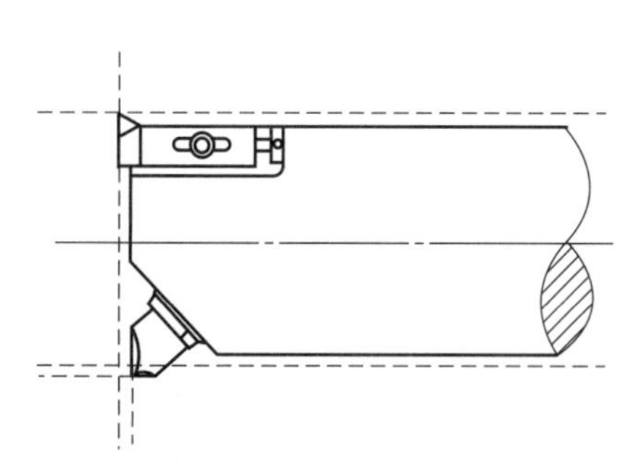

图 6-13 加工差速器中心孔的数控复合镗刀

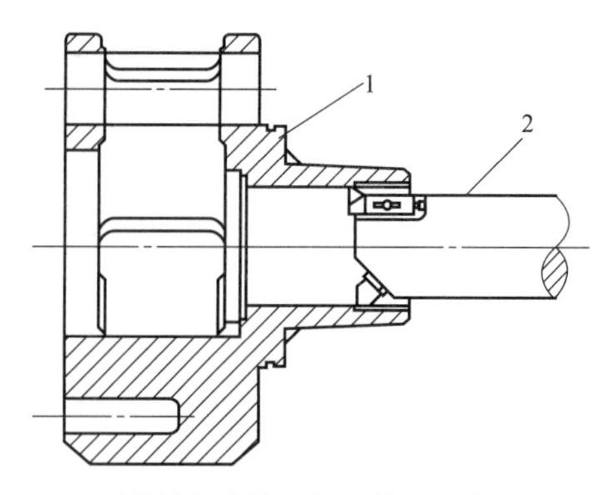

图 6-14 用数控复合镗刀加工差速器中心孔示意图

1—差速器壳体；2—数控复合镗刀

由于采用了数控复合镗刀对中心孔进行加工，使得每件镗削工时缩短到 12.5min，日产量达到了 115 件，满足了生产要求。

6.4.3 使用数控复合刀具加工螺纹孔

如图 6-15 所示为机械零件上常见的螺纹孔结构。加工这样的结构一般需要机用丝锥和倒角锪钻两把刀具，在两台机床上或两次换刀加工。如果采用如图 6-16 所示的攻螺纹-倒角数控复合刀具，则可以实现在一台数控机床上，使用一把刀具、一个数控程序，工件一次装夹，一次性完成攻螺纹-倒角工序，使工序集中，效率提高，适用于单件和批量生产，而且其倒角深度可以调整。

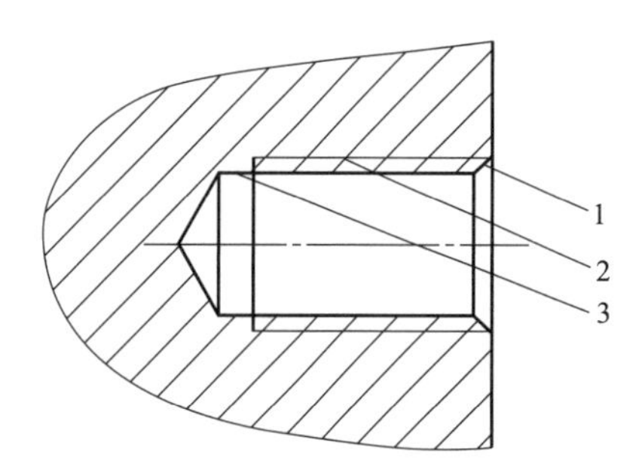

图 6-15 螺纹孔结构

1—孔口倒角；2—内螺纹部分；3—螺纹底孔

该数控复合刀具的特点是，刀具正转是攻螺纹阶段，刀具反转是倒角阶段，因此倒角锪钻应当使用反向刀具。首先，刀具正转并轴向进给，进行攻螺纹。当倒角锪钻部分碰到工件端面时，倒角锪钻先是沿丝锥容屑槽后移并压缩弹簧，同时，倒角锪钻的后刀面在工件端面上打滑。当攻螺纹到位，压缩弹簧被压缩到极限位置时，攻螺纹完成，丝锥开始反转退回。倒角锪钻由丝锥容屑槽壁带动旋转，并在弹簧轴向张力作用下进行倒角加工，当刀具后退至弹簧恢复到自由状态时，倒角加工也就停止，刀具继续后退至原位。调节螺钉可以调节倒角深度，螺钉右移，倒角深度减小。倒角锪钻的结构如图 6-17 所示，选用高速钢作为刀具材料。为保证刀具强度，选择

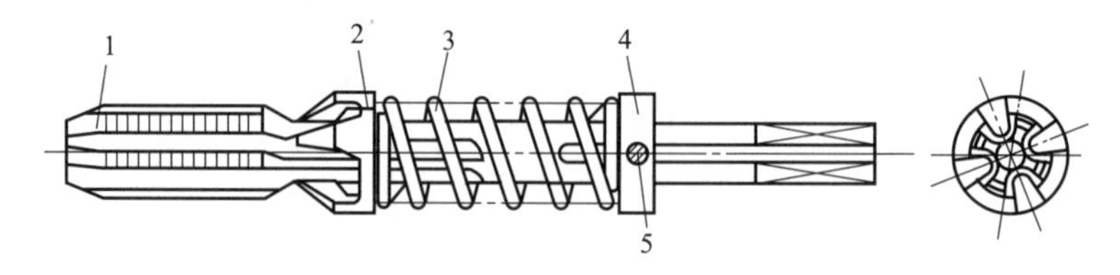

图 6-16 攻螺纹-倒角数控复合刀具

1—丝锥；2—倒角锪钻；3—弹簧；4—弹簧支承；5—调节螺钉

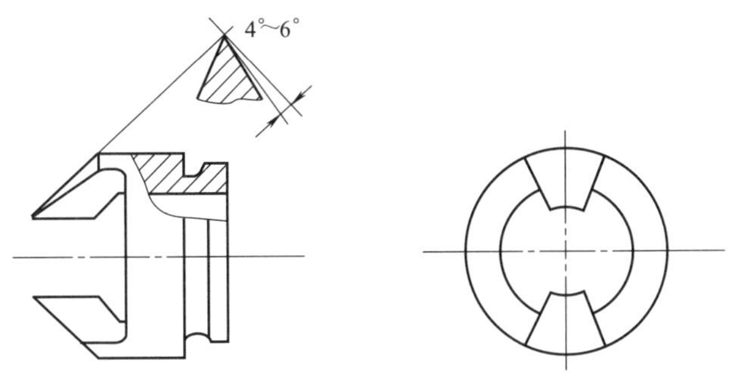

图 6-17 倒角锪钻结构示意图

小角度后角，一般为 4°～6°。

6.4.4 使用数控复合刀具加工汽车制动鼓

如图 6-18 所示，通常设计汽车制动鼓的时候至少需要加工 6 个螺栓孔，原来采用的是先钻后铰的生产工艺，这样不但效率低下，而且只钻不铰孔位还很难保证加工质量。现在在一台机床上利用数控钻-铰复合刀具（图 6-19）完成该加工工艺内容，能够提升生产效率，节约成本，降低工作强度。

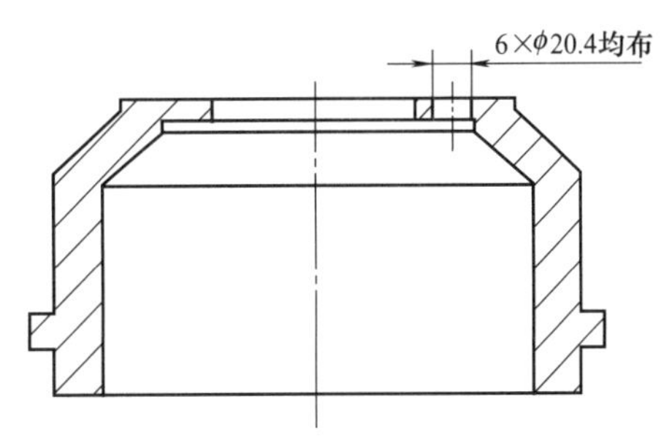

图 6-18 汽车制动鼓

该数控钻-铰复合刀具使用高速钢、硬质合金材料作为钻头部分的主要材料，能够适应对 HT250、HT200 的铸件材料的加工。要求工作部分的钻头长度（l_0）＞工件加工部分长度（l），即 $l_0=(1.2\sim1.5)l$，否则会因为难以排出钻头部分的铁屑而产生高温，导致工件被烧伤，缩短工件使用寿命，严重时会导致刀片碎裂。采用 9SiCr 合金工具钢作为刀体和铰刀部分的材料，淬火至 50～62HRC。铰刀部分和刀体一体化，便于制作。将铰刀部分齿槽制作成直线的齿背。为实现测量的方便，选用 8 齿或 10 齿，具体依据实际情况确定，通常情况下，齿数越多具备越好的导向性，但是铰孔质量高且具有较薄的背吃刀量时，不能设置过多的齿数。因为齿数增多会减小容屑空间，进而减小刀齿强度，所以要依据工件材料性质及加工直径来确定铰刀齿数，不能过多也不能太少，适合为宜。

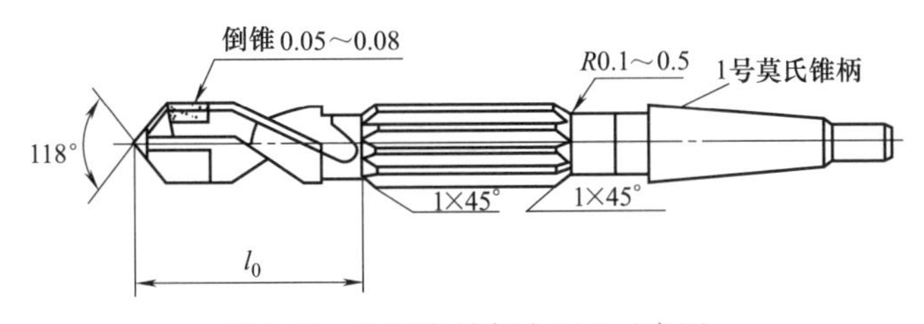

图 6-19 专用钻-铰复合刀具示意图

6.4.5 使用数控复合刀具加工石油套管

石油套管是一种石油企业大量使用的零件，该零件上的连接外螺纹和端面平面度有一定的精度要求。在生产中常采用一台车床分别用两把车刀车削外螺纹和平端面（去毛刺）的加工方式，缺点是换刀次数多，生产效率低，不能适应大批量生产的需要。

为了提高生产效率，减少换刀次数，设计使用了一种车螺纹-平端面数控车削复合刀具来代替原来的两把单一车刀。在数控车床上更是可以配合编程，使螺纹加工和端面车削一气呵成，程序中间可以使用车螺纹复合加工指令和恒切速加工指令，体现出数控加工的优势。

该数控车削复合刀具采用了按标准刀杆装夹部位尺寸自制的一体化刀体，切削部分同时安装螺纹刀片和平端面刀片，如图 6-20（a）所示。

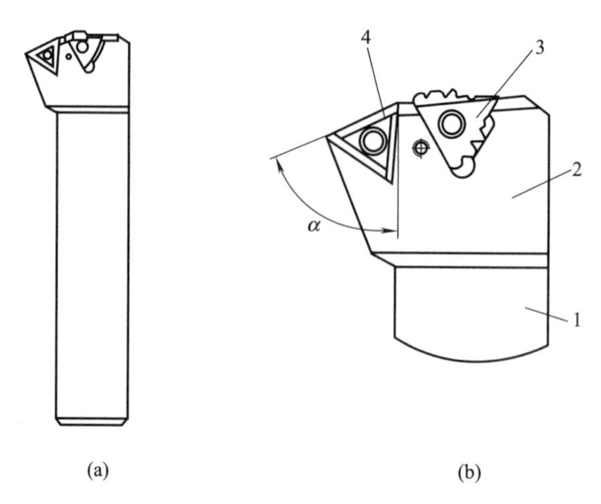

图 6-20　车螺纹-平端面数控车削复合刀具

1—刀体；2—刀头；3—车螺纹刀片；4—平端面刀片

在设置刀头两个刀片相互位置关系时，主要应考虑以下问题：

① 车螺纹刀片与平端面刀片在空间的位置不能相互干扰，能顺畅地实现各自的加工功能。

② 该刀具的具体组成包括刀体 1 和刀头 2。在刀头 2 上设置平端面刀片 4 和车螺纹刀片 3。车螺纹刀片 3 固定在刀头 2 的顶端，平端面刀片 4 固定在刀头 2 的左端。

③ 平端面刀片 4 的主切削刃与刀具横向进给方向之间的夹角应在 40°～70°之间为宜。

总之，数控复合刀具是一种方兴未艾的刀具品种。今后，复合刀具的内涵也不仅仅局限于多种孔加工工艺结合的刀具，更可延伸到单一刀具分别完成不同的加工形态，如用一把刀分别完成车外圆、钻孔、切槽、车螺纹的复合加工；复合刀具也将被理解为同一把刀能在不同的材料上进行切削加工的刀具。复合刀具将被赋予更多的期待，那就是一刀多能，能用于多种加工形式、多种应用领域、多种工程材料的加工，能为客户带来更高的效率及经济效益。

第7章

数控机床工具系统

7.1 数控机床工具系统概述

在使用加工中心进行数控加工时，要加工多种工件，并完成工件上多道工序的加工，涉及的刀具和夹具等工装种类繁多。为实现高效生产，减少刀具的品种规格，工艺装备的标准化和系列化十分重要。把通用性较强的刀具和配套工具系列化、标准化，就成为通常所说的工具系统，它是刀具与机床的连接者，除了刀具本身外，还包括实现刀具快速更换所必需的定位、夹紧及刀具保护等机构。采用工具系统进行加工，虽然工具成本高些，但它能保证加工质量，提高生产率，使加工中心的效能得到充分的发挥。

数控机床工具系统分为镗铣类数控机床工具系统和车削类数控机床工具系统。它们主要由刀具部分和刀柄、夹头等工具部分组成。20 世纪 70 年代，工具系统以整体结构为主；20 世纪 80 年代初，开发出了模块式结构的工具系统（分车削、镗铣两大类）；20 世纪 80 年代末，开发出了通用模块式结构（车、铣、钻等万能接口）的工具系统。模块式工具系统将工具的柄部和工作部分分割开来，制成各种系统化的模块，然后经过不同规格的中间模块，组成各种不同用途、不同规格的工具。目前世界上模块式工具系统有几十种结构，其区别主要在于模块之间的定位方式和锁紧方式不同。

数控机床工具系统的主要精度和性能要求如下：

① 要求有较高的换刀精度和定位精度。

② 为了提高生产率，需要使用高的切削速度，因此刀具耐用度要求较高。

③ 数控加工常常大进给量、高速、强力切削，因此要求工具系统具有较高的刚度。

④ 数控加工中心自动换刀、自动加工，刀具断屑、排屑性能要好。

⑤ 为提高加工效率，要求工具系统的装卸、调整要方便。

⑥ 为降低成本、提高使用效率，数控机床工具系统在设计上要注意标准化、系列化和通用化。

7.2 数控机床与工具系统的接口及其标准

数控机床工具系统是刀具与数控机床之间的连接者。数控机床工具系统要稳定可靠地安装到机床上工作。在实际生产中，数控机床与工具系统的接口一般指的是各种工具柄与安装孔之间的配合或车削工具柄与刀架有关部位的配合，这部分内容也已经实现了标准化和系列化。

7.2.1 镗铣类数控机床与工具系统的接口及其标准

目前应用较为广泛的镗铣类数控机床与工具系统的接口，主要有锥度为 7∶24 的通用圆锥接口和带有法兰接触面的空心圆锥接口两大类。

(1) 锥度为 7∶24 的通用圆锥接口

锥度为 7∶24 的通用圆锥接口是一种出现较早的传统工具系统接口形式。7∶24 锥度工具柄是国内目前大多数中低速加工中心采用的刀柄形式。由于国内加工中心型号繁杂，每种加工中心采用的锥度为 7∶24 的通用圆锥接口工具柄不尽相同，主要有德国、日本和美国等标准，如图 7-1 所示。

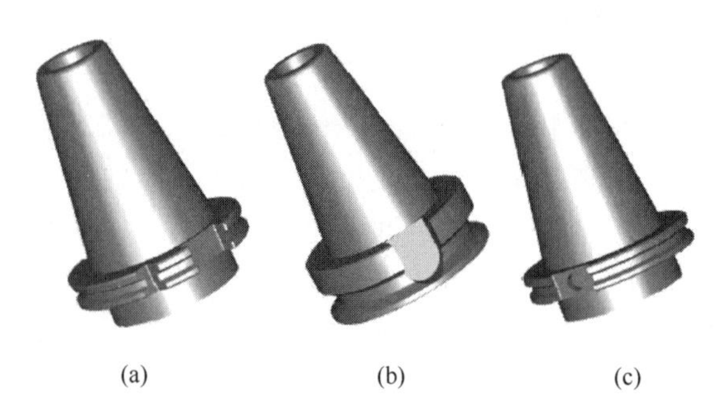

(a)　(b)　(c)

图 7-1 常见锥度为 7∶24 的通用圆锥接口工具柄

① JT（SK）工具柄　JT 是我国等效采纳国际标准 ISO 7388—1：1983 制定的国家标准 GB/T 10944.1—1983（现已修订为 2013 版）的 7∶24 锥柄命名代号，它来源于德国标准 DIN69871—1，德国命名为 SK，但 ISO 标准中只规定了 40、45、50（mm）三种规格。其外观特征为法兰较薄，各个规格的法兰厚度均为 15.9mm；V 形槽对称分布；两个端键槽深度为不对称的，可避免装刀时刀尖位置出现错误；在较浅端键槽一侧还制有定位槽，便于刀具能正确安装在刀库里，如图 7-1（a）所示。

② BT 工具柄　它是日本标准刀柄的命名代号，最初来源于 1969 年日本工作机械工业会标准 MAS 403，应是最早的自动换刀 7∶24 圆锥柄标准。1998 年日本工业标准调查会颁布的 JIS B6339：1998 日本工业（国家）标准代替了 MAS 403 标准。其外观特征为法兰较厚，厚度因工具柄规格不同而异；法兰上的 V 形槽偏置在工作部分一侧；端键槽对称于锥柄中心，深度相同且仅在柄部端铣通；法兰刚性较好，但在安装刀具时，特别是单刃刀具应注意安装方向的正确性，如图 7-1（b）所示。

③ CAT 工具柄　它是美国标准刀柄的常用命名代号，1978 年美国国家标准学会首先颁布了 ANSI B5.50—1978 标准，1994 年又被美国机械工程协会的 ASME B5.50—1994 标准替代。其外观特征为法兰较薄，均为 15.875mm，V 形槽对称分布；两个端键槽深度为不对称的，可避免装刀时刀尖位置出现错误；在浅键槽一侧制有芯片孔，如图 7-1（c）所示。

我国自动换刀 7∶24 圆锥工具柄现在执行的是 2013 年修订的 GB/T 10944—2013，该标准由 5 部分组成，分别是《自动换刀 7∶24 圆锥工具柄　第 1 部分：A、AD、AF、U、UD

和 UF 型柄的尺寸和标记》(GB/T 10944.1—2013)、《自动换刀 7∶24 圆锥工具柄 第 2 部分：J、JD 和 JF 型柄的尺寸和标记》(GB/T 10944.2—2013)、《自动换刀 7∶24 圆锥工具柄 第 3 部分：AC、AD、AF、UC、UD、UF、JD 和 JF 型拉钉》(GB/T 10944.3—2013)、《自动换刀 7∶24 圆锥工具柄 第 4 部分：柄的技术条件》(GB/T 10944.4—2013) 和《自动换刀 7∶24 圆锥工具柄 第 5 部分：拉钉的技术条件》(GB/T 10944.5—2013)。

新的国家标准将原国标和德国标准的工具柄统一命名为 A 型，将原日本标准的工具柄统一命名为 J 型，将原美国标准的工具柄统一命名为 U 型。由于刀具内冷却能有效地提高冷却效果，国外的很多数控机床出现主轴端面带冷却孔和主轴内直接贯通冷却的结构，所以为适应新的需要，新国家标准增加了工具柄内带贯通孔和法兰端面带冷却孔两种形式。内带贯通孔的工具柄在型号字母的后面加注字母“D”，法兰端面带冷却孔的工具柄在型号字母的后面加注字母“F”，不带内冷的不加字母。工具柄分类如图 7-2 所示。

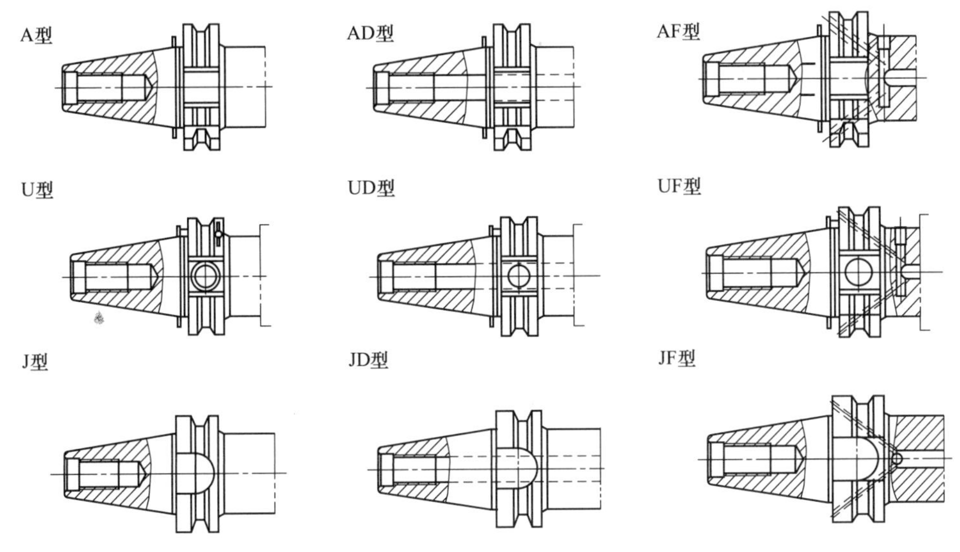

图 7-2 国家标准规定的 7∶24 工具柄结构形式

新的国家标准规定了圆锥工具柄锥柄号有 30、40、45、50、60 (mm) 五种规格。如图 7-3 所示为 A 型圆锥工具柄基本形式及主要尺寸，其具体参数可见表 7-1。

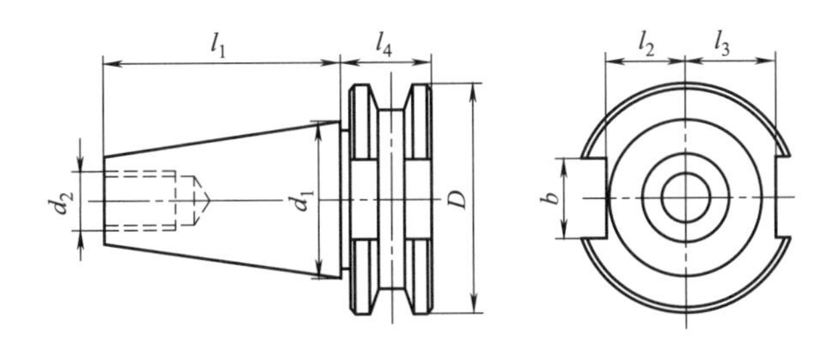

图 7-3 A 型圆锥工具柄基本形式及主要尺寸

圆锥工具柄的标注示例：

按照 GB/T 10944.1 设计，A 型，圆锥号 40，带有数据芯片孔结构的 7∶24 圆锥工具柄标记为：

工具柄 GB/T 10944.1-A40-D

⊡ 表 7-1 A型圆锥工具柄主要尺寸（GB/T 10944.1—2013） 单位：mm

锥柄号	D	d_1	d_2	b	l_1	l_2	l_3	l_4
30	50	31.75	M12	16.1	47.8	16.3	18.8	19.1
40	63.55	44.45	M16	16.1	68.4	22.7	25	19.1
45	82.55	57.15	M20	19.3	82.7	29.1	31.3	19.1
50	97.5	69.85	M24	25.7	101.75	35.5	37.7	19.1
60	155	107.95	M30	25.7	161.9	54.5	59.3	19.1

新国家标准的工具柄拉钉结构基本采用了原来对应国家的标准结构，型号命名则基本对应新标准锥柄的命名方法。对“A”“U”型锥柄，增加了拉钉端面带芯片孔的“AC”“UC”型拉钉。对“J”型拉钉则分 45°和 60°两种锥面型式，在型号命名后加注锥面角度，如“-45”“-60”等，拉钉分类如图 7-4 所示。

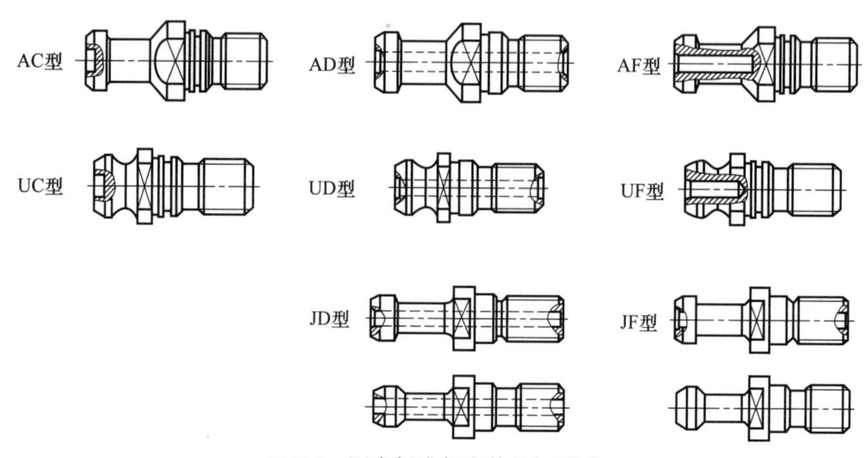

图 7-4 国家标准规定的拉钉型式

拉钉标记示例：

a. AD 型，锥柄号 40 的拉钉标记为：拉钉 GB/T 10944.3-AD40。

b. JD 型，锥柄号 40，带有锥角 α 为 45°的拉钉标记为：拉钉 GB/T 10944.3-JD40-45。

(2) 带有法兰接触面的空心圆锥接口

① 德国 DIN 69873 标准的 HSK 刀柄　由于 7∶24 的通用圆锥接口是靠刀柄的 7∶24 锥面与机床主轴孔的 7∶24 锥面接触定位连接的，前端锥孔高速转动时，在离心力的作用下会发生膨胀，膨胀量的大小随着旋转半径与转速的增大而增大，使得主轴锥孔呈喇叭状扩张，如图 7-5 所示，实心工具柄则膨胀量相对较小，这样总的锥度连接刚度就会降低，在拉杆拉力作用下，刀具的轴向位置发生变化，引起刀具及夹紧机构偏心产生振动。

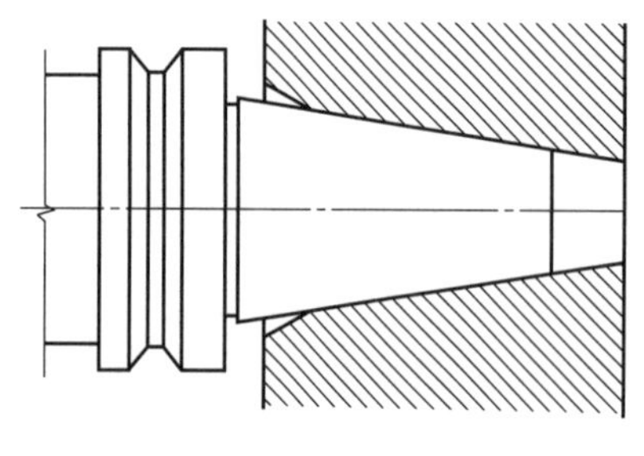

图 7-5 7∶24 通用圆锥接口的高速扩张现象

锥度为 1∶10 的真空刀柄是一种带有法兰接触面的空心圆锥接口。带有法兰接触面的空心圆锥接口刀柄工作时靠的是刀柄的弹性变形，不但刀柄的 1∶10 锥面与机床主轴孔的 1∶10 锥面接触，而且使刀柄的法兰盘面与主轴端面也紧密接触，这种双面接触系统在高速加工的适应性、连接刚度和重合精度上均优于 7∶24 通用刀柄。

带有法兰接触面的空心圆锥接口刀柄起源于德国 DIN 69873 标准的 HSK 真空刀柄，它有六种标准和规格，即 HSK-A、HSK-B、HSK-C、HSK-D、HSK-E 和 HSK-F，常用的有三种，即 HSK-A（带内冷自动换刀）、HSK-C（带内冷手动换刀）和 HSK-E（带内冷自动换刀，高速型），如图 7-6 所示。

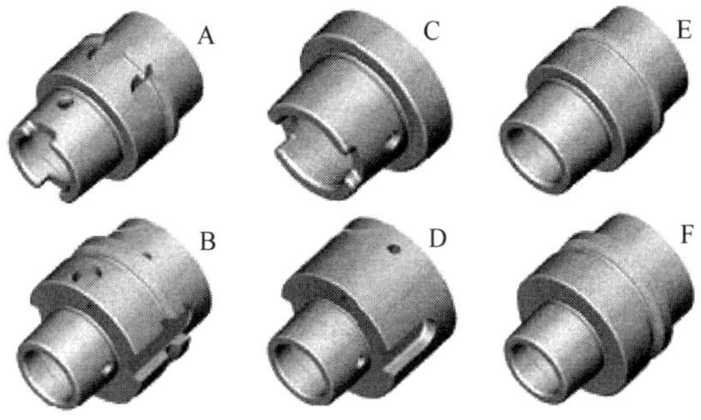

图 7-6　HSK 真空刀柄的类型

常用于加工中心自动换刀的 HSK 刀柄有 A 型、E 型和 F 型。这些刀柄的结构特征如下：

A 型：法兰上带机械手夹持用 V 形槽和定位用键槽、定向槽、芯片孔；中心处有内冷通道，尾部有传递转矩的键槽。可用于自动换刀或手动换刀，适合中等转矩的一般加工，应用范围最广。

B 型：与 A 型相同锥部直径时，法兰直径大一号，法兰接触面积增大，在法兰上制有键槽传递较大转矩，尾部无键槽，其他与 A 型相似。也可用于自动换刀或手动换刀，适合较大转矩的一般加工。

C 型：法兰上无 V 形槽，其他与 A 型相同。只用于手动换刀的一般加工。

D 型：与 B 型相同锥部直径时，法兰直径大一号，法兰上无 V 形槽，其他与 B 型相同。用于手动换刀时，较大转矩的一般加工。

E 型：法兰上带 V 形槽，但无其他键槽和开口，尾部也无键槽，完全靠端面和锥面摩擦力传递转矩。可用于小转矩、高转速、自动换刀的情况。

F 型：与 E 型相同锥部直径时，法兰直径大一号，传递转矩较大一些，其余与 E 型相同。用于大径向力条件下的高速加工，如高速木工机床等。

A 型和 E 型的最大区别就在于：A 型有传动槽而 E 型没有，所以 A 型传递的转矩较大，可进行一些重切削，E 型传递的转矩比较小，只能进行一些轻切削；A 型刀柄上除有传动槽之外，还有手动固定孔、定向槽等，所以相对来说平衡性较差，而 E 型没有，所以 E 型更适合于高速加工。E 型和 F 型的结构完全一致，它们的区别是同样直径法兰的情况下，F 型的锥部尺寸比 E 型的锥部尺寸小一号，因此 F 型的刀柄更适合小型、主轴高转速机床。

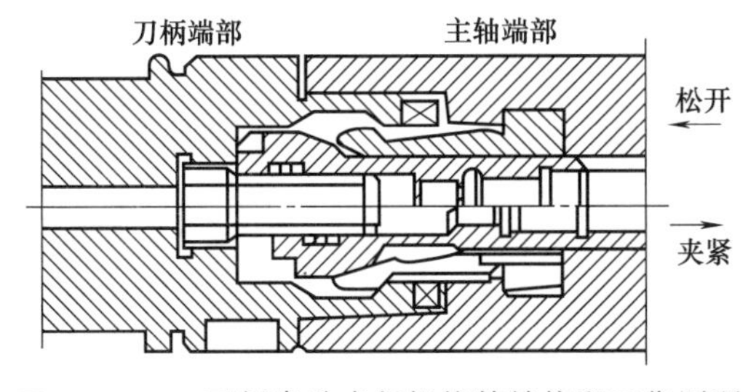

图 7-7　HSK 刀柄自动夹紧机构的结构和工作原理

HSK 刀柄自动夹紧机构的结构和工作原理如图 7-7 所示。轴内的夹紧装置是靠拉杆的轴向运动来带动的，用油缸及弹簧驱动拉杆往复运动。拉杆向外（向左）移动，处于松开位置。装入刀柄后，拉杆向内（向右）移动，拉杆前端的斜面将夹爪径向推出，夹爪钩在刀柄内孔的 30°锥面上，拉动刀柄向主轴方向移动，使刀柄端面与主轴端面靠紧，完成夹紧动作。松开刀柄时，拉杆向左移动，夹爪离开刀柄锥面，并将刀柄推出，即可卸下刀柄。在安装刀柄时应注意：因两个键槽的深度不同，安装时应该与主轴孔内相应的端面键对应，才能进行夹紧。

HSK 刀柄的优点是锥面和端面同时接触定位，刀柄薄壁锥体会随高速时主轴锥孔的胀大而胀大，二者之间不会出现间隙，能够保证具有较好的轴向精度和刀具系统刚度；刀具夹爪在刀柄内部打开，夹紧力会随着机床主轴转速的升高而加大，提高了装夹的安全性与可靠性；HSK 刀柄制成中空形式，重量轻，有利于主轴的速度和加速度性能的提升。HSK 刀柄的缺点是制造精度要求高，制造成本高，价格较为昂贵，目前，并不能完全取代已广泛使用的 7∶24 锥度通用刀柄。

② 我国 GB/T 19449 带有法兰接触面的空心圆锥接口标准　目前，我国在带有法兰接触面的空心圆锥接口方面的标准有 4 个，分别是《带有法兰接触面的空心圆锥接口　第 1 部分：柄部-尺寸》(GB/T 19449.1—2004)、《带有法兰接触面的空心圆锥接口　第 2 部分：安装孔-尺寸》(GB/T 19449.2—2004)、《带有法兰接触面的空心圆锥接口　第 3 部分：用于非旋转类工具　柄的尺寸》(GB/T 19449.3—2013) 和《带有法兰接触面的空心圆锥接口　第 4 部分：用于非旋转类工具　安装孔的尺寸》(GB/T 19449.4—2013)。这些标准基本是参照 ISO 12164 制定的。

在 GB/T 19449 中规定了 A 型、C 型和 T 型 3 种带有法兰接触面的空心圆锥接口形式，包括 32、40、50、63、80、100、125、160 (mm) 八种规格。

A 型、C 型适用于机床（例如车床、钻床、铣床和磨床）的带有法兰接触面的空心圆锥柄（HSK）的形式：A 型为法兰上带有一个能自动换刀的环形槽，该工具也可以手动换刀；C 型为法兰上无环形槽，只能用于手动换刀。两种形式的手动夹紧都是通过锥柄上的一个孔来进行的。转矩的传递是通过锥柄尾端的键以及摩擦来完成的。

A 型柄有放置控制芯片的圆形孔，有内部冷却液通道，锥体尾部有两个传递转矩的键槽，一般用于自动换刀，也可手动换刀，适用于中等转矩、中等转速的一般加工，达到一定转速时要进行动平衡。

A 型、C 型带有法兰接触面的空心圆锥接口柄的结构形式如图 7-8 和图 7-9 所示。

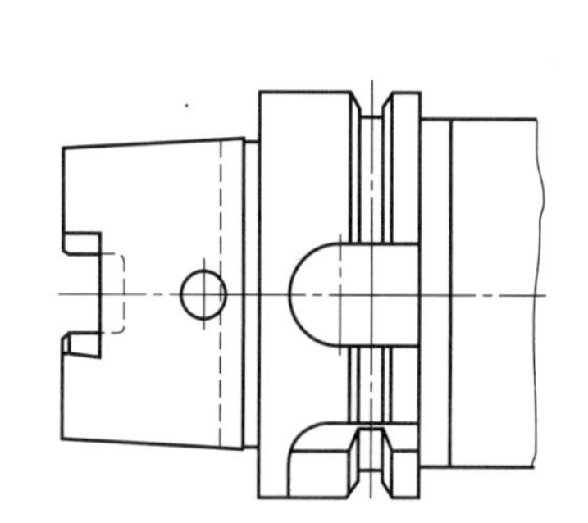

图 7-8　A 型带有法兰接触面的空心圆锥接口柄的结构形式

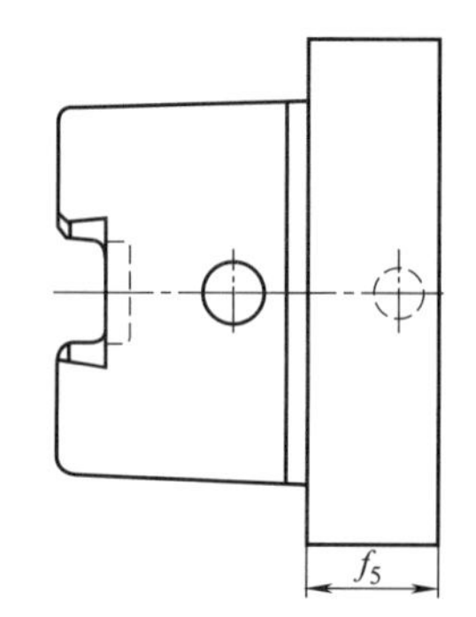

图 7-9　C 型带有法兰接触面的空心圆锥接口柄的结构形式

A 型、C 型带有法兰接触面的空心圆锥接口安装孔的结构形式如图 7-10 和图 7-11 所示。

T 型柄适用于机床（例如车床、车铣床）的带有法兰接触面的空心工具柄，一般用于非旋转类工具，如车刀等。T 型柄法兰上带有一个环形槽用于自动换刀，这种工具同样可以通过锥柄上的孔进行手动换刀。转矩的传递是通过锥柄尾端的键以及摩擦来完成的。

T 型带有法兰接触面的空心圆锥接口柄和安装孔的结构形式如图 7-12 和图 7-13 所示。

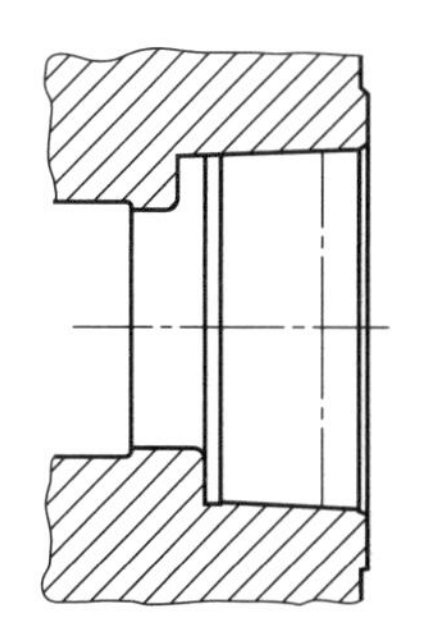

图 7-10 A 型带有法兰接触面的空心圆锥接口安装孔的结构形式

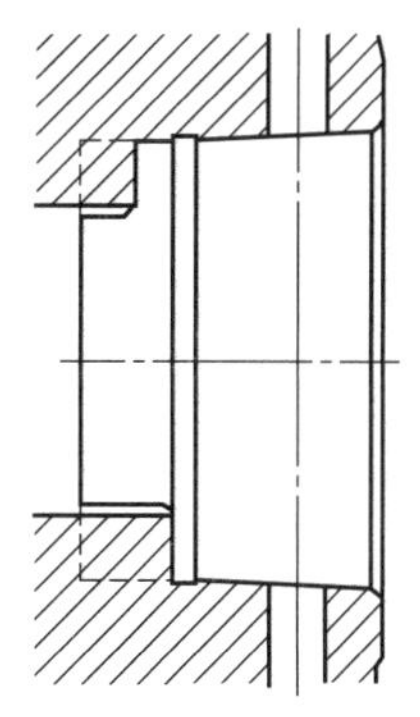

图 7-11 C 型带有法兰接触面的空心圆锥接口安装孔的结构形式

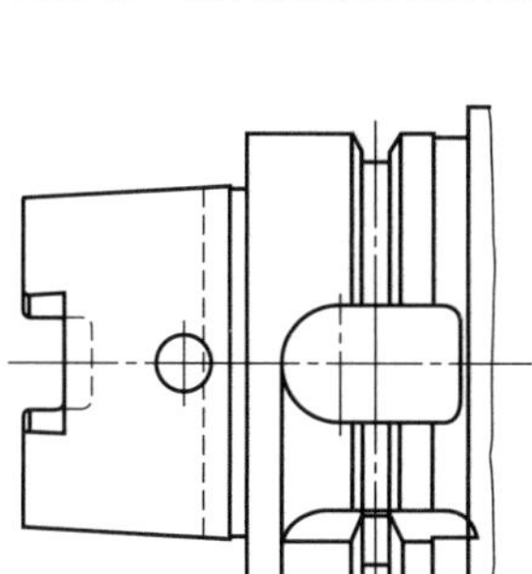

图 7-12 T 型带有法兰接触面的空心圆锥接口柄的结构形式

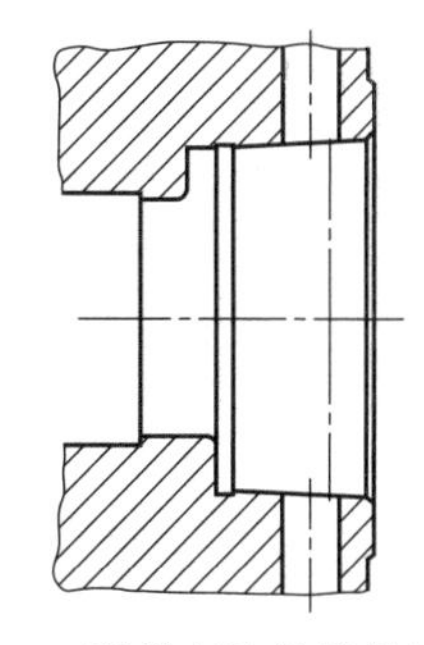

图 7-13 T 型带有法兰接触面的空心圆锥接口安装孔的结构形式

T 型柄主要用于车削，需要考虑径向刚性，柄的悬伸长度要比 A、C 型柄短些。3 种柄的悬伸长度，见表 7-2。

表 7-2 A、C、T 型带有法兰接触面的空心圆锥柄悬伸长度 单位：mm

规格	32	40	50	63	80	100	125	160
A、C 型圆锥柄的悬伸长度 f_2	35	35	42	42	42	45	45	47
T 型圆锥柄的悬伸长度 f_2	23	23	30	30	30	34	34	36

带有法兰接触面的空心圆锥柄的标记包括标准编号、形式、规格等。例如：

自动或手动换刀的 A 型空心锥柄（HSK）（规格为 50）的标记示例：

空心锥柄 GB/T 19449.1-HSK-A50。

手动换刀的 C 型空心锥柄（HSK）（规格为 50）的标记示例：

空心锥柄 GB/T 19449.1-HSK-C50。

带法兰接触面的非旋转类 T 型空心柄（HSK）（规格为 50）的标记示例：

空心锥柄 GB/T 19449.3-HSK-T50。

7.2.2 车削类数控机床与工具系统的接口及其标准

车削整体式工具系统（CZG）与车削类数控机床的接口形式，一般是指车削整体式工具系统与车削类数控机床刀架连接的形式，它由一个带有与其轴线垂直的齿条的圆柱和一个法兰组成，如图 7-14 所示。在车削类数控机床的刀架上，安装刀夹柄部圆柱孔的侧面，设有

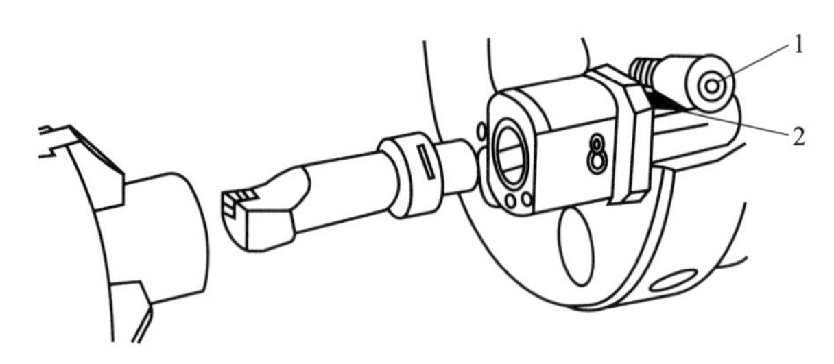

图 7-14 车削整体式工具系统（CZG）与车削类数控机床的接口形式

1—螺柱；2—楔形齿条

一个由螺柱带动的可移动楔形齿条，该齿条与刀夹柄部上的齿条相啮合，并有一定错位。由于存在这个错位，旋转螺柱，楔形齿条径向压紧刀夹柄部的同时，柄部的法兰紧密地贴在刀架的定位面上，并产生足够的拉紧力。

车削整体式工具系统（CZG）与车削类数控机床的接口规格与尺寸见表 7-3。

表 7-3 车削整体式工具系统（CZG）与车削类数控机床的接口规格与尺寸 单位：mm

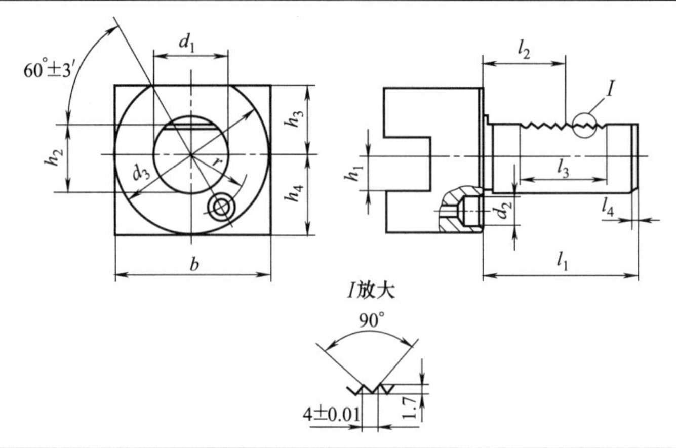

h_1	b	d_1 (h6)	d_2 (H8)	d_3	h_2 ±0.05	h_3 (min)	h_4	r ±0.02	l_1 (max)	$l_2{}^{-0.25}_{-0.35}$	l_3 (max)	l_4 (max)
12	50	20	10	48	18	18	25	18	40	22	32	2
16	70	30	14	68	27	28	35	25	55	30	48	2
20	85	40	14	83	36	32.5	42.5	32	63	30	48	3
25	100	50	16	98	45	35	50	37	78	36	56	3
32	125	60	16	123	55	42.5	62.5	48	94	44	56	4
40	160	80	20	158	72	55	80	65	124	60	80	4

7.3 镗铣类数控机床用工具系统

镗铣类数控机床用工具系统简称 TSG，是一种发展较早的整体式工具系统。TSG 是专门为加工中心和镗铣类数控机床配套的工具系统，也可用于普通镗铣床。它的特点是将锥柄和接杆连成一体，不同品种和规格的工作部分都必须带有与机床相连的柄部。其优点是结构简单、整体刚性强、使用方便、工作可靠、更换迅速等；缺点是锥柄的品种和数量较多，选择和管理较麻烦。

世界主要工业国家和著名刀具公司均有自己的TSG标准和规格系列。我国镗铣类数控机床用工具系统（TSG）执行的最新国家标准是GB/T 25669—2010，它由《镗铣类数控机床用工具系统　第1部分：型号表示规则》和《镗铣类数控机床用工具系统　第2部分：型式和尺寸》组成。

7.3.1　TSG工具系统图

国家标准GB/T 25669—2010规定镗铣类数控机床用工具系统由工具柄和工作部分组成，其形成的工具系统图如图7-15所示。

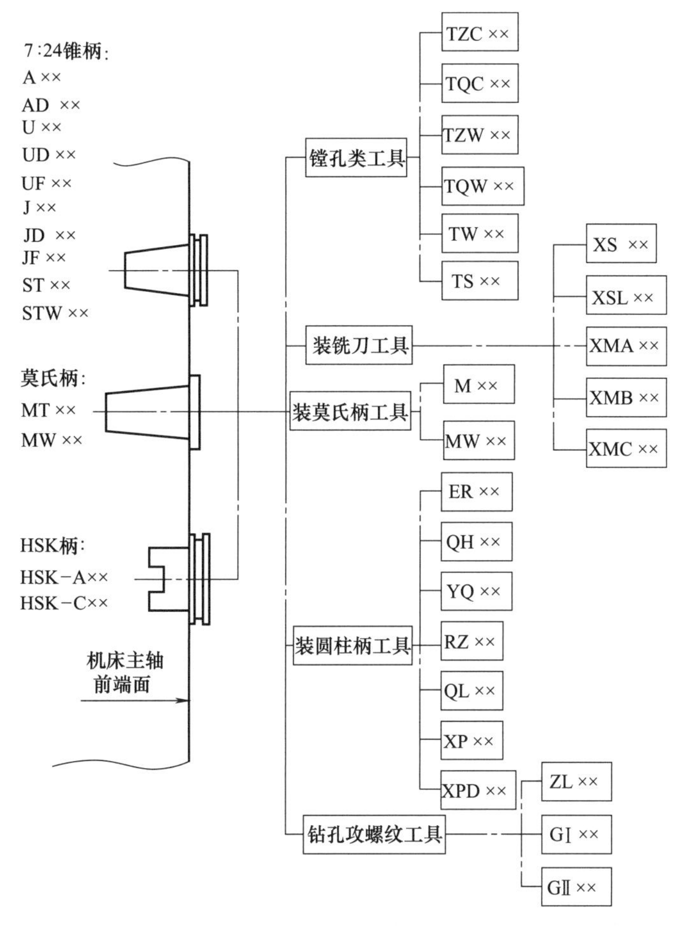

图7-15　镗铣类数控机床用工具系统（TSG）工具系统图

其中，工具柄部分包含7∶24锥度的自动换刀工具柄和手动换刀工具柄、HSK柄中的A型柄和C型柄以及有无扁尾的莫氏柄等。工作部分有镗孔类工具（6种）、装铣刀工具（5种）、装莫氏柄工具（2种）、装圆柱柄工具（7种）和钻孔攻螺纹工具（3种）。

7.3.2　TSG工具系统中的工具型号命名规则

《镗铣类数控机床用工具系统　第1部分：型号表示规则》（GB/T 25669.1—2010）对

TSG系统中的工具柄和工作部分的名称与型号的编制规则进行了具体规定。TSG工具系统中的工具型号由三部分组成，各部分之间用横线隔开。第一部分表示柄部形式；第二部分表示工作部分型号；第三部分表示刀柄与编程有关的工作长度，例如从机床主轴前端面到刀尖或刀具定位面的距离或到刀柄前端面的长度。

TSG工具系统中工具型号示例如下：

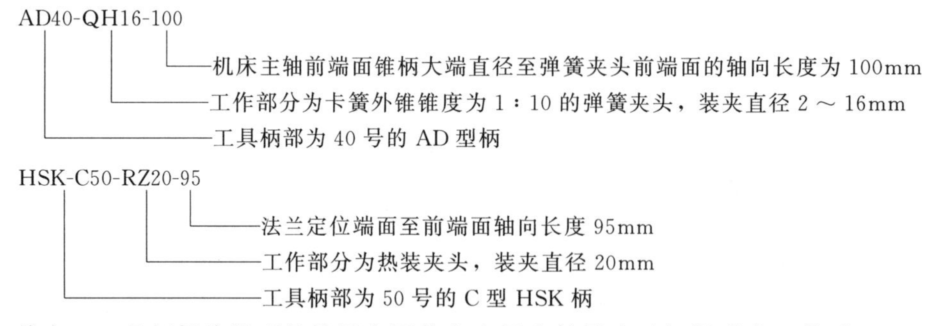

其中，工具柄部分的型号是用大写英文字母和符号表示柄部形式，其后××（数字）表示对应标准中的某一尺寸规格。各种工具柄的型号，见表7-4。

表7-4　TSG系统中各种工具柄型号

类　　型	工具柄型号规格	备　　注
7∶24锥度自动换刀工具柄	A××	A型柄
	AD××	AD型柄
	AF××	AF型柄
	U××	U型柄
	UD××	UD型柄
	UF××	UF型柄
	J××	J型柄
	JD××	JD型柄
	JF××	JF型柄
7∶24锥度手动换刀工具柄	ST××	带锥柄尾部圆柱部分
	STW××	无锥柄尾部圆柱部分
莫氏柄	MT××	有扁尾
	MW××	无扁尾
1∶10锥度HSK柄	HSK-A××	HSK-A型柄
	HSK-C××	HSK-C型柄

工作部分的型号用大写英文字母表示工具类型，其后的××（数字）表示装夹刀具直径（孔径）、加工范围的起始值、与刀具或附件的接口尺寸等。各种工作部分的型号，见表7-5。

7.3.3　TSG系统的镗孔类工具

（1）直角型粗镗刀（TZC）

直角型粗镗刀（TZC）如图7-16所示。它由镗刀杆和镗刀头组成，按国家标准设计制造并选型使用，其主要尺寸参数见表7-6。

⊡ 表 7-5　TSG 系统中各种工作部分型号

类　　型	工作部分型号规格	含　　义
镗孔类工具	TQC××	倾斜型粗镗刀
	TQW××	倾斜型微调镗刀
	TZC××	直角型粗镗刀
	TZW××	直角型微调镗刀
	TS××	双刃镗刀
	TW××	小孔径微调镗头
装铣刀工具	XMA××	A 类套式面铣刀刀柄
	XMB××	B 类套式面铣刀刀柄
	XMC××	C 类套式面铣刀刀柄
	XS××	三面刃铣刀刀柄
	XSL××	套式面铣刀和三面刃铣刀刀柄
装莫氏柄工具	M××	装带扁尾莫氏圆锥工具柄
	MW××	装无扁尾莫氏圆锥工具柄
装圆柱柄工具	XP××	削平型直柄刀具夹头
	XPD××	2°削平型直柄刀具夹头
	ER××	卡簧外锥锥度半角为 8°的弹簧夹头
	QH××	卡簧外锥锥度为 1∶10 的弹簧夹头
	YQ××	液压夹头
	RZ××	热装夹头
	QL××	强力铣夹头
钻孔攻螺纹工具	GⅠ××	Ⅰ型攻螺纹夹头
	GⅡ××	Ⅱ型攻螺纹夹头
	ZL××	带有螺纹拉紧式钻夹头的刀柄

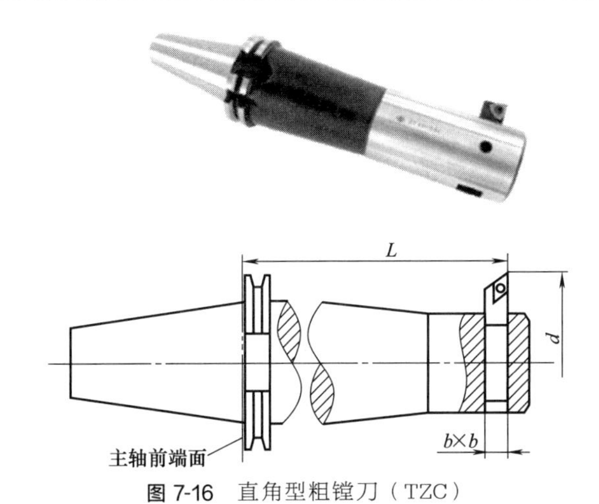

图 7-16　直角型粗镗刀（TZC）

⊡ 表 7-6　直角型粗镗刀（TZC）主要尺寸参数

主要尺寸	L	d	b
参数意义	工作长度	镗孔直径	镗刀头宽度

(2) 倾斜型粗镗刀（TQC）

倾斜型粗镗刀（TQC）如图 7-17 所示。它由镗刀杆和镗刀头组成，按国家标准设计制造并选型使用，其主要尺寸参数见表 7-7。

表 7-7 倾斜型粗镗刀（TQC）主要尺寸参数

主要尺寸	L	d	b
参数意义	工作长度	镗孔直径	镗刀头宽度

(3) 倾斜型微调镗刀（TQW）

倾斜型微调镗刀（TQW）如图 7-18 所示。它由镗刀杆、镗刀头和微调装置组成，按国家标准设计制造并选型使用，其主要尺寸参数见表 7-8。

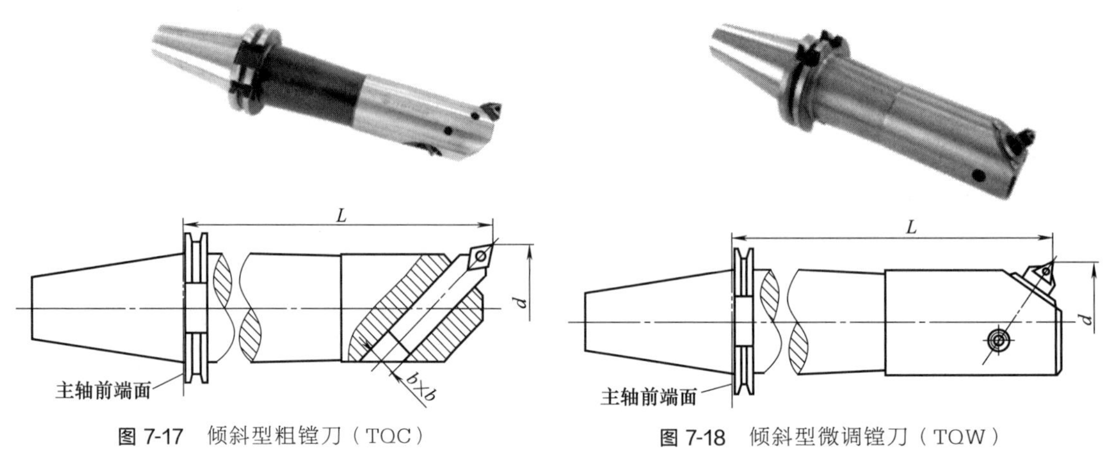

图 7-17 倾斜型粗镗刀（TQC）　　图 7-18 倾斜型微调镗刀（TQW）

表 7-8 倾斜型微调镗刀（TQW）主要尺寸参数

主要尺寸	L	d
参数意义	工作长度	镗孔直径

7.3.4 TSG 系统的装铣刀工具

(1) 三面刃铣刀刀柄（XS）

三面刃铣刀刀柄（XS）如图 7-19 所示。它由刀杆、套筒、平键和紧定螺母组成，按国

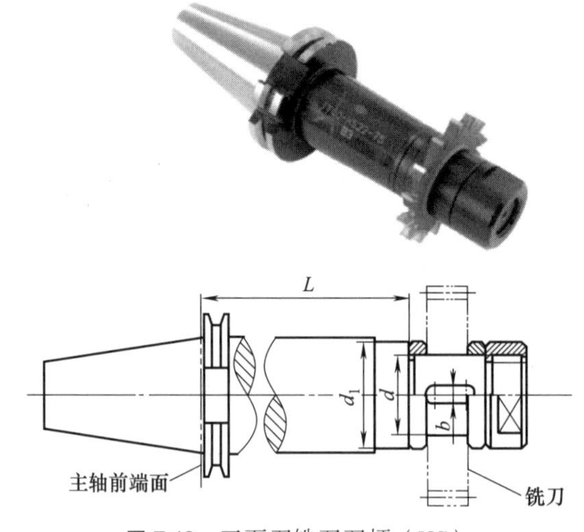

图 7-19 三面刃铣刀刀柄（XS）

家标准设计制造并选型使用，其主要尺寸参数见表 7-9。

⊡ 表 7-9 三面刃铣刀刀柄（XS）主要尺寸参数

主要尺寸	L	d	d_1	b
参数意义	工作长度	铣刀安装孔直径	刀杆直径	键宽

(2) 套式面铣刀刀柄（XMA、XMB、XMC）

如图 7-20 所示为 A 类套式面铣刀刀柄（XMA）。它由刀杆、端面键和紧定螺钉组成，按国家标准设计制造并选型使用，其主要尺寸参数见表 7-10。

⊡ 表 7-10 A 类套式面铣刀刀柄（XMA）主要尺寸参数

主要尺寸	L	d	d_1	L_1	D	b
参数意义	工作长度	铣刀安装孔直径	刀杆直径	铣刀安装长度	紧定螺纹公称直径	端面键宽度

7.3.5 TSG 系统的装莫氏柄工具

(1) 装带扁尾莫氏圆锥工具柄（M）

装带扁尾莫氏圆锥工具柄（M）如图 7-21 所示。它的刀杆内部制造有莫氏锥孔和刀具装卸孔，可以通过该圆锥孔安装带扁尾莫氏锥度刀柄的刀具。该工具柄按国家标准设计制造并选型使用，其主要尺寸参数见表 7-11。

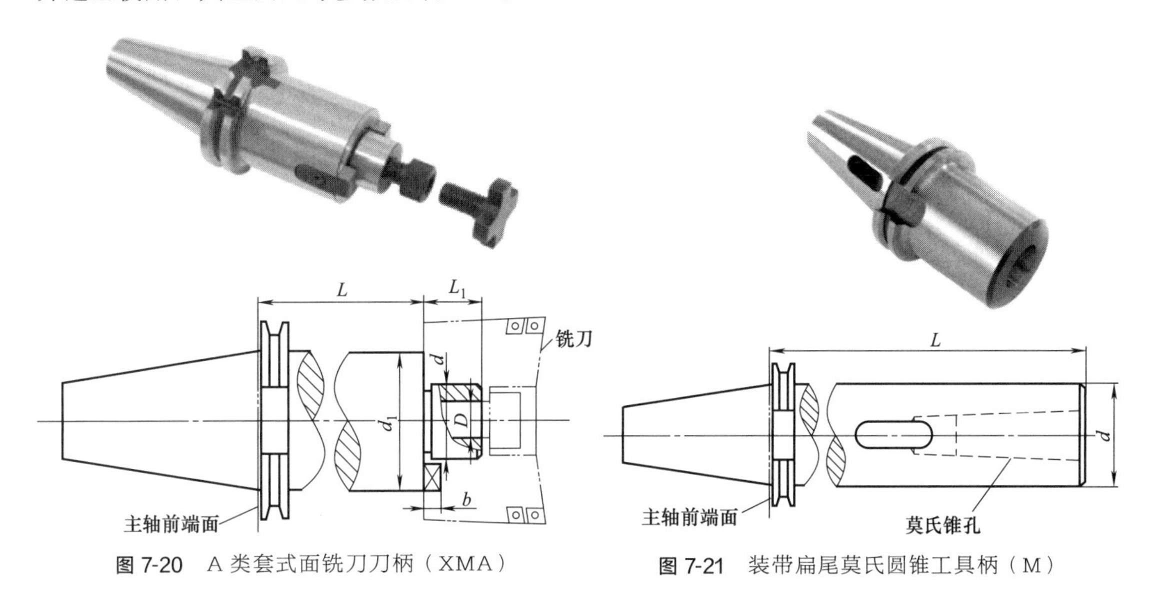

图 7-20 A 类套式面铣刀刀柄（XMA）　　图 7-21 装带扁尾莫氏圆锥工具柄（M）

⊡ 表 7-11 装带扁尾莫氏圆锥工具柄（M）主要尺寸参数

主要尺寸	L	d
参数意义	工作长度	刀杆直径

(2) 装无扁尾莫氏圆锥工具柄（MW）

装无扁尾莫氏圆锥工具柄（MW）如图 7-22 所示。它内部制造有莫氏锥孔，可以安装无扁尾莫氏锥柄的刀具，依靠锥尾部的螺纹孔和拉钉紧固。该工具柄按国家标准设计制造并选型使用，其主要尺寸参数见表 7-12。

⊡ 表 7-12 装无扁尾莫氏圆锥工具柄（MW）主要尺寸参数

主要尺寸	L	d
参数意义	工作长度	刀杆直径

7.3.6 TSG系统的装圆柱柄工具

(1) 弹簧夹头（ER）

弹簧夹头（ER）如图7-23所示。它依靠安装在工作端部的卡簧外锥锥度半角为8°的弹簧夹头夹持刀具进行加工。弹簧夹头（ER）按国家标准设计制造并选型使用，其主要尺寸参数见表7-13。

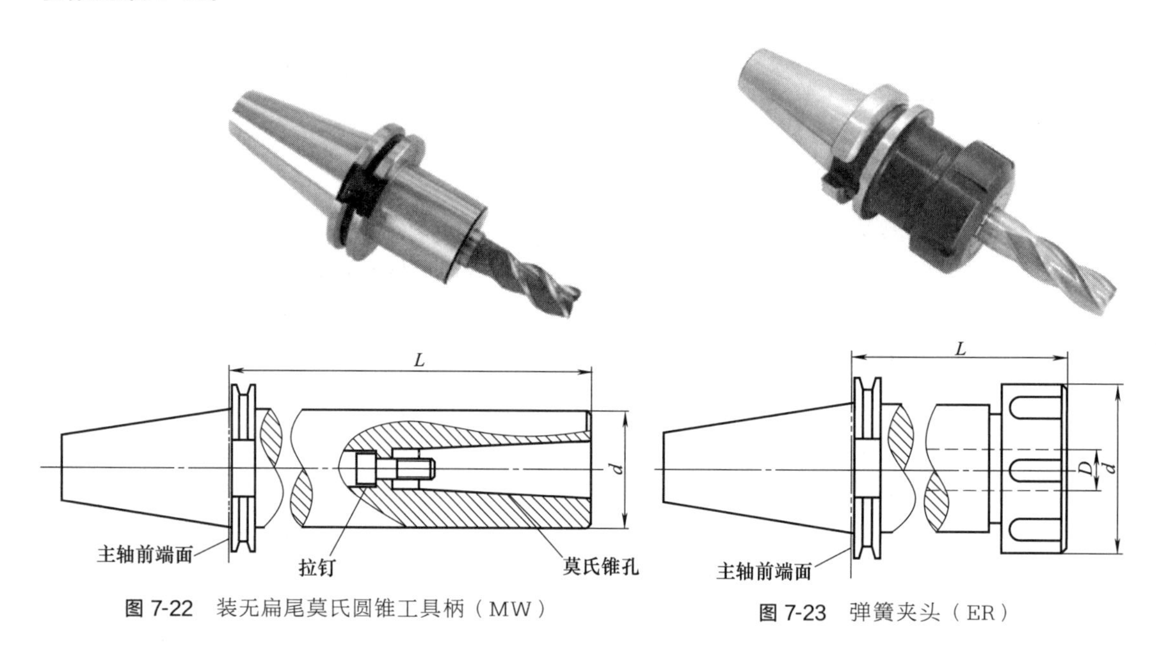

图7-22 装无扁尾莫氏圆锥工具柄（MW）

图7-23 弹簧夹头（ER）

⊡ 表 7-13 弹簧夹头（ER）主要尺寸参数

主要尺寸	L	d	D
参数意义	工作长度	旋紧螺母直径	夹持刀具柄部直径

(2) 削平型直柄刀具夹头（XP）

削平型直柄刀具夹头（XP）如图7-24所示。它由刀杆和紧定螺钉等组成，适合安装使用削平型直柄刀具。该工具柄按国家标准设计制造并选型使用，其主要尺寸参数见表7-14。

⊡ 表 7-14 削平型直柄刀具夹头（XP）主要尺寸参数

主要尺寸	L	d	M	L_1	D
参数意义	工作长度	刀杆直径	紧定螺钉公称直径	夹固距离	刀具安装孔直径

7.3.7 TSG系统的钻孔攻螺纹工具

攻螺纹夹头（GⅠ）如图7-25所示。它由刀杆和Ⅰ型攻螺纹夹头组成。该工具柄按国家标准设计制造并选型使用，其主要尺寸参数见表7-15。

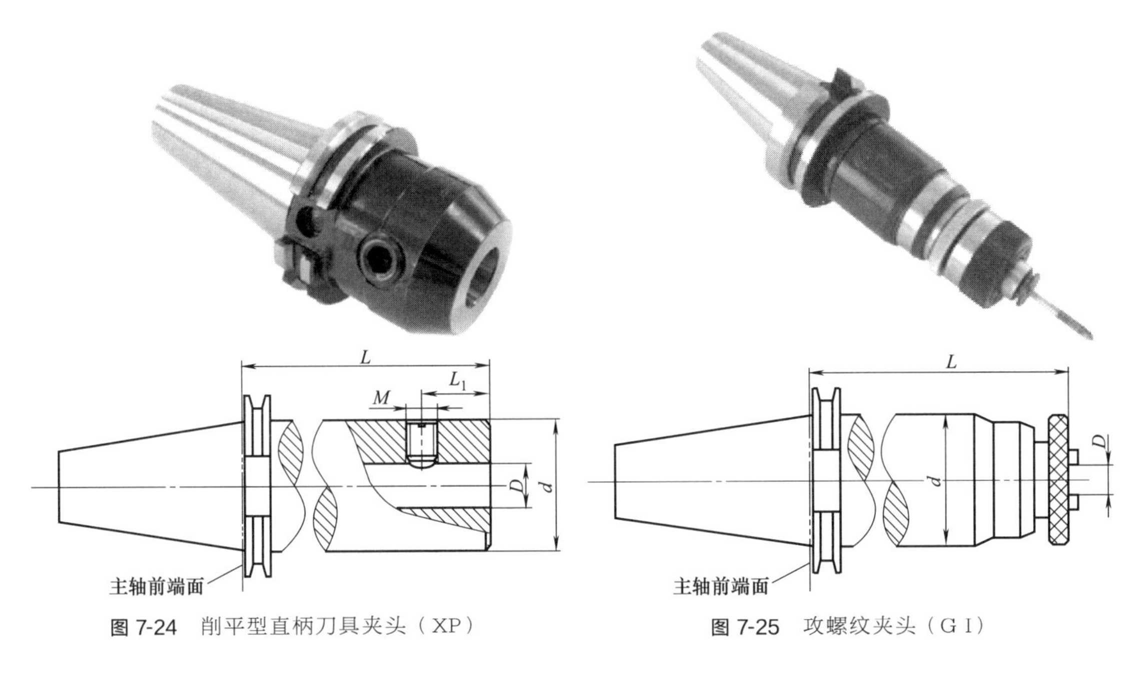

图 7-24　削平型直柄刀具夹头（XP）

图 7-25　攻螺纹夹头（G I）

表 7-15　攻螺纹夹头（G I ）主要尺寸参数

主要尺寸	L	d	D
参数意义	工作长度	刀杆直径	刀具安装孔直径

7.4 镗铣类模块式工具系统

随着数控机床的推广使用，工具的需求量迅速增加。为了克服镗铣类数控机床工具系统（TSG）规格品种繁多，给生产、使用和管理带来许多不便的缺点，20 世纪 80 年代以来出现了镗铣类模块式工具系统（TMG）。

模块式工具系统就是把工具的柄部和工作部分分割开来，制成各种系列化的模块，然后经过不同规格的中间模块，组装成一套套不同用途、不同规格的模块式工具。这样，既方便制造，也方便使用和保管，大大减少了用户的工具储备。目前，世界上出现的模块式工具系统不下几十种，它们之间的区别主要在于模块连接的定心方式和锁紧方式不同。然而，不管哪种模块式工具系统都是由下述 3 个部分所组成。

① 主柄模块　模块式工具系统中，直接与机床主轴连接的工具模块。

② 中间模块　模块式工具系统中，为了加长工具轴向尺寸和变换连接直径的工具模块。

③ 工作模块　模块式工具系统中，为了装夹各种切削刀具的模块。

7.4.1 TMG 名称代号及模块型号表示规则

(1) TMG 名称代号

目前，我国镗铣类模块式工具系统（TMG）执行的国家标准是 GB/T 25668—2010，它包括 GB/T 25668.1—2010《镗铣类模块式工具系统　第 1 部分：型号表示规则》和 GB/T

25668.2—2010《镗铣类模块式工具系统　第2部分：TMG21工具系统的型式和尺寸》两部分。在第1部分中规定，为区分各种不同连接结构的模块式工具系统，在TMG后加上两位数字，以表明该系统的结构特征。其中，第一位数字表示定心方式，第二位数字表示锁紧方式，具体可以参见表7-16。

表7-16　表示TMG定心与锁紧方式数字的含义

第一位数字	定心方式	第二位数字	锁紧方式
1	短圆锥定心	0	中心螺钉拉紧
2	单圆柱面定心	1	径向销钉锁紧
3	双键定心	2	径向楔块锁紧
4	端齿啮合定心	3	径向双头螺栓锁紧
5	双圆柱面定心	4	径向单侧螺钉锁紧
6	异形锥面定心	5	径向两螺钉垂直方向锁紧
—	—	6	螺纹连接锁紧
—	—	7	内部弹性锁紧
—	—	8	

例如：TMG21表示的是单圆柱面定心，径向销钉锁紧的镗铣类模块式工具系统。

国内常见的镗铣类模块式工具系统有TMG10系统、TMG21系统和TMG28系统等。最新国家标准GB/T 25668—2010将TMG21列入其中，作为TMG的基本形式出现。

TMG10模块式工具系统采用短锥定心，轴向用中心螺钉拉紧，主要用于工具组合后不经常拆卸或加工件具有一定批量的情况。

TMG21模块式工具系统采用单圆柱面定心，径向销钉锁紧，它的一部分为孔，而另一部分为轴，两者插入连接构成一个刚性刀柄，一端和机床主轴连接，另一端则安装上各种可转位刀具便构成了一个先进的工具系统，主要用于重型机械、机床等行业。

TMG28模块式工具系统是我国开发的新型工具系统，采用单圆柱面定心，内部钢球锁紧，互换性好，连接的重复精度高，模块组装、拆卸方便，模块之间的连接牢固可靠，结合刚性好，主要用于高速、高效切削加工。

主柄模块形式代号，见表7-17。

表7-17　TMG系统主柄模块形式代号

主柄模块形式	主柄模块代号	锥度
A型主柄模块	A××	7∶24锥度
AD型主柄模块	AD××	
AF型主柄模块	AF××	
U型主柄模块	U××	
UD型主柄模块	UD××	
UF型主柄模块	UF××	
J型主柄模块	J××	
JD型主柄模块	JD××	
JF型主柄模块	JF××	
带锥柄尾部圆柱部分主柄模块	ST××	
无锥柄尾部圆柱部分主柄模块	STW××	

续表

主柄模块形式	主柄模块代号	锥度
莫氏锥度有扁尾主柄模块	MT××	莫氏锥度
莫氏锥度无扁尾主柄模块	MW××	
HSK-A 型主柄模块	HSK-A××	1∶10 锥度
HSK-C 型主柄模块	HSK-C××	

工作模块形式代号，见表 7-18。

表 7-18 TMG 系统工作模块形式代号

工作模块型号规格	含义	工作模块型号规格	含义
TQW××	倾斜型微调镗刀模块	XPD××	2°削平型直柄工具模块
TW××	小孔径微调镗刀模块	ER××	卡簧外锥锥度半角为 8°的弹簧夹头模块
TZW××	直角型微调镗刀模块	QH××	卡簧外锥锥度为 1∶10 的弹簧夹头模块
TS××	双刃可调镗刀模块	GⅠ××	Ⅰ型攻螺纹夹头模块
TSW××	双刃微调镗刀模块	GⅡ××	Ⅱ型攻螺纹夹头模块
XMA××	A 类套式面铣刀模块	Z××	装莫氏短锥钻夹头模块
XMB××	B 类套式面铣刀模块	ZJ××	装莫氏短锥钻夹头模块
XMC××	C 类套式面铣刀模块	QKZ××	可转位浅孔钻模块
M××	装带扁尾莫氏圆锥工具柄	K××	可转位扩孔钻模块
XP××	削平型直柄工具模块		

(2) 主柄模块型号表示规则

主柄模块直接与机床主轴相连接，通过各种锥面配合来定位及传递工作动力。其型号表示规则（×表示数字，○表示字母）如下：

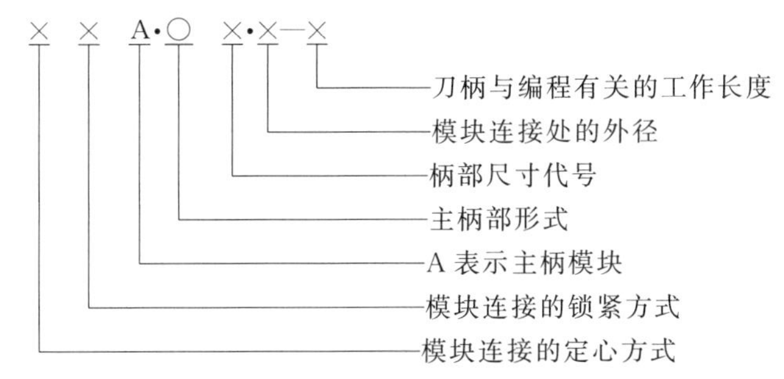

如图 7-26 所示的 TMG21 主柄模块，其与主轴接口为 A50 工具柄，模块连接处的直径为 40mm，工作长度为 100mm。则其型号可表示为：21A. A50. 40-100。

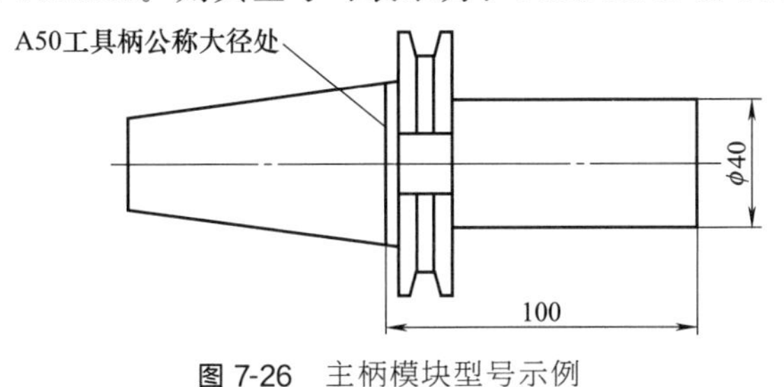

图 7-26 主柄模块型号示例

(3) 中间模块型号表示规则

中间模块用于加长工具轴向尺寸和变换连接直径。其型号表示规则（×表示数字）如下：

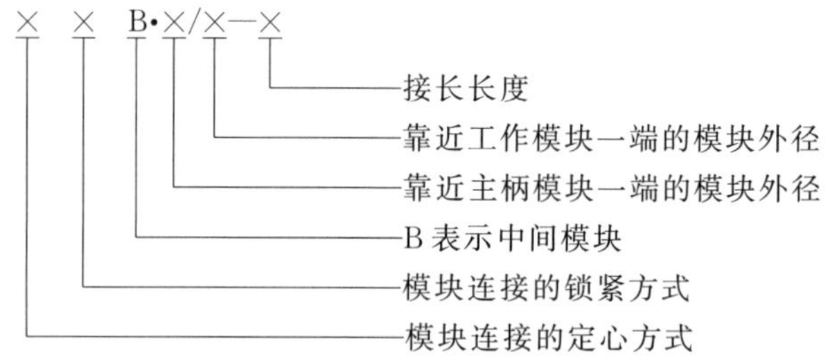

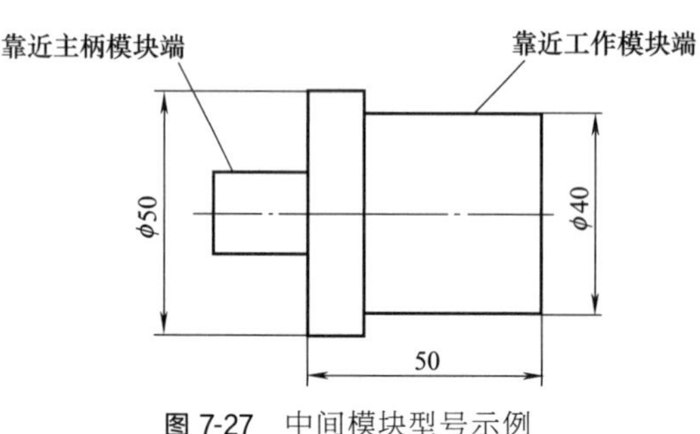

图 7-27 中间模块型号示例

如图 7-27 所示的 TMG21 中间模块，其靠近主柄模块一端模块外径为 50mm，靠近工作模块一端模块外径为 40mm，接长长度为 50mm。则其型号可表示为：21B. 50/40-50。

(4) 工作模块型号表示规则

工作模块用于装夹各种切削刀具。其型号表示规则（×表示数字，○表示字母）如下：

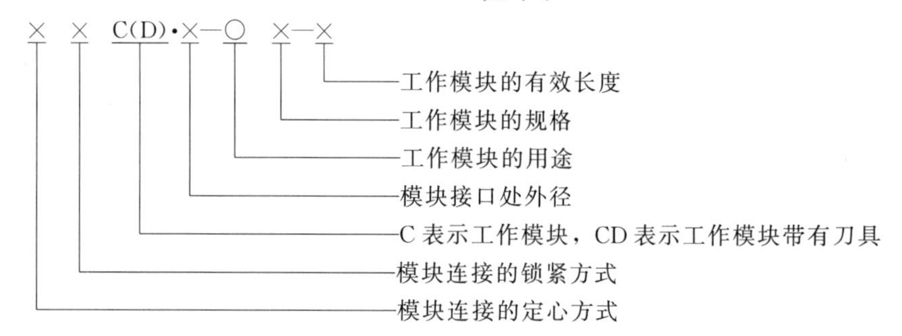

如图 7-28 所示的 TMG21 工作模块，是一个带有刀具的倾斜微调可转位镗刀模块（TQW），其模块接口处外径为 32mm，参考最小镗孔直径 40mm，参考工作长度为 62mm。则其型号可表示为：21CD. 32-TQW40-62。

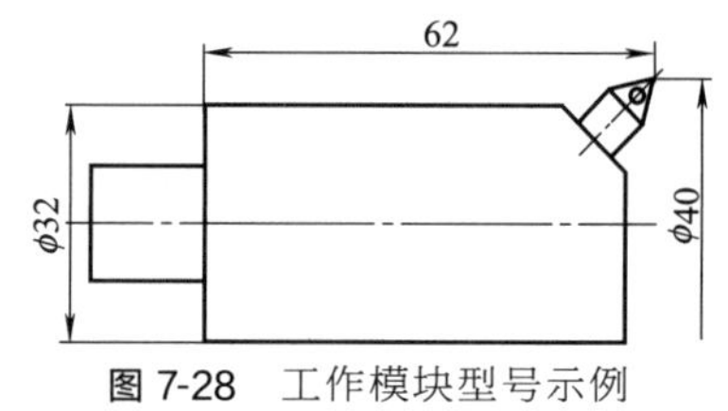

图 7-28 工作模块型号示例

7. 4. 2 TMG21 模块系统图

TMG21 工具系统在实际使用时，可以是主柄模块-中间模块-工作模块的组合形式，也可以是主柄模块-工作模块的组合形式。各组成模块的连接方式为接口孔与接口轴的连接配合，如图 7-29 所示。

镗铣类模块式工具系统 TMG21 的模块系统图，如图 7-30 所示。

由图可见，TMG21 工具系统由 3 类锥度的主柄模块，等径和变径 2 类中间模块，以及弹簧夹头、安装铣刀（镗刀、钻头）等多种刀具的工作模块和多种自带刀具的工作模块组成。在使用时可以根据实际加工工艺要求及机床接口尺寸合理选择模块并组合使用。考虑到

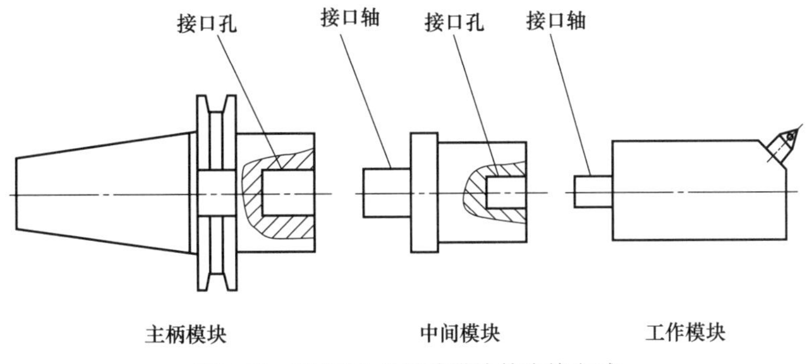

图 7-29 TMG21 各组成模块的连接方式

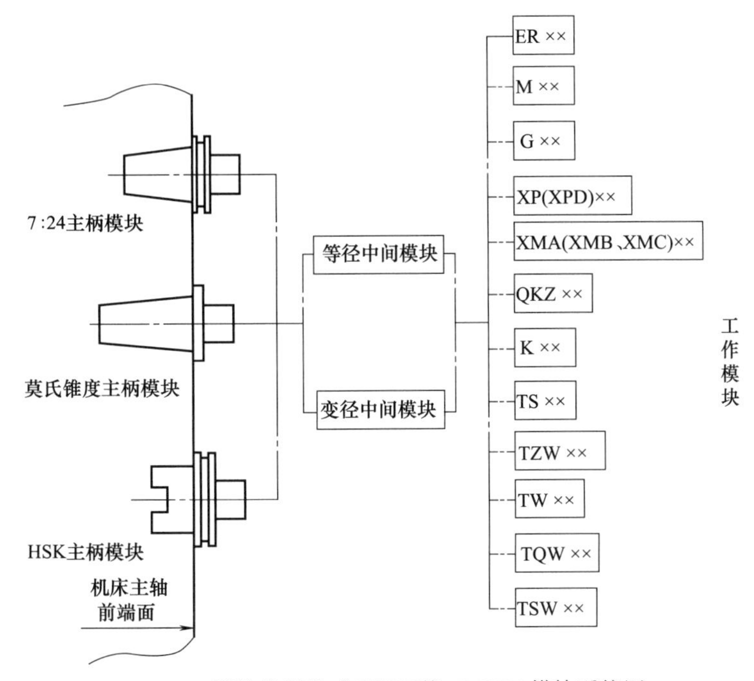

图 7-30 镗铣类模块式工具系统 TMG21 模块系统图

加入中间模块会较大地削弱刀具系统的刚度，因此在满足加工使用要求的情况下，尽量避免使用中间模块。

7.4.3 TMG21 的主柄模块

(1) 自动换刀锥柄模块

自动换刀锥柄模块如图 7-31 所示。它由圆锥接口部分、机械手夹持部分以及模块接口孔部分组成。该模块按国家标准设计制造并选型使用，其主要尺寸参数见表 7-19。

表 7-19 自动换刀锥柄模块主要尺寸

主要尺寸	L	d	D_1
参数意义	工作长度	公称直径	接口孔配合直径

(2) 手动换刀锥柄模块

手动换刀锥柄模块如图 7-32 所示。它由圆锥接口部分、端面键槽部分以及模块接口孔部分组成。该模块按国家标准设计制造并选型使用，其主要尺寸参数见表 7-20。

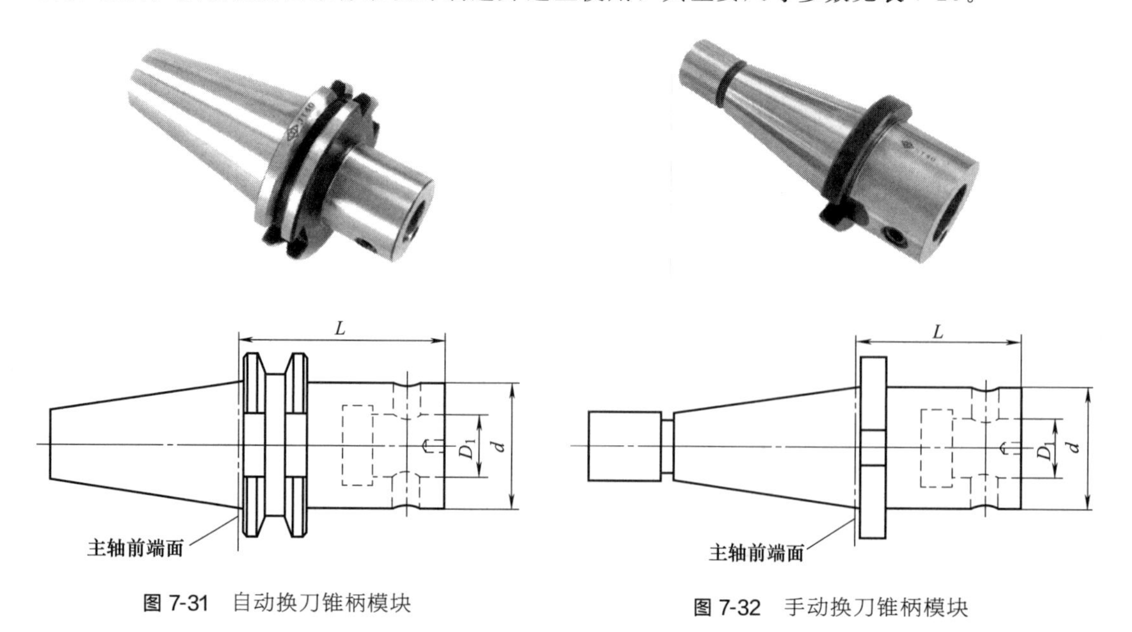

图 7-31 自动换刀锥柄模块

图 7-32 手动换刀锥柄模块

表 7-20 手动换刀锥柄模块主要尺寸

主要尺寸	L	d	D_1
参数意义	工作长度	公称直径	接口孔配合直径

(3) 莫氏锥柄模块

莫氏锥柄模块如图 7-33 所示。它由莫氏圆锥接口部分以及模块接口孔部分组成。该模块按国家标准设计制造并选型使用，其主要尺寸参数见表 7-21。

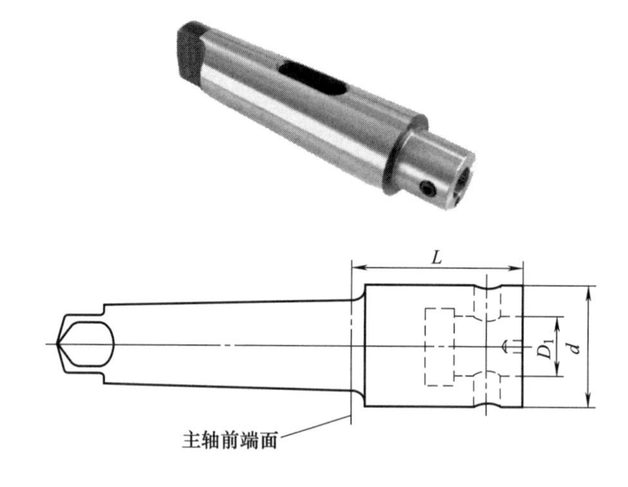

图 7-33 莫氏锥柄模块

表 7-21 莫氏锥柄模块主要尺寸

主要尺寸	L	d	D_1
参数意义	工作长度	公称直径	接口孔配合直径

7.4.4 TMG21 的中间模块

(1) 等径中间模块

等径中间模块如图 7-34 所示。它由模块接口轴部分、模块接口孔部分以及等直径加长部分组成。等径中间模块可以对 TMG 刀具的轴向长度进行变换，该模块按国家标准设计制造并选型使用，其主要尺寸参数见表 7-22。

表 7-22 等径中间模块主要尺寸

主要尺寸	L	d	d_2	D_1
参数意义	工作长度	公称直径	接口轴配合直径	接口孔配合直径

(2) 变径中间模块

变径中间模块如图 7-35 所示。它由模块接口轴部分、模块接口孔部分以及变径加长部分组成。变径中间模块可以对 TMG 刀具的轴向和径向尺寸进行变换。该模块按国家标准设计制造并选型使用，其主要尺寸参数见表 7-23。

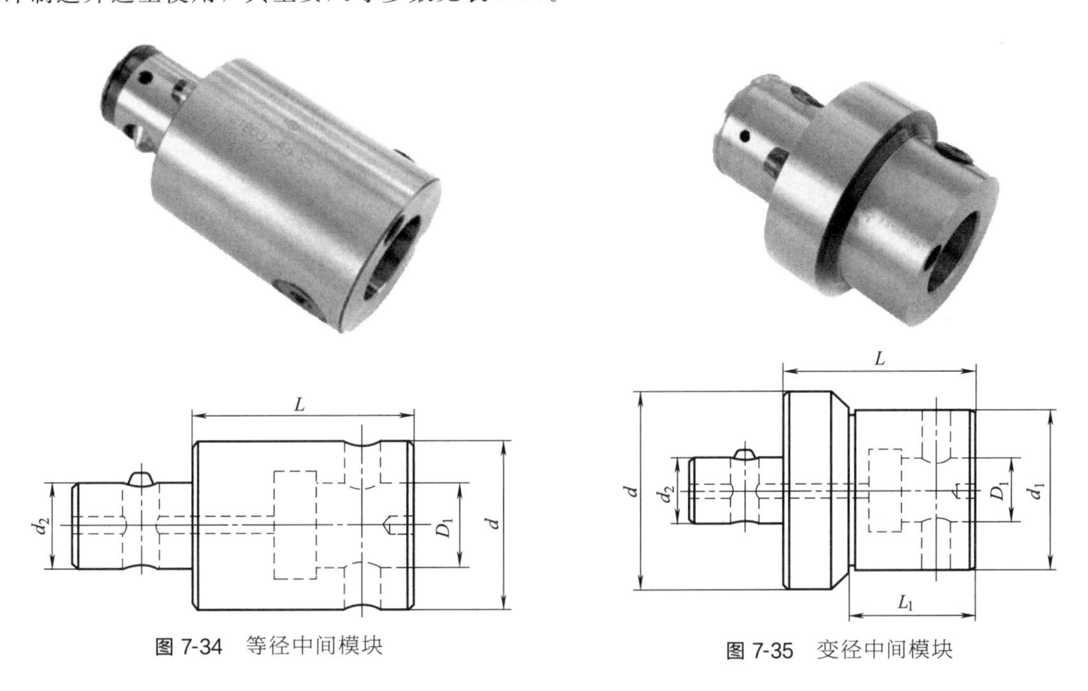

图 7-34 等径中间模块

图 7-35 变径中间模块

表 7-23 变径中间模块主要尺寸

主要尺寸	L	d	d_1	d_2	D_1
参数意义	工作长度	公称直径	变径杆直径	接口轴配合直径	接口孔配合直径

7.4.5 TMG21 的工作模块

(1) 弹簧夹头模块

弹簧夹头模块如图 7-36 所示。它由模块接口轴部分、加长部分以及弹簧夹头部分组成。它依靠安装在工作端部的卡簧外锥锥度半角为 8°的弹簧夹头夹持刀具进行加工工作。该模块按国家标准设计制造并选型使用，其主要尺寸参数见表 7-24。

⊡ 表 7-24　弹簧夹头模块主要尺寸

主要尺寸	L	d	D	d_1	d_2
参数意义	工作长度	公称直径	刀具安装孔直径	旋紧螺母直径	接口轴配合直径

(2) 装削平型直柄刀具模块

装削平型直柄刀具模块如图 7-37 所示。它由模块接口轴部分、加长部分以及装削平型直柄刀具夹头部分组成。该模块按国家标准设计制造并选型使用，其主要尺寸参数见表 7-25。

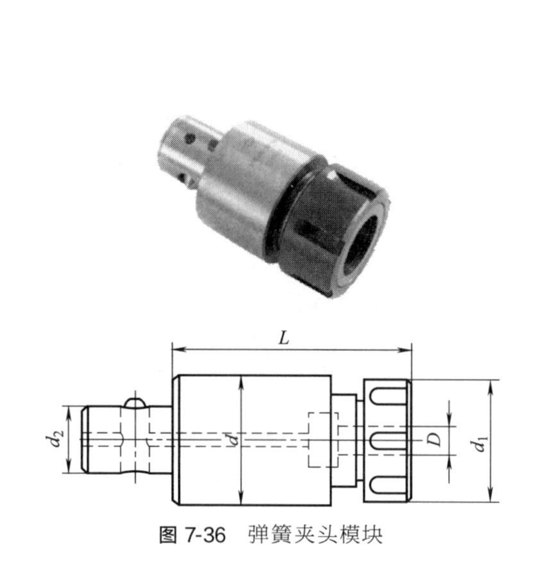

图 7-36　弹簧夹头模块

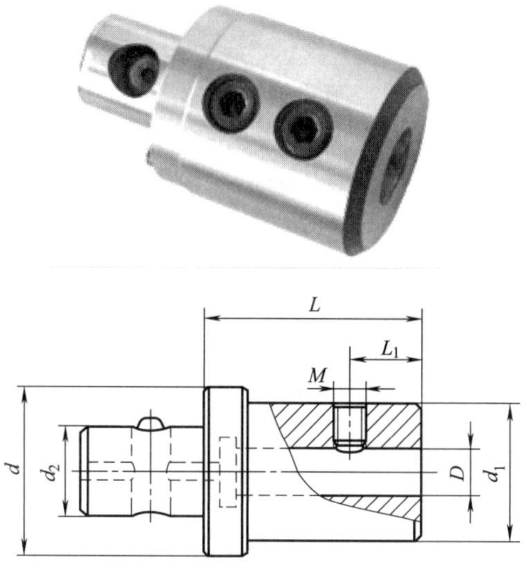

图 7-37　装削平型直柄刀具模块

⊡ 表 7-25　装削平型直柄刀具模块主要尺寸

主要尺寸	L	d	D	d_1	d_2	L_1	M
参数意义	工作长度	公称直径	刀具安装孔直径	夹头外径	接口轴配合直径	夹固距离	紧定螺钉公称直径

(3) 装 A 类可转位面铣刀模块

装 A 类可转位面铣刀模块如图 7-38 所示。它由模块接口轴部分、加长部分、端面键部分以及刀具接口部分组成。该模块按国家标准设计制造并选型使用，其主要尺寸参数见表 7-26。

⊡ 表 7-26　装 A 类可转位面铣刀模块主要尺寸

主要尺寸	L	d	b	d_1	d_2	L_1	M
参数意义	工作长度	公称直径	端面键宽度	刀具定位轴直径	接口轴配合直径	夹固距离	十字头螺钉公称直径

(4) 装 C 类可转位面铣刀模块

装 C 类可转位面铣刀模块如图 7-39 所示。它由模块接口轴部分、加长部分、端面键部分以及刀具安装法兰接口部分组成。该模块按国家标准设计制造并选型使用，其主要尺寸参数见表 7-27。

(5) 可转位浅孔钻模块

可转位浅孔钻模块如图 7-40 所示。它由模块接口轴部分及工作部分组成。该模块按国家标准设计制造并选型使用，其主要尺寸参数见表 7-28。

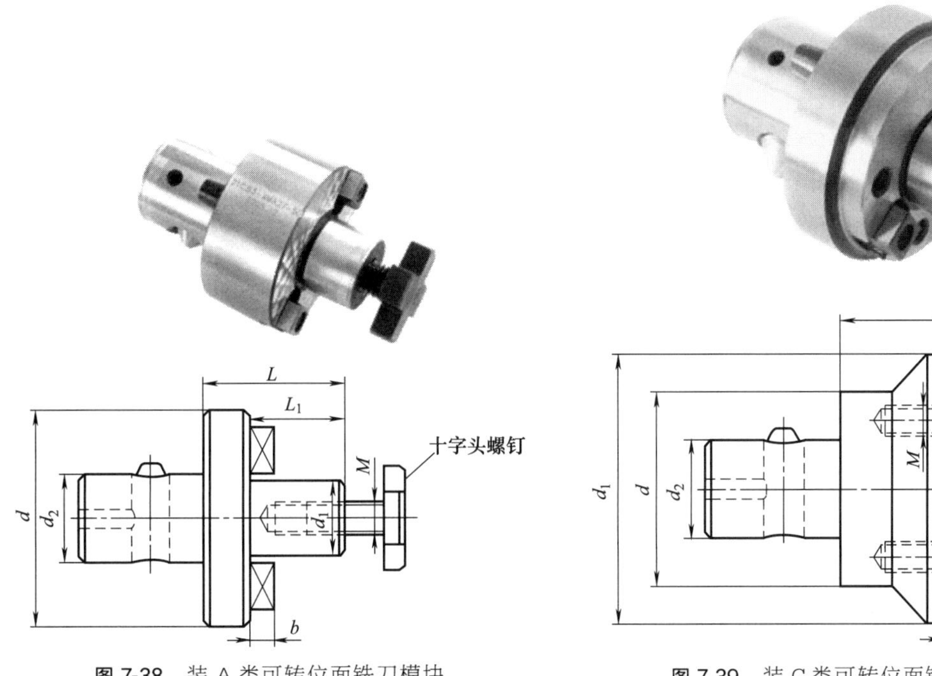

图 7-38　装 A 类可转位面铣刀模块

图 7-39　装 C 类可转位面铣刀模块

表 7-27　装 C 类可转位面铣刀模块主要尺寸

主要尺寸	L	d	b	d_1	d_2	L_1	M	d_3	D
参数意义	工作长度	公称直径	端面键宽度	法兰盘外径	接口轴配合直径	夹固距离	刀具安装螺钉公称直径	刀具定位轴直径	刀具安装螺钉中心圆直径

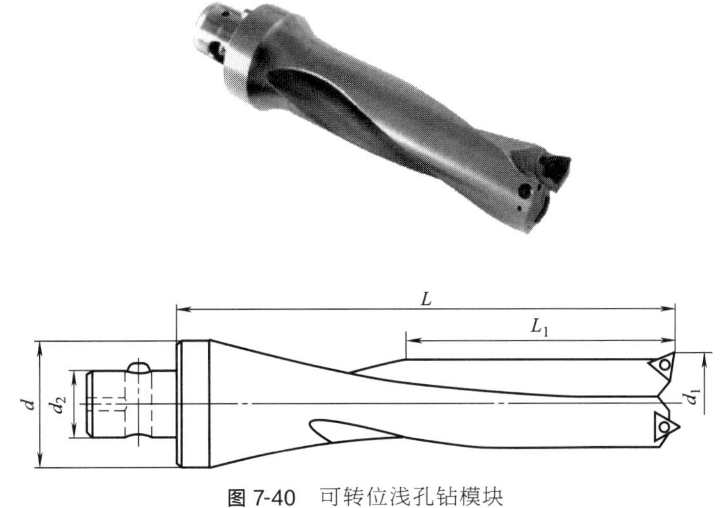

图 7-40　可转位浅孔钻模块

表 7-28　可转位浅孔钻模块主要尺寸

主要尺寸	L	d	d_1	d_2	L_1
参数意义	工作长度	公称直径	钻孔直径	接口轴配合直径	有效长度

(6) 90°双刃可调可转位镗刀模块

90°双刃可调可转位镗刀模块如图 7-41 所示。它由模块接口轴部分、加长部分以及 90°双刃可调可转位镗刀部分组成。该模块按国家标准设计制造并选型使用，其主要尺寸参数见表 7-29。

⊡ 表 7-29　90° 双刃可调可转位镗刀模块主要尺寸

主要尺寸	L	d	d_1	d_2
参数意义	工作长度	公称直径	镗削直径	接口轴配合直径

(7) 直角微调可转位镗刀模块

直角微调可转位镗刀模块如图 7-42 所示。它由模块接口轴部分、加长部分以及直角微调可转位镗刀部分组成。该模块按国家标准设计制造并选型使用，其主要尺寸参数见表 7-30。

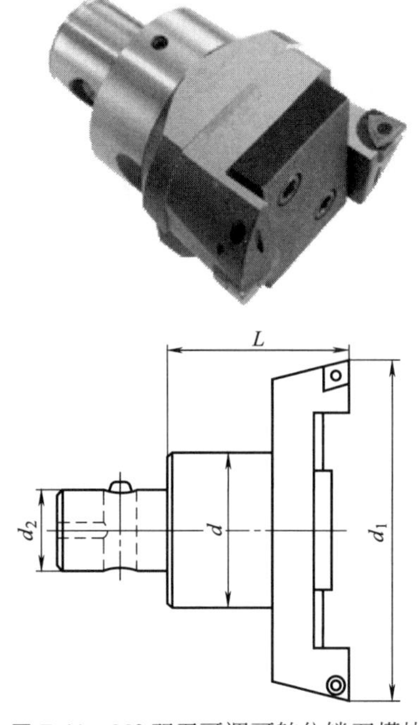

图 7-41　90° 双刃可调可转位镗刀模块

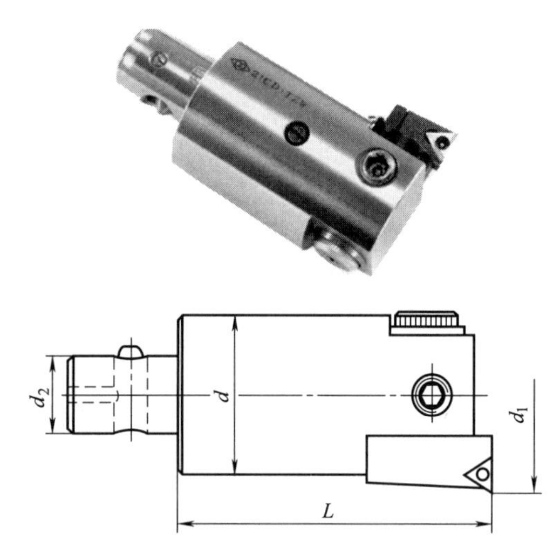

图 7-42　直角微调可转位镗刀模块

⊡ 表 7-30　直角微调可转位镗刀模块主要尺寸

主要尺寸	L	d	d_1	d_2
参数意义	工作长度	公称直径	镗削直径	接口轴配合直径

(8) 倾斜微调可转位镗刀模块

倾斜微调可转位镗刀模块如图 7-43 所示。它由模块接口轴部分、加长部分以及倾斜微调可转位镗刀部分组成。该模块按国家标准设计制造并选型使用，其主要尺寸参数见表 7-31。

⊡ 表 7-31　倾斜微调可转位镗刀模块主要尺寸

主要尺寸	L	d	d_1	d_2
参数意义	工作长度	公称直径	镗削直径	接口轴配合直径

(9) 有扁尾莫氏圆锥孔模块

有扁尾莫氏圆锥孔模块如图 7-44 所示。它由模块接口轴部分以及工作部分组成。在工作部分内部制造有莫氏锥度的锥孔和刀具装卸孔，用于安装带有扁尾莫氏圆锥刀柄的刀具。该模块按国家标准设计制造并选型使用，其主要尺寸参数见表 7-32。

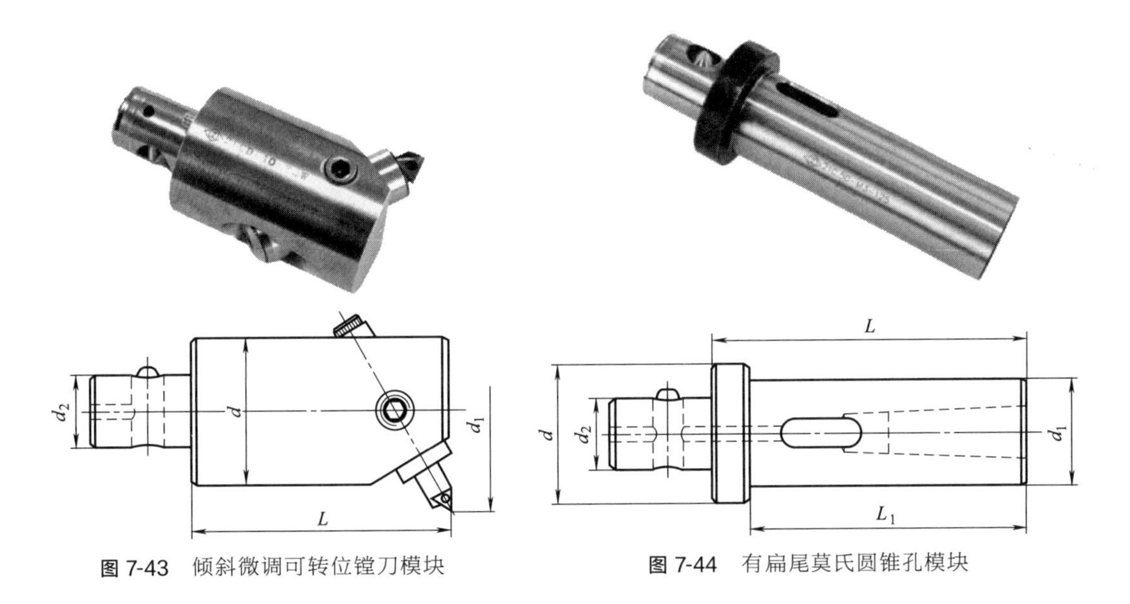

图 7-43　倾斜微调可转位镗刀模块

图 7-44　有扁尾莫氏圆锥孔模块

表 7-32　有扁尾莫氏圆锥孔模块主要尺寸

主要尺寸	L	d	d_1	d_2	L_1
参数意义	工作长度	公称直径	工作部分直径	接口轴配合直径	工作部分有效长度

7.4.6　国外的 TMG 工具系统

(1) ABS 工具系统

ABS 工具系统是由德国 KOMET 公司开发的，其接口形式为两模块之间有一段圆柱配合，起定心作用。靠螺钉与夹紧销轴线之间的偏心，达到轴向压紧的目的。KOMET 公司于 1990 年又将 ABS 工具系统做了少许改动，申请了新的专利。其核心内容是改进了配合孔壁厚，以增加径向夹紧销轴向受力时孔的弹性，从而增加配合部位轴与孔的公差带宽度。这样，夹紧后套筒在滑动轴线的横向，由于弹性变形局部直径变小而压向配合轴所对应的区域。

(2) WIDAFLEX UTS 工具系统

WIDAFLEX UTS 工具系统是由德国 KRUPP 公司与美国 KENNAMETAL 公司合作开发的一种新的工具系统，其接口是用圆锥定心（锥角 5°43′），采用端面压紧来保证轴向定位精度和加大刚度。

(3) MC 工具系统

MC 工具系统是由德国 HERTEL 公司于 1989 年开发的，其接口的定心方式与 ABS 相同，夹紧方式相似，把锥面、锥孔接触改为可转位钢球与夹紧销斜面的面接触。

(4) NOVEX 工具系统

NOVEX 工具系统是由德国 Walter 公司开发的，其接口形式为圆锥定心，锥孔、锥体与所在模块同轴，轴线上用螺钉拉紧。锥孔锥角略大于锥体锥角，造成结合时小端接触，拉紧后接触区会产生弹性变形，直至端面贴合，压紧为止。因采用轴向拉紧，使用中组装不太方便。

(5) VARILOCK 工具系统

VARILOCK 工具系统是由瑞典 SANDVIK 公司于 1980 年研制成的轴向拉紧工具系统，它是双圆柱配合，起导向及定心作用，用中心螺钉拉紧，模块装卸显得不太方便。

(6) CAPTO 工具系统

CAPTO 工具系统是由瑞典 SANDVIK 公司于 1990 年开发的，定心采用弧面的三棱锥，夹紧是从三棱锥内部拉紧，使端面紧密贴合。这种接口刚性好，传递转矩大，但制造时设备要求高。这种工具系统可用于车削，也可用于镗铣加工，是一种万能型的工具系统。

7.5 镗铣类工具系统的选用方法

7.5.1 TSG 与 TMG 的选择原则

在实际生产中，科学合理地选择和使用镗铣类工具系统，要考虑实际加工工艺要求、企业设备现状以及经济效益等多个方面。尽管模块式工具系统（TMG）有适应性强，通用性好，便于生产、使用和保管等许多优点，但是，并不是说整体式工具系统（TSG）将全部被取代，也不是说都改用模块式组合刀柄就最合理。正确的做法是根据具体加工情况，按照以下原则来确定：

① 如果只是满足一项固定的工艺要求，一般只需配一个通用的整体式刀柄即可，此时若选用模块式组合结构，经济上并不合算。只有在要求加工的品种繁多时，采用模块结构才是合算的。

② 精镗孔时往往要求长长短短的许多镗杆，应优先考虑选用模块式结构，而在铣削箱体外廓平面时，以选用整体式刀柄为最佳。

③ 对于已拥有多台数控镗铣床、加工中心的厂家，尤其是这些机床要求使用不同标准、不同规格的工具柄部时，选用模块式工具系统将更经济。因为除了主柄模块外，其余模块可以互相通用，这样就减少了工具储备，提高了工具的利用率。

7.5.2 TMG 的选择方法

在选用 TMG 工具系统时，主要应考虑以下一些问题：

① 根据模块组装拆卸频率，决定 TMG 的定心和锁紧方式。例如在重型和大型设备上，刀具型号大且贵重，因此往往采用更换刀头的换刀加工方法，这样模块之间最好选用侧紧式，而不能选用中心螺钉拉紧结构。但是，在一般的数控机床上使用时，模块之间很少需要拆卸，往往作为一把整体刀具在刀库和主轴之间重复装卸使用，此时模块间采用中心螺钉拉紧方式的工具系统则更为简单、可靠。

② 模块接口的连接精度、刚度要能满足使用要求。有些工具系统模块连接精度很高，结构又简单，使用很方便，但连接刚度不足。这样的工具系统精加工效果较好，但粗加工时由于切削力较大，往往产生变形和加工精度误差。

③ 应优先选择按中国标准生产的，国内厂家的 TMG 工具系统产品。因为国外的专利产品在未取得生产许可也未与外商合作生产的情况下，是不能仿制成商品销售的。而购买国外 TMG 工具系统产品价格非常高昂。因此，我们要立足国内，优先选用国内独立开发的新型 TMG 产品。实践证明，我国的 TMG 工具系统产品已经在连接精度、动刚度、使用方便性等方面已达到了世界先进水平。

④ 在选用模块式工具时，应以某一种结构为主，品种不宜太杂。

⑤ 要了解工具生产厂的产品质量情况、供货情况、价格情况等。

7.6 数控车床工具系统

数控车床的广泛使用使人们对数控车床和车削中心所使用的刀具提出了更高的要求，形成了一个具有特色的数控车床工具系统。数控车床工具系统是数控车床刀架与刀具之间连接部分的总称，它的作用是使刀具能快速更换和定位以及传递回转刀具所需的回转运动。它通常固定在回转刀架上，随之做进给运动或分度转位，并从刀架或转塔刀架上获得自动回转所需的动力。

数控车床工具系统主要由两部分组成：一部分是刀具；另一部分是刀夹。更为完善的工具系统还包括自动换刀装置、刀库、刀具识别装置和刀具自动检测装置。

数控车削加工用工具系统的构成与结构，与机床刀架的形式、刀具类型及刀具是否需要动力驱动等因素有关。数控车削类工具系统，具有换刀速度快、刀具的重复定位精度高、连接刚度高等特点，提高了机床的加工能力和加工效率。

7.6.1 通用型数控车削工具系统

通用型数控车削工具系统在我国应用较多的是 CZG 车削类整体式工具系统，如图 7-45

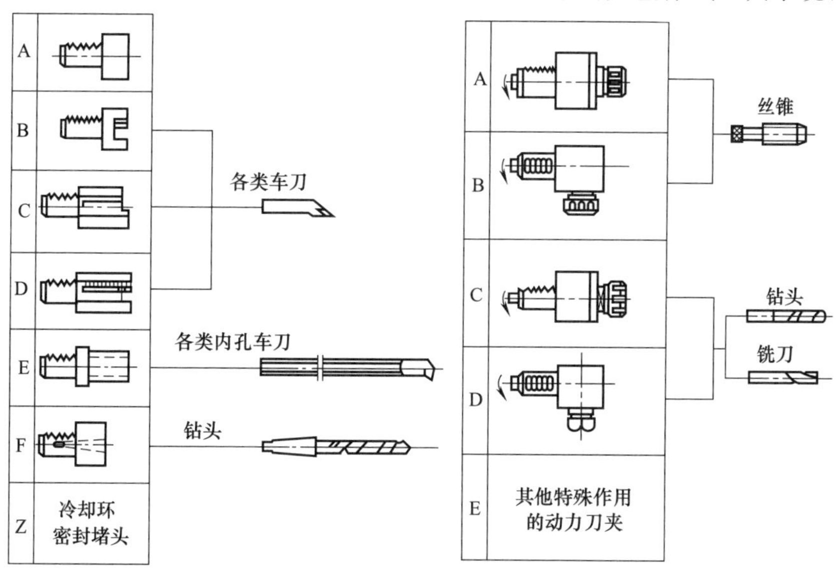

图 7-45 CZG 车削类整体式工具系统组成

所示，图 7-45（a）为非动力刀夹组合形式，图 7-45（b）为动力刀夹组合形式。“CZG”是汉语拼音“车整工”的缩写，该工具系统以德国 DIN 69880 标准为主要内容。把圆柱柄的前端设计成夹持各种车刀和轴向刀具的工作部分就形成了较为通用的工具系统。工具系统中夹持矩形截面车刀的部分称为刀夹。

CZG 车削工具系统的常用刀夹介绍：

(1) 轴向刀夹

轴向刀夹 TC1 型的部分规格与尺寸参见表 7-33。该类刀夹适合装夹与主轴中心线平行安装的刀具，如镗孔刀、钻头、丝锥等。

表 7-33 轴向刀夹 TC1 型的部分规格与尺寸 单位：mm

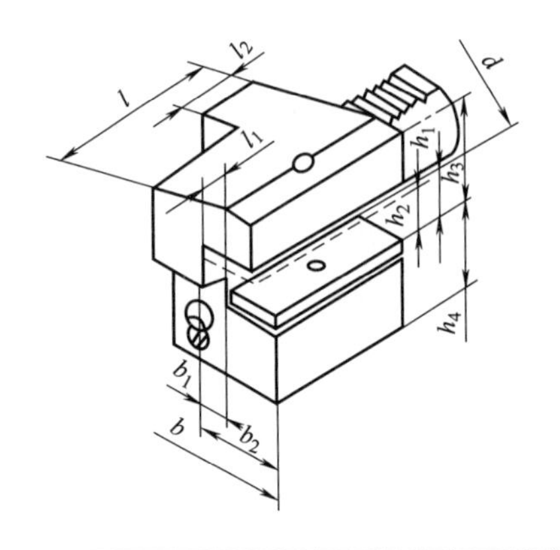

型号	d	b	b_1	b_2	h_1	h_2	h_3	h_4	l	l_1	l_2
CZG-TC1-2016	20	65	25.5	40	16	—	25	30	50	—	30
CZG-TC1-4025	40	85	20.5	42.5	25	20	32.5	48	85	12.5	30

(2) 径向刀夹

径向刀夹 TB1 型的部分规格与尺寸参见表 7-34。该类刀夹适合装夹与主轴中心线垂直安装的刀具，如各种外圆车刀、切槽刀、外螺纹车刀等。

表 7-34 径向刀夹 TB1 型的部分规格与尺寸 单位：mm

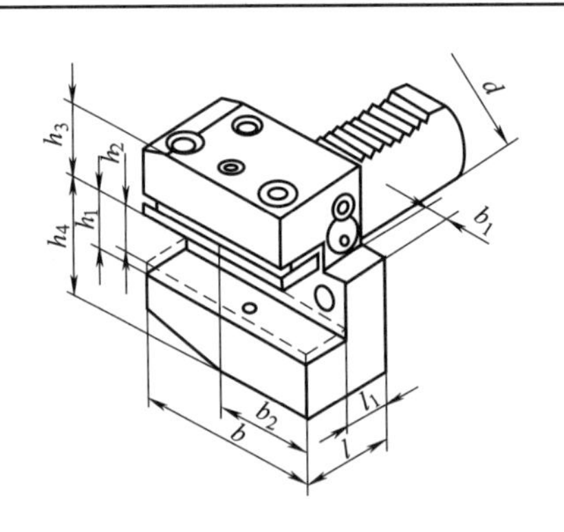

型号	d	b	b_1	b_2	h_1	h_2	h_3	h_4	l	l_1
CZG-TB1-2016	20	55	7	30	16	—	25	30	32	18
CZG-TB1-4025	40	85	12.5	42.5	25	20	32.5	48	44	22

(3) 双向刀夹

双向刀夹 AR1 型的部分规格与尺寸参见表 7-35。该类刀夹可以装夹与主轴中心线平行或垂直两个方向安装的刀具，更为方便灵活，但刀具的尺寸和安装刚度受到一定的局限。

⊡ 表 7-35 双向刀夹 AR1 型的部分规格与尺寸 单位：mm

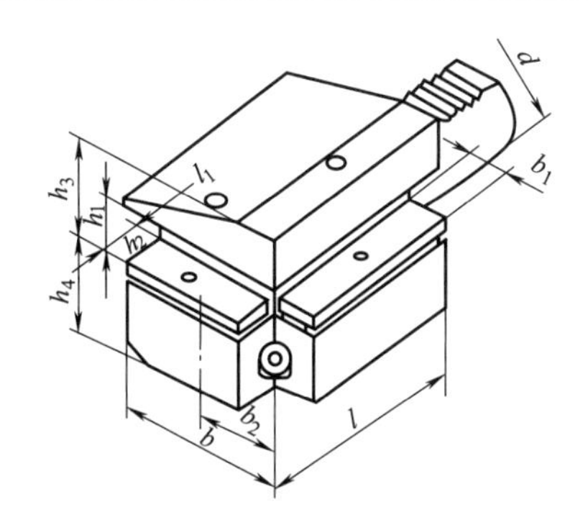

型号	d	b	b_1	b_2	h_1	h_2	h_3	h_4	l	l_1
CZG-AR1-3020	30	70	18	35	20	16	38	35	70	18
CZG-AR1-4025	40	85	22	42.5	25	20	48	42.5	100	22

(4) 弹簧夹头刀夹

弹簧夹头刀夹的部分规格与尺寸参见表 7-36。该类刀夹适合直接装夹小型钻头、铰刀、丝锥等。

⊡ 表 7-36 弹簧夹头刀夹的部分规格与尺寸 单位：mm

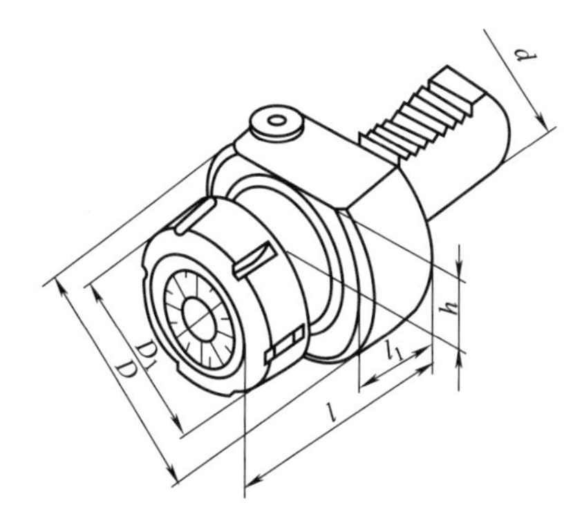

型号	d	D	D_1	h	l	l_1	夹持直径	夹簧
CZG-ER25-2055	20	50	42	25	55	—	1～16	ER25
CZG-ER25-3075	30	68	42	28	75	22	1～16	ER25

(5) U 型浅孔钻刀夹

U 型浅孔钻刀夹的部分规格与尺寸参见表 7-37。该类刀夹适合装夹浅孔钻。

(6) 镗刀刀夹

镗刀刀夹的部分规格与尺寸参见表 7-38。该类刀夹适合装夹安装刚度较高的镗孔类刀具。

⊡ 表 7-37 U型浅孔钻刀夹的部分规格与尺寸　　单位：mm

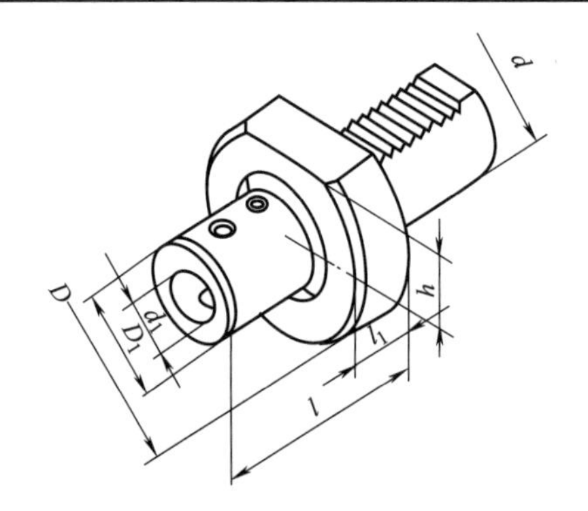

型号	d	d_1	D	D_1	h	l	l_1	l_2
CZG-TUB-2020	20	20	50	32	25	60	40	51
CZG-TUB-2025	20	25	50	40	25	66	40	56

注：l_2 为钻孔深度，图中未标出。

⊡ 表 7-38 镗刀刀夹的部分规格与尺寸　　单位：mm

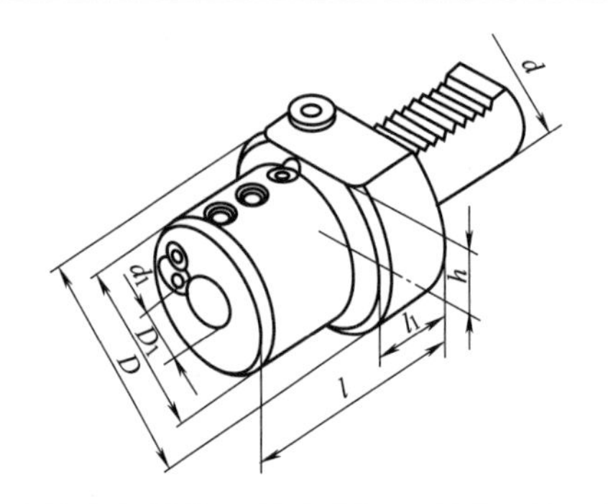

型号	d	D	D_1	h	l	l_1	l_2	d_1
CZG-BSh-20··	20	50	50	25	50	—	45	8、10、12、16、20、25
CZG-BSh-30··	30	68	55	28	60	22	95	8、10、12、16

注：1. “··” 处填 d_1 的数值。例如 20··，当 $d_1=8$ 时，则为 2008；当 $d_1=25$ 时，则为 2025。

2. l_2 为钻孔深度。

7.6.2 更换刀具头部的数控车削工具系统

由于更换刀具头部的车削工具系统在换刀时只更换刀具头部，所以换刀时需要的空间较小，使得刀库、机械手结构紧凑，这样就允许刀库储存更多的刀具，更适合于多品种、较复杂零件的加工。该工具系统的缺点是由于增加了更换头部环节，使刀具的连接刚度削弱，对刀片等其他部分的制造精度要求会更高；另外，更换刀具头部的车削工具系统往往采取定制方式，对其标准化及普及推广带来一定的难度。

图 7-46 所示为瑞典 SANDVIK 公司研制的 BTS 更换刀具头部车削工具系统的结构。图 7-46（a）中，当拉杆 4 向后移动，前方的涨环 3 端部由拉杆头部锥面推动，涨环 3 涨开，它的外缘周边嵌入刀头模块的内沟槽。如果拉杆继续向后移动，拉杆通过涨环 3 拉住刀头模块向后移动，将刀头模块锁定在刀柄 2 上，如图 7-46（b）所示。当拉杆 4 向前推进，前方

的涨环3与拉杆头部锥面接触点的直径减小，涨环3直径减小，外缘周边和刀头模块内沟槽分离，拉杆4将刀头模块推出，如图7-46（c）所示。拉杆可以通过液压装置自动驱动，也可以通过螺纹或凸轮手动驱动。该系统换刀迅速、能获得很高的重复定位精度和很好的连接刚度。

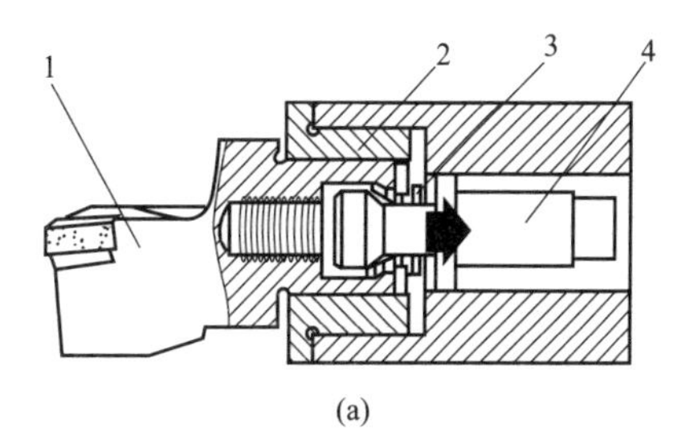

(a)

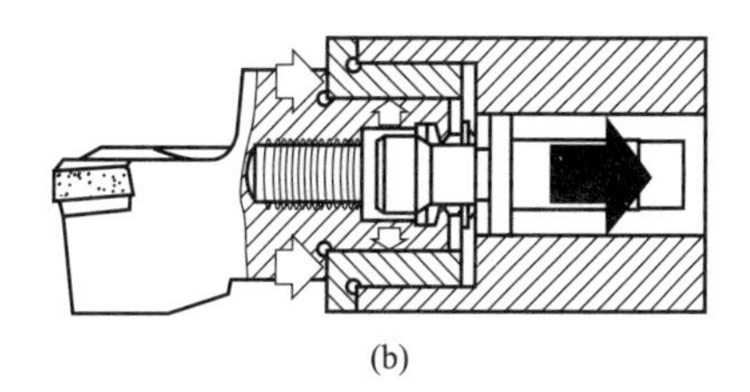
(b)

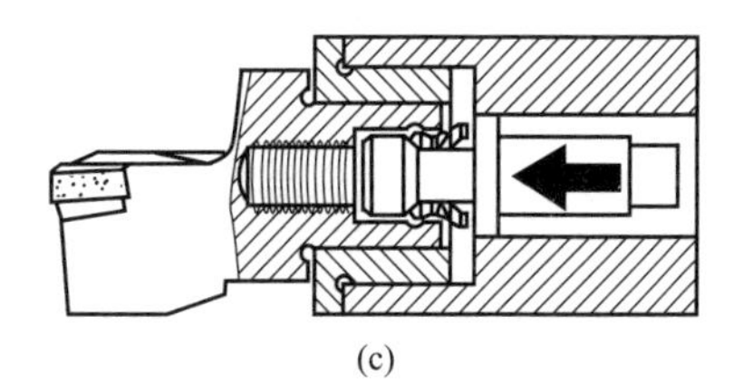
(c)

图7-46 瑞典SANDVIK（BTS）更换刀具头部车削工具系统结构
1—刀头模块；2—刀柄；3—涨环；4—拉杆

目前市面上常见的更换刀具头部车削工具系统主要有：

（1）BTS

瑞典SANDVIK公司推出的更换刀具头部车削工具系统（Block Tool System，BTS），切削头部有一系列不同的刀具模块，可以完成车削、镗削、钻削、切断、攻螺纹以及检测工作。该工具系统有很高的定位精度和连接刚度，其径向定位精度可达±0.002mm，轴向定位精度可达±0.005mm。可以手动换刀，也可以机动换刀。手动换刀需5s，机动换刀只需2s。

（2）FTS

德国HERTEL公司推出的更换刀具头部车削工具系统（Flexible Tooling System，FTS），切削头部靠端面齿盘定位，拉钉拉紧。切削头部外径上设计有机械手卡槽，可实现自动更换。也可以装上刀具识别编码，借助识别装置进行换刀。

（3）CAPTO

这是瑞典SANDVIK公司推出的另一款更换刀具头部车削工具系统。该系统的定心采用弧面三棱锥，从三棱锥内部拉紧，使端面紧密贴合。该工具系统刚性好，传递转矩大，但制造难度大。CAPTO工具系统应用范围较广，可以用于车削加工，也可以用于镗、铣削加工。

7.7 数控工具系统与刀具的接口技术

刀具之所以能够稳妥、快捷地安装在数控工具系统（通常指刀柄）上，并高效、高精度地进行数控加工，所依赖的就是各种数控工具系统与刀具的接口技术，也就是各种夹持刀具的方法。目前，根据刀具的夹持方法不同，比较成熟和常用的刀柄有如下几类：

① 弹簧夹头刀柄　弹簧夹头刀柄的工作原理是利用有锥度的弹簧夹套在轴向移动过程中，逐渐收缩实现夹紧刀具。弹簧夹头刀柄适用于钻头、铰刀、精加工立铣刀等。其特点是夹持范围大，通用性好，精度相对较高。

② 液压刀柄　液压刀柄的工作原理是利用液压力使刀柄内径收缩实现刀具夹紧。液压刀柄适用于立铣刀、硬质合金钻头、金刚石铰刀等的高精度加工。液压刀柄的优点是操作方便，只需一个T形扳手即可拧紧，属于所有刀柄中夹持方式最简单的；精度稳定，扭紧力不直接作用于夹持部分，即使新入职的操作人员也可以稳定装夹；完全防水、防尘；防干涉

性能好。

③ 热缩刀柄　热缩刀柄的工作原理是利用刀柄和刀具的热胀系数之差，实现刀具夹紧。热缩刀柄适用于干涉条件要求较高的加工场合。热缩刀柄的优点是防干涉性好，可以缩短刀具长度，提高系统刚度。缺点有夹持范围小，只能夹持一个直径尺寸的刀具；初期跳动精度较好，随着加热次数的增加精度下降较快；需专门的加热冷却装置，安全性差，对操作人员要求高。

④ 强力夹头刀柄　强力夹头刀柄的工作原理是通过螺母压迫刀柄本体收缩，实现夹持刀具。强力夹头刀柄适用于立铣刀的重切削。强力夹头刀柄的特点是刚性高，夹持力强，是所有夹持类刀柄中夹持力最大的。缺点是防干涉性不好，跳动精度一般。

⑤ 侧固式刀柄　侧固式刀柄的工作原理是通过侧面固定螺钉锁紧刀具。侧固式刀柄适用于柄部削平的钻头、铣刀等粗加工。侧固式刀柄的特点有：结构简单，夹紧力大，但精度和通用性较差。

另外不太常用的还有依靠莫氏锥度配合定位夹紧的莫氏圆锥孔刀柄以及三面刃铣刀柄和钻夹头刀柄等。

7.7.1 数控弹簧夹头刀柄

数控弹簧夹头刀柄是我们在一般数控加工时最常用的刀柄。根据所使用的弹簧夹套（卡簧）的锥角、收缩量以及跳动精度的不同，常用的弹簧夹头刀柄有 16°（ER）、10°（QH）锥柄弹簧夹头刀柄以及 10°（LQ）直柄弹簧夹头刀柄等，如图 7-47 所示。

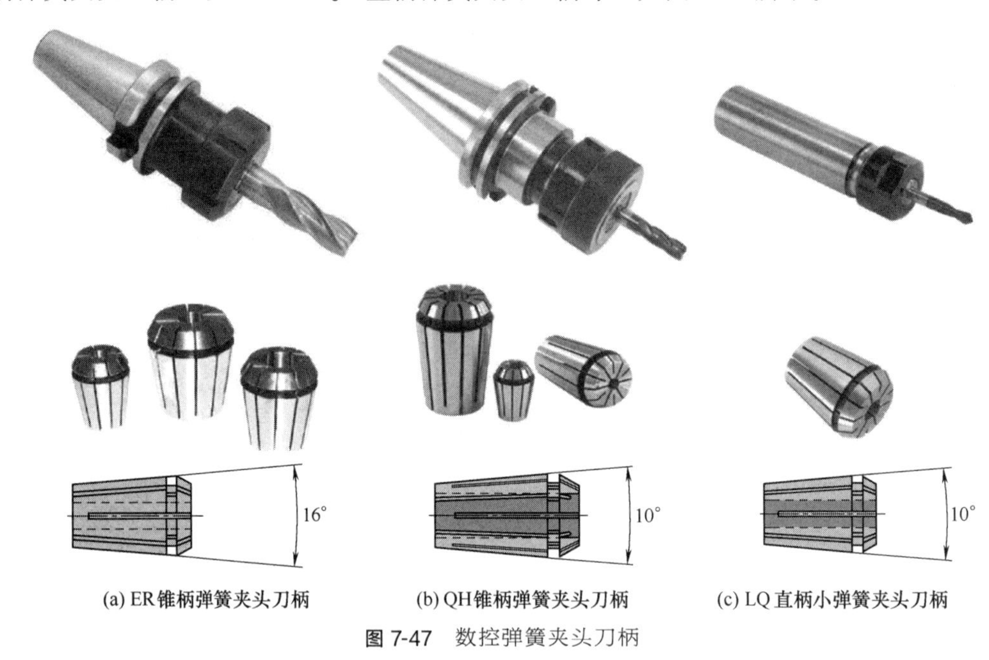

(a) ER锥柄弹簧夹头刀柄　(b) QH锥柄弹簧夹头刀柄　(c) LQ 直柄小弹簧夹头刀柄

图 7-47　数控弹簧夹头刀柄

在选择数控弹簧夹头刀柄时，主要应该考虑以下几点：

① 选择合适的弹簧夹套外径锥角　弹簧夹套外径锥角越小，向心性就越好，并且夹持力大，跳动精度高，稳定性好。但收缩量也会变小，影响了可以夹持刀具的范围。

② 选择合适的螺母　常用的弹簧夹头螺母有两种基本构造，即有推力球轴承和无推力球轴承。通过推力球轴承的作用，使夹套在拧紧过程中不受圆周方向的力，这样既可以保证

跳动精度，又可以不损失夹持力，并且延长了刀具的使用寿命。

③ 合理使用轴向调整功能　为避免更换刀具时频繁到对刀仪上对刀所造成的时间损失，现在一般都采用轴向调节螺钉来实现定尺功能。由于采用轴向螺钉有一定误差，在弹簧夹头刀柄上实现轴方向微调十分困难。在一些特殊的高精加工中可以使用加工中心的刀具补正功能进行补正。

④ 选择合适的中心内冷功能　在深孔加工时，需要有内冷功能来保证排屑和延长钻头寿命。现在弹簧夹头刀柄一般有两种中心内冷方式：一是采用内冷夹套，二是采用油封螺母。

⑤ 注意做好防尘工作　在加工过程中如果细小的切屑或者杂质沿着夹套的缝隙侵入到夹套内部，不但会影响夹持力，而且对夹套的寿命、跳动精度以及刀柄的使用寿命都会有所影响。特别是在做电极、石墨、陶瓷等加工时，更要注意防尘工作要到位。

7.7.2 数控液压刀柄

(1) 液压刀柄

液压刀柄的夹持方式有别于传统刀柄系统，拧紧只需用一个加压螺栓，当螺栓拧紧时便会推动活塞的密封块在刀柄内产生一个液压油压力，该压力均匀地从圆周方向传递给钢制膨胀套，膨胀壁再将刀具夹紧。采用这一刀具夹紧系统，可使系统径向跳动误差精度和重复定位精度控制在 3μm 以下。由于刀柄内存在高压油液压力，当刀具被夹紧时，内藏的油腔结构及高压油的存在大大地增加了结构阻尼，可有效防止刀具和机床主轴的振动。实际应用表明，使用这种夹紧系统不仅可以提高加工精度和质量，而且还能使刀具在切削加工中的使用寿命得到成倍提高。此外，这类刀柄不但具有免维护功能和抗污能力，而且易于使用和能够安全地夹紧刀具。因为，在紧固刀具时，夹紧压力可以将刀柄上的任何油或杂质导引到膨胀套筒中的小沟槽中，这样就可以清理装夹用表面区域，并让其保持干燥，消除打滑现象，保证主轴的转矩可以很好地传递给刀具。液压刀柄目前广泛应用在汽车制造、电子、模具等各个行业。

(2) 液压刀柄的工作原理

液压刀柄的工作原理如图 7-48 所示。

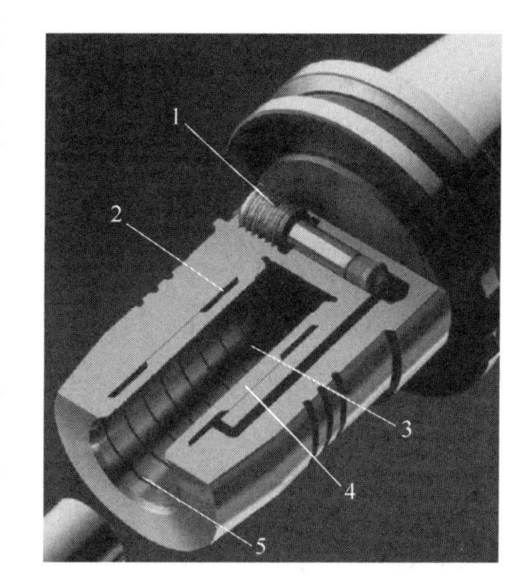

图 7-48　液压刀柄的工作原理

1—加压螺栓；2—油腔；3—装夹孔；4—膨胀壁；5—环槽

通过内六角扳手拧紧加压螺栓，提高油腔内的油压，促使油腔内壁均匀而对称地向轴线方向膨胀，从而起到夹紧刀具的作用。高压油将压力均匀地传递到密封油腔的每个部分，油腔内的油同时还起到增加结构阻尼的作用，从而对改善夹头的动力学特性、减少振动、提高加工质量具有显著效果。装夹孔内壁孔径因油压升高而均匀地向中线方向收缩。膨胀壁通过精确计算而设定，从而能在油压达到给定值时产生所需要的膨胀量。装夹孔内壁与被夹刀具之间产生的巨大压力，将油、油脂等润滑物的残余部分排挤到环槽内，保持了装夹孔壁的清洁和干燥，从而保证转矩的可靠传递。刀具装入装夹孔后，被夹紧在理想中线上，夹持精度极高。

(3) 液压刀柄的种类

液压刀柄按照所配置的刀柄尾部结构形式不同，可以分为 BT 型液压刀柄、SK 型液压刀柄、ISO 型液压刀柄、HSK-A 型液压刀柄和 HSK-E 型液压刀柄等，如图 7-49 所示。

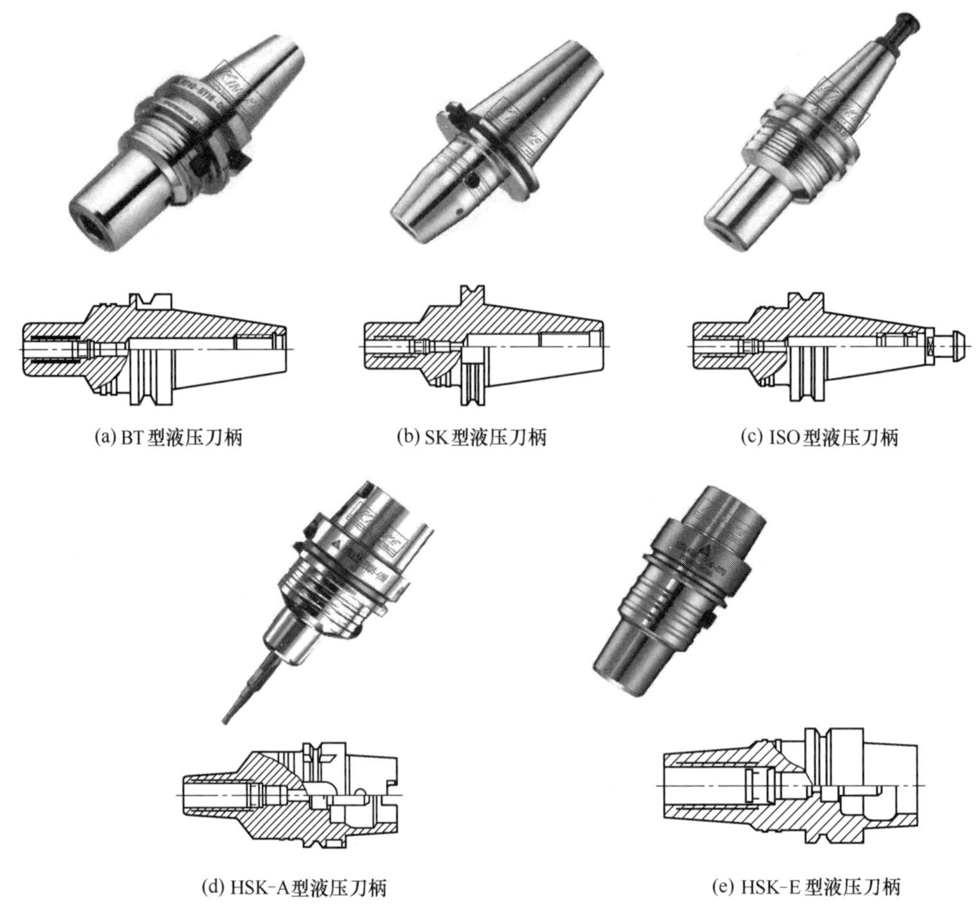

(a) BT 型液压刀柄 (b) SK 型液压刀柄 (c) ISO 型液压刀柄

(d) HSK-A 型液压刀柄 (e) HSK-E 型液压刀柄

图 7-49 液压刀柄的种类

(4) 液压刀柄的优点

① 具有极高的定位精度和端面跳动精度。

② 在整个夹持范围内，膨胀套筒能够稳定地保持一个圆柱形膨胀，夹持力大，刚性好，能够传递更高的夹持转矩。

③ 具有高强度、高耐磨性和良好的工况适应性。操作简便，不需要昂贵复杂的周边设备就能获得高的加工质量，降低了设备成本。

④ 具有高的加工效率和使用灵活性。

(5) 液压刀柄的使用方法

① 液压刀柄夹持的刀具刀柄直径一般要求尺寸精度为 H7。

② 锁紧液压刀柄时应将加压螺栓锁到底，但切记在未插入刀具前请勿空锁螺栓。锁紧螺栓时请锁至螺栓自然停止，此时液压刀柄的夹持力最佳。空锁螺栓会导致刀具无法插入、刀柄漏油以及精度下降等问题。

③ 应把刀具插入液压刀柄底部紧密贴紧。因加工深度不同而无法密切贴紧时，要使用液压筒夹。

④ 插入刀具时，应先清除刀柄内径及刀具的湿气和油渍。

⑤ 禁止拧开液压刀柄上已封闭螺栓。如拧开液压刀柄上封闭螺栓会导致漏油及刀柄不能正常使用。

⑥ 液压刀柄适用铣刀、钻头、铰刀等高精密刀具。一般液压刀柄不用于粗加工。尽量每个刀具专用一个刀柄。普通刀柄也是这样，尽量减少拆卸。

7.7.3 数控热缩刀柄

(1) 热缩刀柄的工作原理

热缩刀柄的工作原理是利用刀柄和刀具两种材料的热胀系数之差，来强力且高精度夹紧刀具的热装系统，其安装精度不亚于液压刀柄。具体来讲，就是利用金属受热膨胀、冷却收缩的特点，首先对刀柄的刀具夹持部位进行加热膨胀，使其安装孔直径变大；然后插入所需刀具，待刀柄冷却后，安装孔收缩并锁紧刀具。

热缩刀柄的材料采用了热胀系数很大的热装专用特殊不锈钢，可以实现 300℃ 的低温热装。热缩刀柄可以适应高速、精加工和重切削加工。

(2) 热缩刀柄的优缺点

热缩刀柄的优点有：

① 热缩刀柄能够快速装卸刀具。如利用 13kW 的高功率热缩机加热，能在 5s 内完成刀具安装夹持，而冷却只需 30s。

② 热缩刀柄安装精度高，跳动小。刀具安装部分没有像筒夹夹头所需的螺母和筒夹等部件，简单有效。冷缩夹持强力稳定，刀具偏摆≤3μm。减少刀具磨耗，保证了高速加工时的高精度。

③ 热缩刀柄柄头细小，可以有效地避免加工干涉。可广泛使用于高速、高精度加工和深孔加工。由于热缩刀柄自身外观形状上是外圆细长的，对比传统的筒夹刀柄不需要太长的刀具也有很好的深腔加工特性，还可以有效避免因刀具过长而引起的加工振动和加工工件精度降低的不良现象。因此，使用热缩刀柄时，相比筒夹刀柄可以使用更短的刀具来加工，如图 7-50 所示。

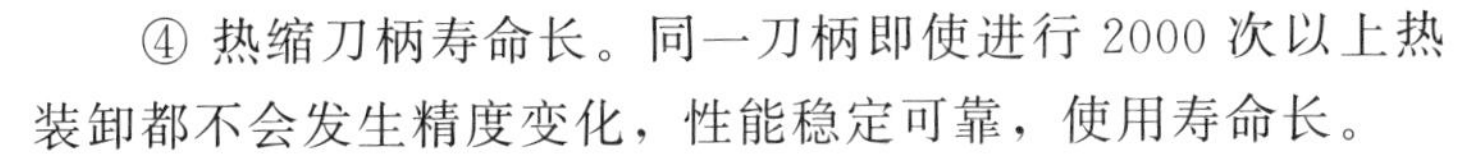

图 7-50　热缩刀柄与筒夹刀柄的装刀长度比较

④ 热缩刀柄寿命长。同一刀柄即使进行 2000 次以上热装卸都不会发生精度变化，性能稳定可靠，使用寿命长。

热缩刀柄的缺点有：

① 需要购买配套的热缩机，初期投资较大。

② 热缩刀柄反复受热易使氧化层剥落，从而造成刀柄精度下降。

(3) 热缩刀柄的种类

热缩刀柄按照所配置的刀柄尾部结构形式不同，可以分为 BT 型热缩刀柄、SK 型热缩刀柄、HSK-SFC 型热缩刀柄、HSK-A 型热缩刀柄和 HSK-E 型热缩刀柄等，如图 7-51 所示。

(4) 刀柄热缩机

刀柄热缩机也叫刀柄热胀仪，主要是配合热缩刀柄一起使用，通过对刀柄进行加热，使刀柄孔径变大，装入刀具，当刀柄冷却后，刀具被夹持的原理来实现快速地装刀换刀。加热方式有火焰加热和电感应加热两种，一般使用电感应加热方式的较多。因为电感应加热易于控制，刀柄不会过热，热缩刀柄使用寿命会比较长。一般热缩刀柄最多只能加热 3000 次，

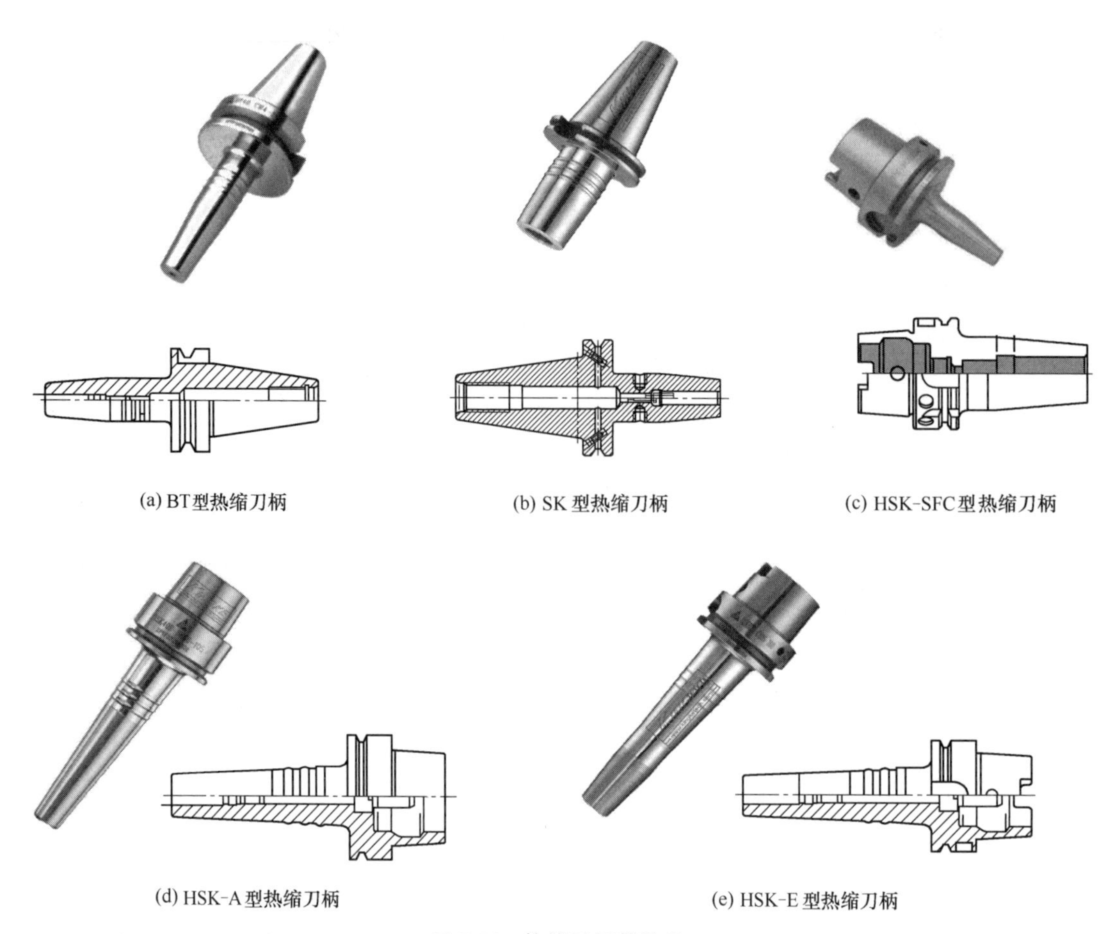
(a) BT型热缩刀柄　(b) SK型热缩刀柄　(c) HSK-SFC型热缩刀柄
(d) HSK-A型热缩刀柄　(e) HSK-E型热缩刀柄

图 7-51　热缩刀柄的种类

所以一般刀具夹上后就不取下来了，下次用的时候直接使用。一般对精度要求高的模具厂会用大批量的热缩刀柄和热缩机。如图 7-52 所示为一种常见的刀柄热缩机。

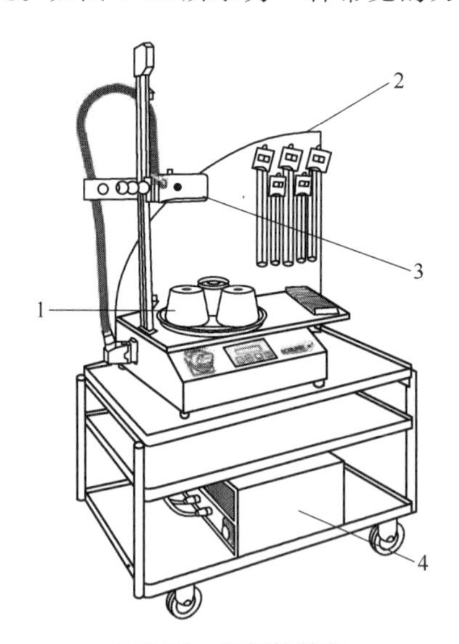

图 7-52　刀柄热缩机
1—刀座；2—冷却体；3—电磁感应发生器；4—冷却水箱

7.7.4 数控强力夹头刀柄

(1) 强力夹头刀柄的工作原理

如图 7-53 所示为强力夹头刀柄结构图。

刀柄前端的小锥度锥体 1，其内孔带有螺旋槽 3。跟棘轮锁紧工作原理类似，当锁紧螺母 2 顺时针旋转时，带动滚针保持架 4 及滚针旋转，小锥度锥体 1 和置于保持架 4 里的斜置滚针使锁紧螺母 2 产生轴向移动形成螺旋运动，由于锥度作用迫使夹头体向内变形，形成锁紧力。逆时针转动时锁紧螺母 2 则松开刀具。该夹紧原理避免了夹紧时刀具的轴向移动，方便了刀具的预调。该刀柄壁厚，使得刀柄能承受大的侧向载荷，便于强力切削。

图 7-53 强力夹头刀柄结构图

1—小锥度锥体；2—锁紧螺母；3—螺旋槽；4—滚针保持架；5—前端密封；6—排气孔；7—定位螺钉安装螺纹；8—弹簧夹头；9—刀具安装孔

(2) 强力夹头刀柄的种类

数控强力夹头刀柄的种类较多，一般是按照与之相配合的刀柄尾部类型进行分类，如图 7-54 所示。

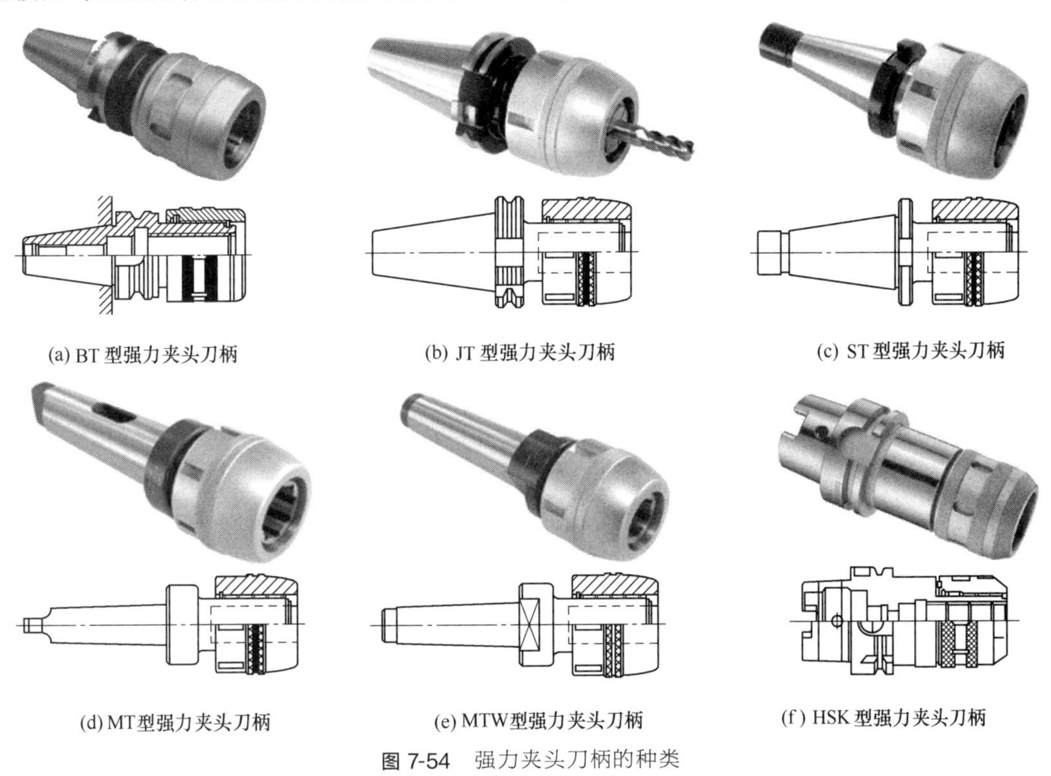

(a) BT 型强力夹头刀柄　(b) JT 型强力夹头刀柄　(c) ST 型强力夹头刀柄

(d) MT型强力夹头刀柄　(e) MTW型强力夹头刀柄　(f) HSK 型强力夹头刀柄

图 7-54 强力夹头刀柄的种类

其中，安装 BT 刀柄和 JT 刀柄锥度是一样的，都是锥度 7∶24。但是两种刀柄的制造标准不一样，BT 刀柄是日本标准 MAS-403，JT 刀柄是德国标准 DIN 69871。BT 刀柄与 JT 刀柄的区别在于机械手夹持部分与拉钉不同，BT 刀柄法兰盘厚度较大，机械手夹持槽靠近刀具一侧，两个端键槽的深度相同并且不铣通；JT刀柄法兰厚度较小，有一装刀用的定位缺口，两个端键槽的深度不同并且铣通。如果不用机械手而是手动换刀，BT刀柄和JT刀柄可以通用，即BT机床采用BT拉钉+JT刀柄或JT机床用JT拉钉+BT刀柄。如果使用机械手自动换刀，则两种刀柄不能混用。

MT和MTW两种刀柄的主要区别是前者扁尾带拆卸孔，后者无扁尾带装卸削平面。

(3) 强力夹头刀柄的特点

强力夹头刀柄是切削加工中常用的刀柄，用于铣刀、铰刀等直柄刀具的夹紧。使用时卡簧夹紧变形小，夹紧力比较大，定位精度比较高。强力夹头刀柄夹持力在刀具夹持长度上较为均匀，可承受较大的径向力。强力夹头刀柄可以通过更换不同的筒夹来夹持不同直径的铣刀、铰刀。

(4) 强力夹头刀柄的应用场合

由于强力夹头刀柄的前端直径相对其他刀柄要大得多，因此在加工过程中，刀柄容易产生干涉。强力夹头刀柄夹持铣刀的夹持力在夹持长度上较为均匀，因此可以承受较大的径向力。适用于在普通数控铣床上做大余量、重力切削，也适于在高精度数控铣床或加工中心上做精密切削，以及在需要高的转矩传送、高精度、空间紧凑且易操作时做粗铣加工及精铣加工。

7.7.5 数控侧固式刀柄

侧固式刀柄就是装柄被削平的刀具。该类刀柄的优点是夹紧度和同心度均较高，常用于安装各种类型的铣刀和钻头进行大切削力加工。侧固式刀柄可很好地与主轴贴合，延长刀具使用寿命，反复装夹精度高。刀柄表面硬度高，可达58～62HRC。侧固式刀柄适用于粗精加工各种平面、端面、沟槽以及强力切削等场合。侧固式刀柄的缺点是一种尺寸的刀具需对应配备一种夹头，需要配备的夹头规格较多；其次是长时间磨损，可能会造成刀具与主轴的不同心，导致加工时精度降低或损坏刀具。

侧固式刀柄使用时应当注意：

① 安装刀具时，一定要确认刀具的安装平面与刀柄的侧固螺钉对齐，再强力锁紧。

② 因侧固式刀柄生产厂家、种类、型号等不同，侧固式刀柄的柄部形状、工作部分等也会不同，使用时必须确认侧固式螺钉的大小、数量和位置。

常用的侧固式刀柄如图7-55所示。

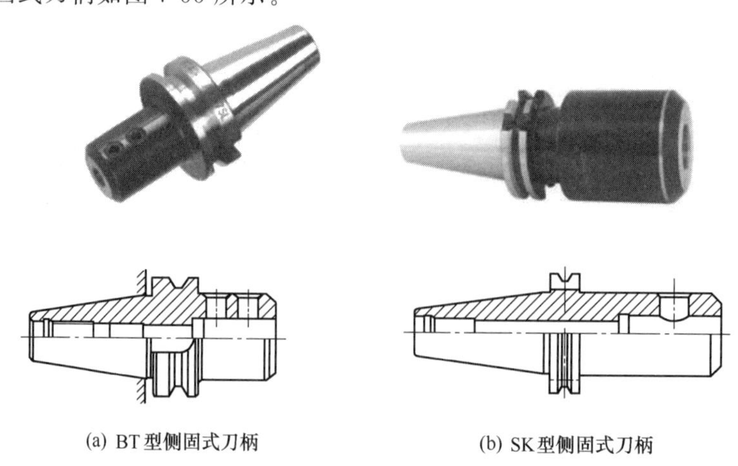

(a) BT型侧固式刀柄　　(b) SK型侧固式刀柄

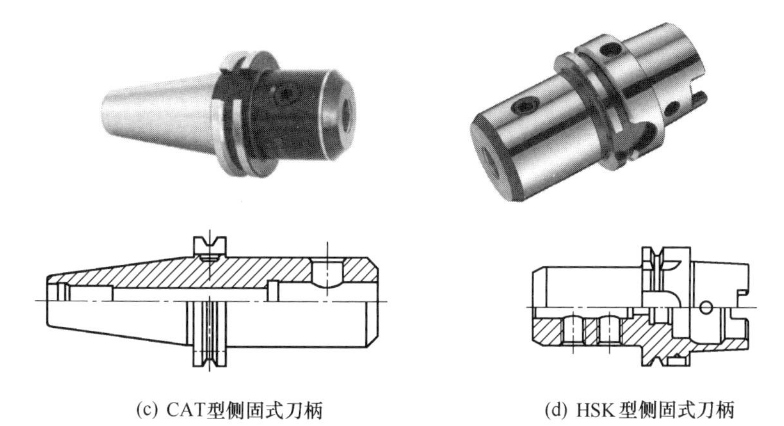

(c) CAT型侧固式刀柄　　(d) HSK型侧固式刀柄

图 7-55　常用的侧固式刀柄

SK 刀柄与 CAT 刀柄都是 7∶24 的锥形刀柄。它们主要区别是：SK 刀柄是德国工业标准，CAT 刀柄是美国工业标准，它的外型与 SK 刀柄类似，但由于少一个定位槽，所以 CAT 刀柄不能安装在 SK 主轴机床上，但 SK 刀柄可以安装在 CAT 主轴机床上。

7.8 数控刀具的预调及在线检测

在数控加工中，为了及时掌握刀具测量直径和测量长度，以便准确地使用刀具补偿功能和加工中心的自动换刀功能，使刀具在更换后不必再进行对刀和试切操作，就可获得合格的工件尺寸，需要在刀具装入机床刀架或刀库之前，预先将组装好的刀具利用刀具预调设备，如刀具预调仪、刀具测量机等进行调整并测量刀具切削刃的实际位置参数，这一过程称为刀具预调。生产中，获得刀具实际尺寸的方法有两种：一是使用测量装置；二是采用机床本身进行测量。测量装置包括量具、光学比较仪、坐标测量机、预调量规和预调测量仪等。使用量具测量刀具精度较差；光学比较仪操作较为复杂，使用局限性较大；坐标测量机价格昂贵，应用不普及。因此，常使用刀具预调测量仪来测量和预调刀具。

7.8.1 数控刀具预调仪

刀具预调仪又称对刀仪，是一种可预先调整和测量刀尖直径、装夹长度，并能将刀具数据输入加工中心数控程序的测量装置。随着装有多刀自动换刀装置的数控机床的普及使用，高精度、高效率刀具预调仪的应用正在逐渐普及。

刀具预调仪按检测方法可分为接触式测量和非接触式测量；按检测刀具的类别可分为数控车床刀具预调仪、数控镗铣床刀具预调仪和综合（车、铣均可）刀具预调仪；按检测时刀具在空间所处位置，可分为立式和卧式刀具预调仪。

图 7-56 为典型的立式单工位刀具预调仪，用投影屏刻线对刀，数字显示预调尺寸。图 7-57 为一种卧式多工位刀具预调仪，其多工位的回转工作台可安装不同规格和类型的刀柄，既可预调镗铣类刀具，也可预调车削类刀具。图 7-58 为镗铣床用光学测量立式多工位刀具预调仪，它配有刀具信息编码的集成读数头，能对静止和回转的刀具自动检测，能确定回转型刀具的偏心和跳动误差，能测量包括不等分齿在内的回转型刀具单个切削刃，能自动对

焦，可实现自动标定循环，对长度、角度和半径的测量精度高。

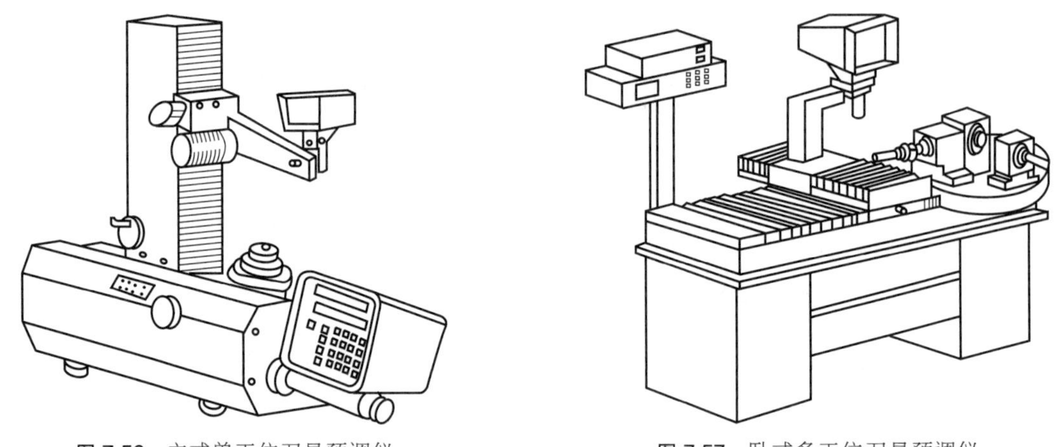

图 7-56　立式单工位刀具预调仪　　　　图 7-57　卧式多工位刀具预调仪

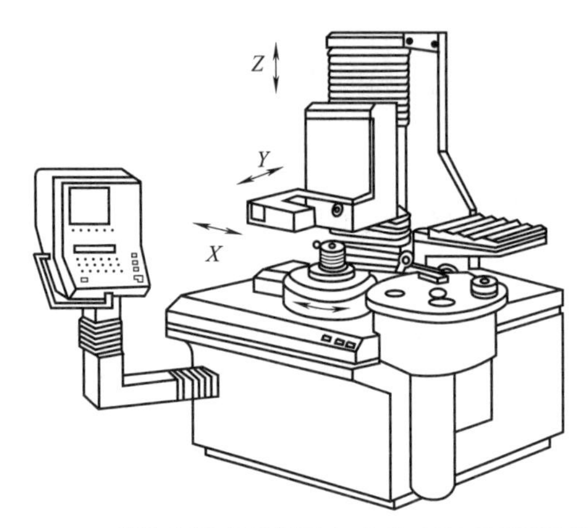

图 7-58　镗铣床用光学测量立式多工位刀具预调仪

7.8.2　数控刀具的预调方法

(1) 常用数控刀具的尺寸调整方法

数控刀具的切削部位尺寸，包括回转直径和长度的调节，一般通过设置在刀具系统上的调节机构来完成，如调节螺母、调节螺钉以及调节滑块等。有的可以粗调，而精密的调节机构则可以实现微调。常用数控刀具的尺寸调整方法，如图 7-59 所示。

图 7-59 (a) 所示的刀具是通过调节螺母来调整钻头的长度，即轴向尺寸；图 7-59 (b) 所示刀具则是通过调整前端镗刀套筒的伸出量来获得需要的刀具轴向长度；图 7-59 (c) 所示的刀具是通过调整 A—A 截面处的调节螺钉，使 B—B 截面处的切削刃产生径向的移动；图 7-59 (d) 所示的刀具配有微调镗刀头，通过转动刻度盘调整刀尖的位置；图 7-59 (e) 所示刀具镗刀座安装在桥形镗刀体上，通过端面的长圆孔长度调整镗刀头的径向距离；图 7-59 (f) 所示刀具配有螺杆滑块式调整机构，用内六角扳手拧动刻度盘进行径向尺寸调整。

(2) 刀具预调仪的使用

如图 7-60 所示为使用刀具预调仪对数控刀具进行长度标定预调示意。使用带有数显装置的高度游标卡尺对刀具长度进行测量，并将测量结果传输至数控工作系统中。

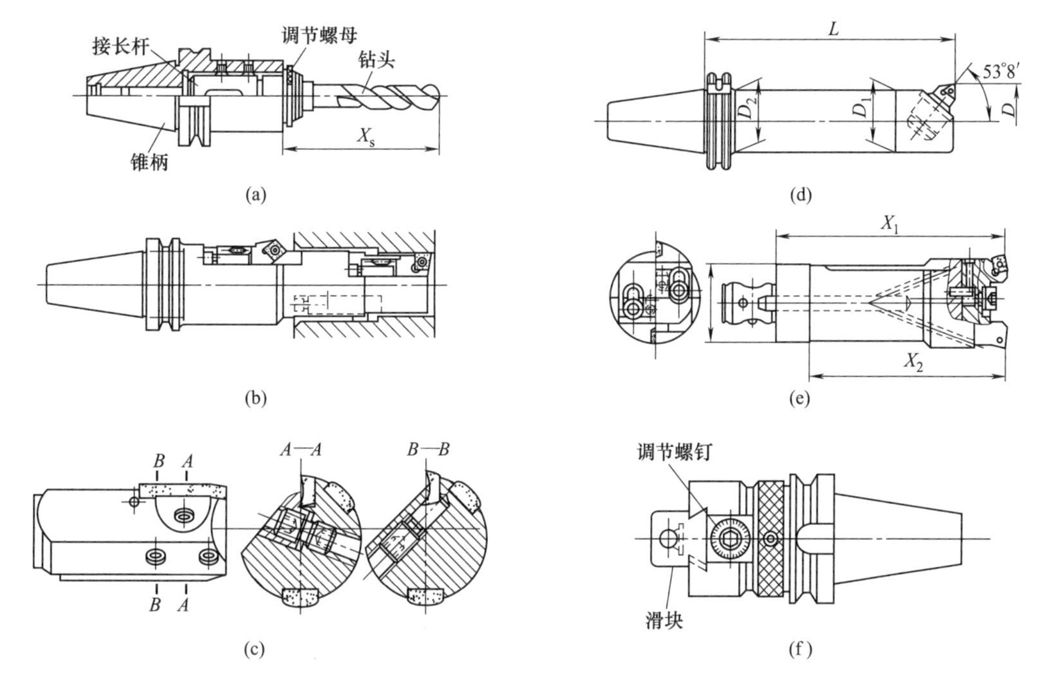

图 7-59　常用数控刀具的尺寸调整方法

刀具预调仪的选用应该与数控机床相适应，即车削中心选用车削类刀具预调仪，镗铣类加工中心选择镗铣类刀具预调仪。对于既有车削中心又有镗铣类加工中心的用户，应该选择综合类刀具预调仪。

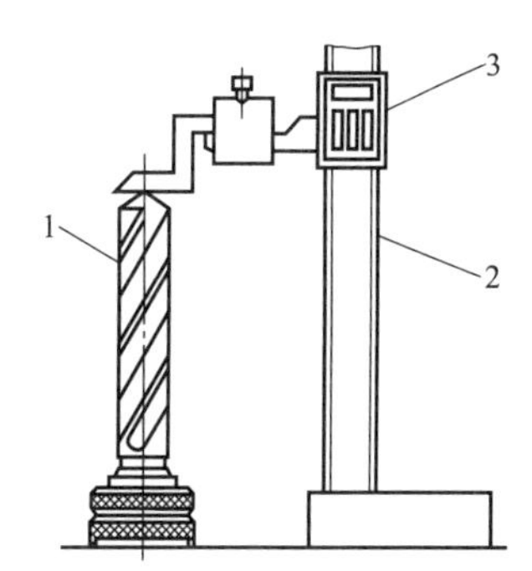

图 7-60　对刀具进行长度预调
1—刀具；2—高度尺；
3—数显装置

刀具预调仪的精度应该根据加工零件的尺寸精度而定，在国家标准《刀具预调测量仪精度》中，对普通级和精密级刀具预调仪的各项精度指标都作出了明确规定。不过，实际工作中除了刀具预调仪本身的测量示值误差外，还存在着刀具本身的误差、机床误差以及二次传递误差等。因此，用户可根据自己工厂实际加工的零件情况，选择适当精度的刀具预调仪。刀具预调仪作为加工中心的辅机，应该归属计量仪器，由企业的计量部门统一管理。对其精度进行定期检定，以确保其精度的稳定性。

7.8.3　数控刀具管理系统

在数控机床的使用过程中，刀具的管理无疑是影响其效率发挥的重要因素之一。刀具管理是否合理、科学，在很大程度上决定了数控系统的可靠性和生产效率的高低。刀具管理的目的就是保证及时、准确地为指定的机床提供所需刀具。一个合理有效的全面刀具管理系统必然会对整个系统生产力水平的提高、投资费用的减少起重要作用。

刀具管理系统作为一个新兴产物，主要是应对企业在大批引进先进加工设备，改善生产条件，提高生产力和产品质量的背景下，配套完善的一种管理系统，用以解决一些问题：一是突破企业刀具信息管理手工处理阶段，减轻劳动强度，减少出错率；二是使刀具准备计划与生产作业计划协调配合，避免停机等刀现象；三是使刀具切削参数、刀具的寿命得到严格的管理与控制，提高刀具寿命。

研究刀具资源的管理就是用最少的刀具资源来达到生产要求，尽可能减少对刀具资源的占有，使刀具的存取更方便、刀具交换次数最少、刀具准备时间最短、利用率最高。

如果把涉及刀具的各种活动纳入整个生产过程，则可将其分解为刀具需求、刀具设计、刀具制造、刀具库存管理、刀具分配管理、刀具准备及供应和刀具使用管理等七个方面的阶段任务。

第一是搞好市场调研。了解制造业对刀具的需求状况，如刀具的类型、规格、切削条件等，为刀具制造商进行产品设计开发提供信息。对于刀具使用单位，则应根据被加工零件的具体要求，提出刀具需求计划，进行刀具成本估算。

第二是做好刀具的设计和制造。刀具设计是保证刀具管理系统有效实施的重要前提。要注意刀具结构要素的系列化和标准化，包括刀具类型、结构尺寸及附件的系列化设计，尽可能用一种刀具完成尽量多的表面加工，减少刀具品种和换刀次数。建立一个完整的刀具原始数据库，统一刀具的标识符，对各种刀具规格参数加以确切定义和描述，并制订相应的数据格式，保持刀具数据一致性。刀具制造采用计算机技术、网络技术等作辅助。

第三是加强刀具库存管理。如刀具的分类、编号、储存、动静态数据管理等工作，其基本目标是在保证对生产及时供应刀具的前提下，力求库存投资最少。为此，系统必须建立准确和完善的库存报告和记录。对刀具需求作出统计预测，及时采购和定制各种刀具。刀具分配管理首先要根据机床加工任务确定机床所需的刀具使用计划，然后根据剩余寿命计算刀具需求量。检查该机床上的相应刀具能否予以调整，做到这点是非常必要的，因为机床刀库的容量是有限的。为了防止可能出现刀具短缺的情况，同时有必要检查刀具的可使用性。

第四是保障刀具的供应。根据刀具的需求清单，将刀具的各个元件从库存中取出，进行组装。在刀具预调仪上进行尺寸预调后，放在相应的刀架中，准备运送；根据刀具卸刀清单，将运送来的刀具拆卸，检查刀具各元件是否可用。

第五是合理使用刀具。刀具使用管理是指控制系统及时向机床发出更换刀具的指令，机床控制装置接收指令，安排刀具在相应的库位中就位，接收相应的刀具调整数据，满足机床加工的需要。此外还要做好刀库的管理及刀具状态的记录，及时向刀具分配调度模块回报刀具使用的实际状况，排除那些不再使用或须重新返修的刀具，并修改相应的信息，以便下次作业调度时提供确切数据。

7.8.4 数控刀具的在线检测

数控刀具的在线检测包括在线对刀和在线故障检测。

(1) 数控刀具对刀测头的使用

数控刀具对刀测头，用于在机床上随机对新换和磨损刀具进行对刀操作。如图 7-61 所示为对刀测头在加工中心上的应用。对刀时，刀具移动至测头附近，并触发测头。刀具从 a 向触发测头可测出刀尖的轴向位置，从 b 向触发测头可测出刀尖的径向位置。图 7-62 为对刀测头在车削中心上的应用。对刀测头安装在摆杆上，对刀时，摆动到工作位置，刀具从 a 向触发测头进行纵向对刀，从 b 向触发测头进行横向对刀。

(2) 在线故障检测

数控刀具在线检测是指检测装置集成于制造系统中，加工过程与检测过程没有时间滞后或只有短时间的滞后。前者称为加工过程中检测或实时检测；后者称为加工过程后检测或在

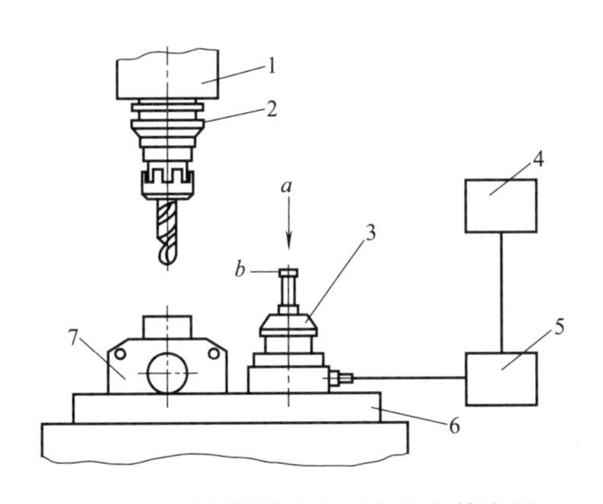

图 7-61 对刀测头在加工中心上的应用

1—主轴；2—刀具；3—对刀测头；4—数控系统；5—对刀测头接口；6—工作台；7—工件

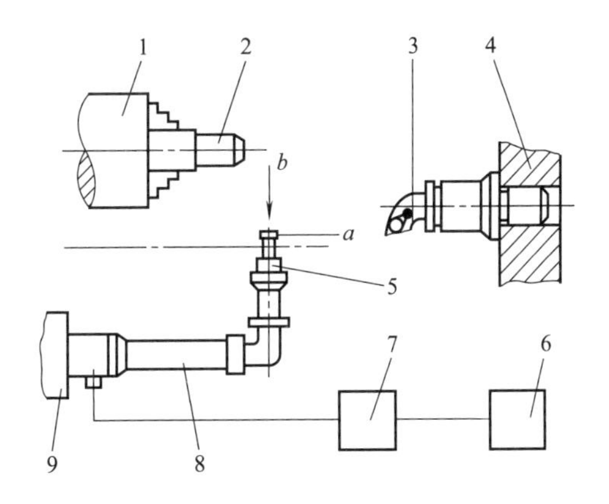

图 7-62 对刀测头在车削中心上的应用

1—主轴；2—工件；3—车刀；4—刀架；5—对刀测头；6—数控系统；7—工作台；8—对刀测头摆杆；9—主轴箱

线检测。刀具在线检测属于过程后在线检测技术，使用时可以将其安装在加工系统上，在不拆卸刀具的情况下对刀具进行对刀和测量，工作完成后可从加工系统上卸下。在线检测的优势在于其检测结果相对于离线检测更接近实际情况，与实时检测相比又易于实现，可以达到提高加工精度和效率的目的。

对 FMS、CIMS、无人化工厂，必须解决刀具磨损与破损的在线实时检测及控制问题。因为及时确定刀具磨损和破损的程度并进行在线实时控制，是提高生产过程自动化程度及保证产品质量，避免损坏机床、刀具、工件的关键要素之一。

检测刀具磨损和破损的方法很多，可分为直接测量法和间接测量法两大类。直接测量法主要有光学法、接触电阻法、放射性法等。间接测量法主要有切削力或功率测量法、刀具和工件测量法、温度测量法、振动分析法、AE 法、电动机电流或功率测量法等。

现在比较流行的刀具磨损和破损的检测方法是以声发射（AE）和电动机电流信号作为检测参量。这是因为 AE 信号能避开机加工中噪声影响最严重的低频区，受振动和声频噪声影响小，在感兴趣区信噪比较高，便于对信号进行处理，响应速度快，灵敏度高，但重负荷时，易受干扰。而电动机电流信号易于提取，能适应所有的机加工过程，对正常的切削加工没有影响，但易受干扰，时间响应慢，轻负荷时，灵敏度低。这样，同时选 AE 和电动机电流为检测信号，就能利用这两个检测量各自的长处，互补不足，拓宽检测范围，提高检测精度和判别成功率。

切削过程中，当刀具发生磨损和破损时，切削力相应发生变化，切削力的变化引起电动机输出转矩发生变化，进而导致电动机电流发生相应的变化，电流法正是通过检测电动机电流的变化，实现间接在线实时判断刀具的磨损和破损情况。AE 是材料或结构受外力或内力作用产生变形或断裂时，以弹性波形的形式释放出应变能的现象。它具有幅值低、频率范围宽的特点。试验及频谱分析发现：正常切削产生的 AE 信号主要是工件材料的塑性变形，其功率谱分布，100kHz 以下数值很大，100kHz 以上数值较小。

当刀具磨损和破损时，100kHz 以上频率成分的 AE 信号要比正常切削时大得多，特别是 100～300kHz 之间的频率成分更大些。为此，应通过带通滤波器，监测 100～300kHz 频率成分 AE 信号的变化，对刀具磨损和破损进行检测。

各种刀具磨损和破损检测方法的工作原理及适用范围，见表 7-39。

表 7-39 各种刀具磨损和破损的检测方法

检测方法	检测方法	传感器	工作原理	适用范围和特点
直接法	光学图像	光纤、光学传感器摄像机	用磨损面反射的光线或摄像机摄像	各种加工，成本高
	接触	测头磁间隙传感器	检测切削刃位置	用于车、钻、铣，受温度和切削影响
	放射性技术	放射性元素	刀具里注入同位素，测切削刃的放射性	各种切削加工，对身体有危害
间接法	切削温度	热电偶	测工件刀具间的切削温度突发增量	用于切削，灵敏度低、不能用于有冷却液的情况
	表面粗糙度	激光传感器、红外传感器	测表面粗糙度的变化量	用于车、铣，非实时检测，应用范围小
	超声波	超声波热能器与接收器	接收反射器主动发射的超声波	用于车、铣，受切削振动影响，处于研究阶段
	振动	加速度器、振动传感器	检测振动信号	用于车、铣、钻，单独使用效果差，易受环境影响
	切削力	应变力传感器、压电力传感器	检测切削力	用于车、铣、钻，灵敏度高，工作稳定，价格高
	功率	功率传感器	检测主电动机或进给电动机功率	用于车、铣、钻，灵敏度低，响应慢，成本低
	声发射	声发射传感器	检测声发射信号	用于车、铣、钻、攻螺纹等，灵敏度高，实时检测

① 刀具尺寸的在线检测　图 7-63 为刀具尺寸在线检测与补偿系统工作原理。其中，图 7-63（a）所示为在线加工尺寸控制系统，使用粗加工刀具 2 加工出现误差后，经在线检测系统发现后，通过控制装置 3 和 4，使精加工刀具 6 产生必要的调整来弥补上一刀具带来的误差；图 7-63（b）所示为拉杆-摆块式补偿装置，当在线检测系统发现加工误差后，控制拉杆 2 和摆块 3 使刀尖产生相应方向的位置补偿。

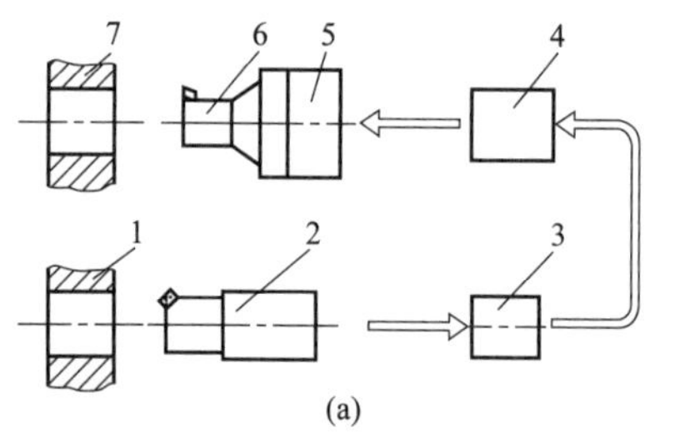

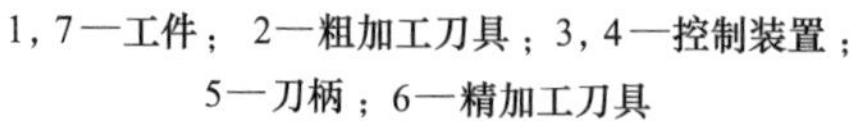
1，7—工件；2—粗加工刀具；3，4—控制装置；5—刀柄；6—精加工刀具

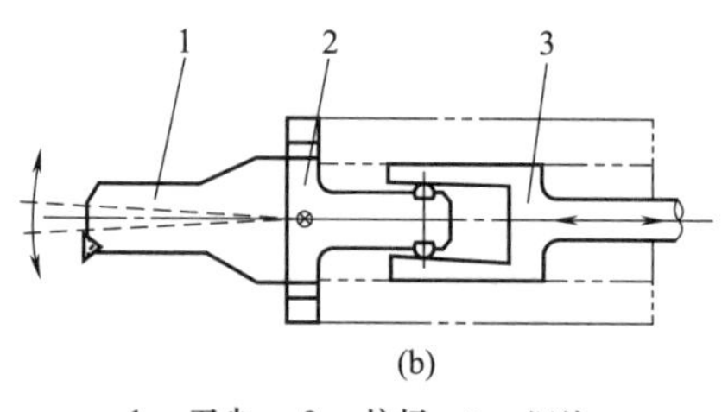

1—刀尖；2—拉杆；3—摆块

图 7-63　刀具尺寸在线检测与补偿系统

② 刀具磨损的在线检测　刀具磨损的直接检测与补偿装置如图 7-64 所示。在机床上配套安装刀具磨损检测装置，把磨损传感器与参考表面之间的关系以及刀具触头与刀具之间的关系在测量装置中进行比较，从而得出刀具的磨损程度测量结果。

刀具磨损的间接检测装置如图 7-65 所示。它是在加工中心主轴上安装测力轴承，能够测量当刀具磨损后切削力大小变化的一种刀具磨损间接测量方法。

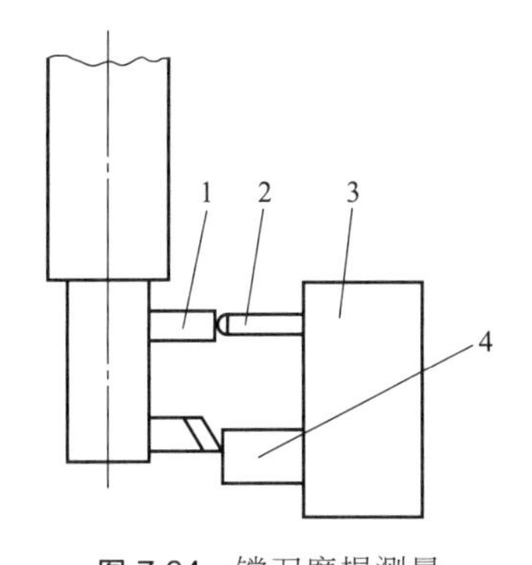

图 7-64　镗刀磨损测量

1—参考表面；2—磨损传感器；3—测量装置；4—刀具触头

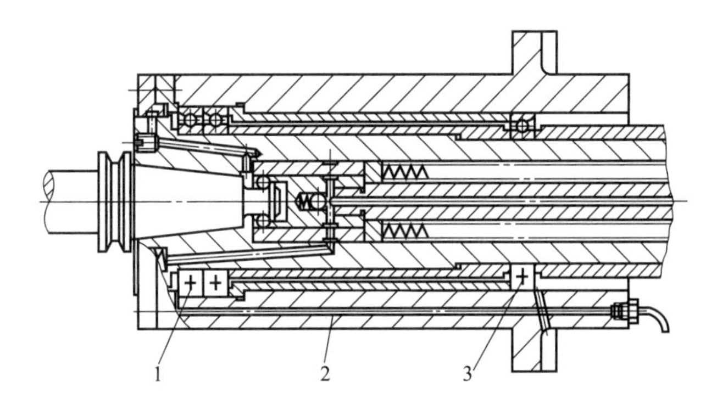

图 7-65　装有测力轴承的加工中心主轴间接测量刀具磨损

1，3—测力轴承；2—电缆线

图 7-66 所示也是一种刀具磨损的间接检测装置，它是利用刀具磨损后，加工表面粗糙度发生变化，来实现刀具磨损的间接测量的方法。

③ 数控刀具的破损检测　数控刀具的破损检测也有直接检测法和间接检测法之分。由于直接检测需要接触测量，实际生产中意义不大。因此，目前数控刀具的破损检测主要以间接检测为主，检测原理有基于图像原理的，也有基于声发射原理的，等等。如图 7-67 为高速气流式刀具破损检测，当刀具破损后，高速气流经气流喷嘴 3 直接喷到气动压力开关 2 上面，导致气动压力开关 2 动作发出电信号，使机床停机。

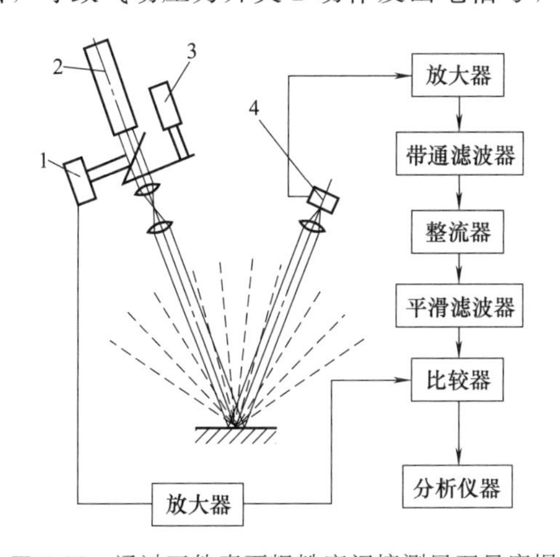

图 7-66　通过工件表面粗糙度间接测量刀具磨损

1—参考探测器；2—激光发生器；3—斩波器；4—测量探测器

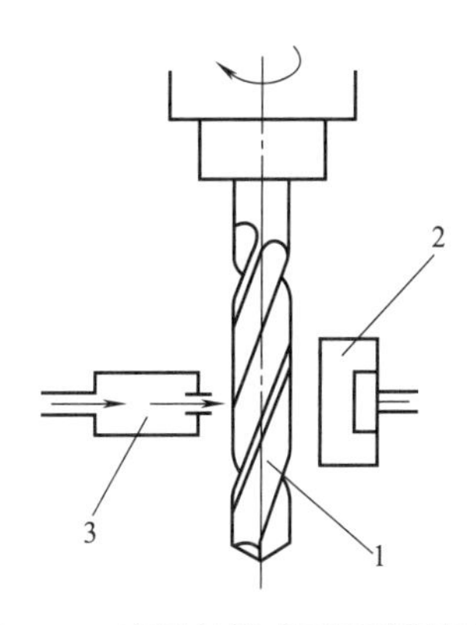

图 7-67　高速气流式刀具破损检测

1—刀具；2—气动压力开关；3—气流喷嘴

参考文献

[1] 苏海龙，等．浅谈复合刀具在数控加工中心上的使用效能［J］．模具制造，2009（6）：82-86.

[2] 陈世平．攻丝倒角复合刀具［J］．机械加工与自动化，2001（12）：21.

[3] 王永国．金属加工刀具及其应用［M］．北京：机械工业出版社，2011.

[4] 郭伟，等．石油油套管外螺纹复合刀具的设计与应用［J］．工具技术，2009，43（7）：95-96.

[5] 魏云鹏，等．汽车制动鼓加工中钻铰复合刀具的运用［J］．科技传播，2013（3）.

[6] 郭茜，黄华，邹芳．钻铰倒角复合刀具的设计和制造［J］．工具技术，2011，45：78-81.

[7] 杨亚辉．表面强化技术在金属切削刀具制造过程中的应用研究［J］．机械制造，2015，53（615）：41-44.

[8] 沈志雄．金属切削原理与数控机床刀具［M］．上海：复旦大学出版社，2012.

[9] 王娜君．金属切削刀具课程设计指导书［M］．哈尔滨：哈尔滨工业大学出版社，2000.

[10] 周利平．数控装备设计［M］．重庆：重庆大学出版社，2011.

[11] 曾宇环，等．带有法兰接触面的空心圆锥接口重要标准分析对比［J］．工具技术，2013，47（5）35-40.

[12] GB/T 10944—2013．自动换刀 7∶24 圆锥工具柄［S］.

[13] GB/T 19449—2013 带有法兰接触面的空心圆锥接口［S］.

[14] GB/T 25668—2010 镗铣类模块式工具系统［S］.

[15] GB/T 25669—2010 镗铣类数控机床用工具系统［S］.

[16] 徐宏海．数控机床刀具及其应用［M］．北京：化学工业出版社，2005.

[17] 黄雨田．金属切削原理与刀具实训教程［M］．西安：西安电子科技大学出版社，2006.

[18] 李艳霞．镗铣类模块式数控工具系统的发展及选用［J］．精密制造与自动化，2004（3）62-63.